殯葬業務行銷專員實戰手冊

Practical Manual for Funeral Marketing Coordinators

尉遲淦
田奇玉◎主編

尉遲淦、田奇玉、曹聖宏、
許博雄、林佩蓉、黃御捷、
楊雅晴◎著

國家圖書館出版品預行編目（CIP）資料

殯葬業務行銷專員實戰手冊 = Practical manual for funeral marketing coordinators / 尉遲淦, 田奇玉, 曹聖宏, 許博雄, 林佩蓉, 黃御捷, 楊雅晴著 ; 尉遲淦, 田奇玉主編. -- 初版. -- 新北市 : 揚智文化事業股份有限公司, 2024.07
面； 公分（生命關懷事業叢書）

ISBN 978-986-298-434-5（平裝）

1.CST: 殯葬業 2.CST: 行銷管理

489.66　　113008050

生命關懷事業叢書

殯葬業務行銷專員實戰手冊

主　　編／尉遲淦、田奇玉
作　　者／尉遲淦、田奇玉、曹聖宏、許博雄、林佩蓉、黃御捷、楊雅晴
出 版 者／揚智文化事業股份有限公司
發 行 人／葉忠賢
總 編 輯／閻富萍
地　　址／新北市深坑區北深路三段 258 號 8 樓
電　　話／02-8662-6826
傳　　真／02-2664-7633
網　　址／http://www.ycrc.com.tw
E-mail／service@ycrc.com.tw
ISBN／978-986-298-434-5
初版一刷／2024 年 7 月
定　　價／新台幣 420 元

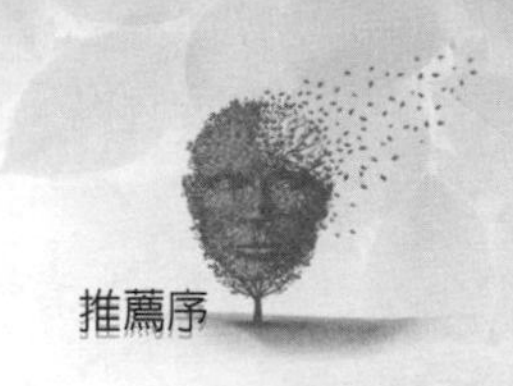

推薦序

在早先的年代，因爲傳統習俗，國人平時忌諱談論死亡、害怕事先規劃自己或長輩的身後事宜會招來厄運；對於殯葬有關的儀式、處理流程及發展現況的知識及觀念，也都敬而遠之，避之唯恐不及；但凡是人，總有一天會走到生命的終點，如果能以自己想要的方式與親友告別，或是幫家人選擇最合適的道別方式，觸動悼念者與逝者過去的互動點滴，轉化爲心中長久懷念的記憶，提供符合需要的殯葬服務就顯得相當重要。

殯葬服務業務涵蓋的範圍甚廣，其中有關生前規劃身後事宜的部分，就屬生前契約的範圍，當然在生前契約的觀念尚未普及之前，即用型契約還是國人目前最常採用的殯葬服務方式，一如最初人身保險觀念的推動，國人從最初的厭惡、拒絕，被動瞭解保險，歷經長期教育推廣，如今保險規劃已成爲每位國人生活的一部分，不僅不排斥保險，而且還依據個人不同的需求，主動規劃量身訂做的保單。

如何讓身後殯葬服務成爲人生重要規劃的一部分，同樣必須從建立國人殯葬服務的正確觀念開始，將優質並且感動的服務內容，傳遞給我們的國人知道。輔英科技大學推廣教育中心有幸於109年開始辦理殯葬服務的課程，集結產官學界的菁英師資，培訓有志投入殯葬服務的從業人員，多位學員順利取得禮儀師的資格，辦理訓練的成果頗受各界肯定。

爲提供更優質的訓練課程，推廣教育中心於112年12月向勞動部提出「殯葬業務行銷專員」職能導向課程的認證申請，除了專業的訓練課程，國內也缺乏殯葬業務行銷專員的培訓用書，因此本中心也請授課教師將教材講義依據學習順序撰寫集結成冊，是全國第一本公開發

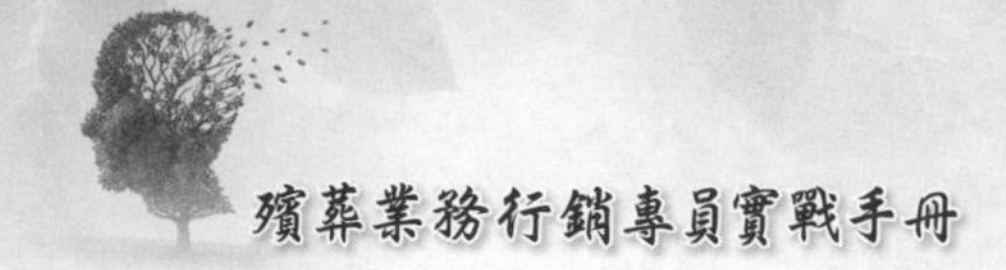

行作爲培訓殯葬業務行銷專員之教科書，不僅可作爲相關領域之訓練用書，也是殯葬從業人員進修及自學極佳的專業書籍。

本書能夠順利出版，作者輔英科技大學高齡及長期照護事業系田奇玉博士的發起及投入功不可沒，共同作者包括兩岸知名宗教學者尉遲淦博士，殯葬業務實務專家、萬事達全生命禮儀部曹聖宏經理、林佩蓉業務經理，生前契約專家、中華民國葬儀商業同業公會許博雄秘書長，殯葬服務商品達人、傳家生命事業股份有限公司黃御捷副總經理，及勞動部職能課程開發顧問楊雅晴博士共同鼎力完成，對於殯葬服務專業的業務人員的培育具有極大的幫助，更能加速推動國人建立生前規劃身後事宜的觀念，提升國內殯葬服務的品質。

黃國銘　謹識
輔英科技大學推廣教育中心主任

主編序

一本取得勞動部勞動力發展署「iCAP職能導向課程」標章的職訓工具書

《殯葬業務行銷專員實戰手冊》一書，有別於一般喪葬禮儀專書，較偏重於理論性的探討，而是由實際從業者與職能專家，以技術性專業建構的角度，提供有興趣從事此行業的讀者，極爲方便和實用的工具書。

筆者於2021年起主持教育部教學實踐計畫，偕同本校推廣教育中心，開始籌備發展「殯葬業務行銷專員」iCAP職能導向課程，其間經過無數次殯葬產業專家的討論會議，完成建構「殯葬業務行銷專員」iCAP職能導向課程的職能模型，同時於2024年3月14日通過勞動部勞動力發展署iCAP職能導向課程認證。「殯葬業務行銷專員」是目前國內唯一通過勞動部勞動力發展署認證通過培訓殯葬業務行銷專業人才的iCAP職能導向課程。此課程內容包含：殯葬業務概論（16小時）、殯葬業務開發暨銷售技巧（26小時）及期末總評量（學/術科）（6小時）。主要參訓對象爲對殯葬業務行銷有興趣，且具備高中職畢業以上之學歷者，本書即是此職訓的專業用書。

全書分爲四篇，共九章：

第一篇殯葬業務行銷專員存在的價值：包含〈第一章殯葬服務業的過去、現在與未來〉。

第二篇殯葬業務基礎知識：包含〈第二章殯葬業務行銷專員〉、〈第三章臨終關懷與悲傷輔導〉、〈第四章傳統殯葬禮儀與客製化〉、〈第五章殯葬服務定型化契約〉。

第三篇業務開發與銷售的藝術：包含〈第六章業務開發的關鍵〉、〈第七章殯葬產品的銷售技巧與難題的解決〉、〈第八章殯葬業務經驗談〉。

第四篇殯葬業務行銷專員iCAP證書：包含〈第九章殯葬業務行銷專員的發展前景〉。

隨著老年人口的增加，死亡率也逐漸上升，這使得殯葬需求逐年增加，對殯葬服務的專業性和人力需求也隨之提高。國人對死亡議題的討論和關心態度，提前規劃身後事的概念，逐漸獲得廣泛的認可。目前國內較大規模的殯葬企業所提供的服務範疇，已廣泛涵蓋禮儀服務（即用型契約）、生前契約銷售（涵蓋自用型及家用型契約）、塔位銷售（納骨塔位使用權買賣定型化契約），以及其他相關殯葬商品的銷售等。爲因應上述市場需求和提升服務品質，殯葬產業越來越注重人員的專業分工，大型殯葬公司通常將人力資源分爲「內部行政人員」、「禮儀服務人員」及「業務行銷人員」三大類型。專業分工不僅提高了工作效率，也使得服務人員各自能深耕自己的專業領域，更好地滿足客戶的多樣化和個性化的需求。

然而目前只有少數大型禮儀公司能夠提供完善的殯葬業務行銷人員的培訓，實施專業分工的模式，透過這種服務模式，殯葬業務行銷專員能夠專注於客戶關係的建立和維護，以及提供更專業的殯葬商品（以銷售生前契約及塔位爲主，即用型契約爲輔）的銷售及諮詢服務，而禮儀服務人員則確保殯葬儀式的順利進行，共同提升喪禮服務的整體質量和客戶滿意度。反觀中小企業面臨的最大挑戰，即是專業化不足，這些企業往往由極少數員工，包括老闆本人，負責從殯葬諮詢到禮儀服務的全套流程。業務開發與產品銷售則大都仰賴於資深業務員的經驗傳承，缺乏系統化的培育和訓練。這一現狀導致部分保險、不動產、護理及長照領域的專業人士兼職從事殯葬業務行銷者，由於缺少專業的殯葬業務行銷培訓，難以爲消費者提供專業級的產品

或服務銷售，這種缺乏專業分工與專業培訓的模式，對企業自身、從業人員以及服務對象均產生負面影響。

本書集結多位專業學者及業界專家撰寫而成，期待能提供更深度、更多元、更實用的殯葬業務行銷專員從業知能，協助解決中小型殯葬企業人力培訓資源不足的窘境，優化殯葬服務的品質。此外，斜槓工作是一種近年興起的全新工作理念，除了本身主要投入的職業外，再根據興趣發展第二，甚至第三種專業領域，因具備多種工作職能，將保有不被瞬息萬變職場淘汰的競爭力！殯葬業務行銷專員的就業機會廣泛，涵蓋「兼職」和「專職」兩種工作模式，兼職殯葬業務行銷專員通常是已在長照服務、醫療護理或保險行業工作的專業人士，利用自身的專業背景和人脈，進行殯葬服務的推廣和銷售；專職殯葬業務行銷專員則是全職從事殯葬服務銷售和諮詢的專業人員，與禮儀師共同合作，以提供民眾優質且圓滿的服務。兼職或專職，各具其獨特優勢和應用發展，能夠滿足不同背景和需求的從業人員，是斜槓職業的好選擇。確認斜槓發展的新方向後，本書將能協助您讓興趣發展成爲專業知識與能力，開創自己的多重職涯組合，跟上全球職涯規劃的新風潮。

田奇玉 謹識

2024年5月

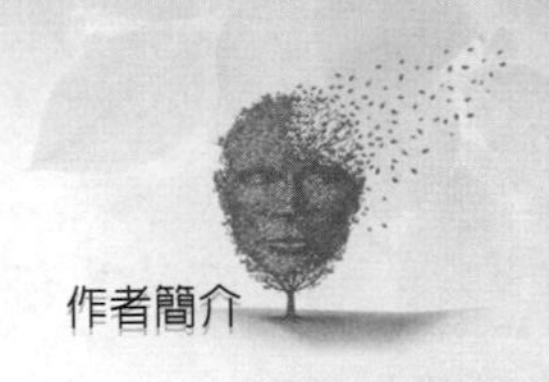

【主編/作者簡介】

尉遲淦

現職：哥斯大黎加聖荷西大學殯葬事業管理研究所所長

學歷：輔仁大學哲學研究所博士

經歷：南華大學生死學研究所副教授兼第二任所長
仁德醫護管理專科學校生命關懷事業科副教授
中華生死學會秘書長、副理事長
中華殯葬教育學會理事長
喪禮服務技術士丙級證照學術科命製委員

田奇玉

現職：輔英科技大學高齡及長期照護事業系暨碩士班助理教授

學歷：國立臺北教育大學教育政策與管理研究所博士

經歷：勞動部勞動力發展署高屏澎東分署「小型企業人力提升計畫」輔導顧問
勞動部勞動力發展署「關鍵就業力課程」講師（KC知識職能）
勞動部勞動力發展署高屏澎東分署「充電再出發訓練計畫」講師
勞動部勞動力發展署iCAP職能專家（具備申請職能導向認證課程通過經驗）
輔英科技大學推廣教育中心講師（殯葬相關專業課程二十學分專班、殯葬業務行銷專員培訓班、喪禮服務乙級技術士證照輔照班）

【作者簡介】

曹聖宏

現職：萬事達全生命禮儀部經理

學歷：國立高雄師範大學地理學系博士候選人

經歷：龍巖人本禮儀師

國寶服務禮儀師

萬安生命禮儀師

國立空中大學生活事業系兼任講師

輔英科技大學推廣教育中心講師（殯葬相關專業課程二十學分專班、殯葬業務行銷專員培訓班）

許博雄

現職：輔英科技大學推廣教育中心講師

學歷：哥斯大黎加聖荷西大學殯葬事業管理研究所博士候選人

經歷：高雄市葬儀商業同業公會總幹事

中華殯葬教育學會理事

中華禮儀師協會秘書長

勞委會丙級喪禮服務術科檢定試場高雄中心主任

中華民國葬儀商業同業公會全國聯合會秘書長

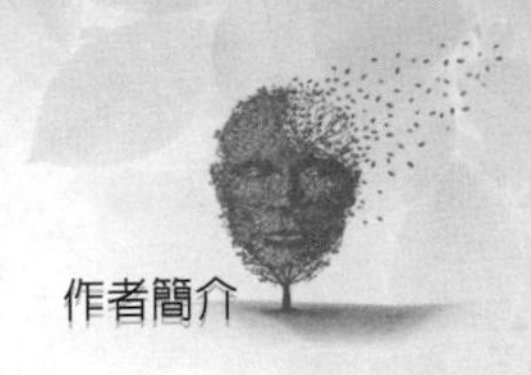

林佩蓉

現職：萬事達全生命業務經理

學歷：國立高雄科技大學高階經營管理碩士

經歷：龍寶事業機構處經理

輔英科技大學推廣教育中心講師（殯葬業務行銷專員培訓班）

黃御捷

現職：傳家生命事業股份有限公司副總經理

學歷：哥斯大黎加聖荷西大學殯葬事業管理研究所博士候選人

經歷：龍巖股份有限公司業務

輔英科技大學推廣教育中心兼任講師（殯葬業務行銷專員培訓班）

楊雅晴

現職：輔英科技大學推廣教育中心秘書兼教育服務組組長

學歷：國立臺南大學教育系教育經營與管理研究所博士

經歷：輔英科技大學產學合作暨育成中心組長

輔英科技大學研發總中心行政企劃室主任

勞動部勞動力發展署iCAP職能專家（具備申請職能導向認證課程通過經驗）

輔英科技大學推廣教育中心講師（殯葬相關專業課程二十學分專班、喪禮服務乙級技術士證照輔照班）

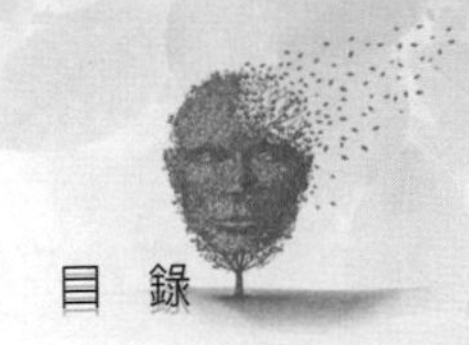

目 錄

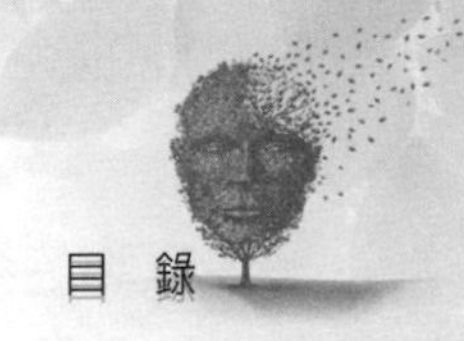

第三篇　業務開發與銷售的藝術　179

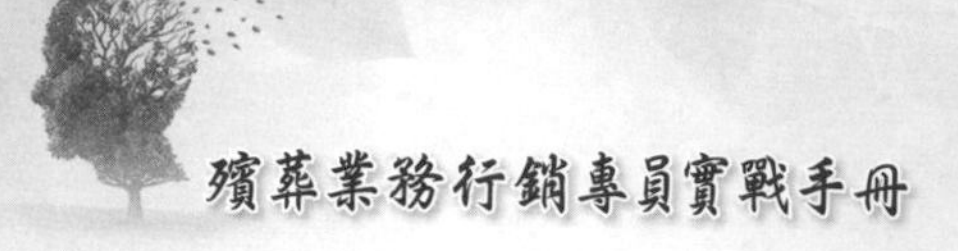

第一篇

殯葬業務行銷專員存在的價值

1.

殯葬服務業的過去、現在與未來

尉遲淦

- 殯葬服務業的過去
- 殯葬服務業的現在
- 殯葬服務業的未來
- 殯葬服務業業務專業化的商機

第一節　殯葬服務業的過去

就服務業之進程而言，當其發展到一個階段以後，對過去歷史的瞭解並沒有那樣重要。如果對過去歷史的瞭解不是那麼重要，為何在此我們還是要花一節的篇幅來說明殯葬服務業的過去？對於此一質疑，依據知識上之要求，我們有義務加以回答。如果我們沒有予以回答，那麼就無法說明這一節主題存在之合理性。因此，相關理由之提供是有必要的。

一般而言，在理由之提供上我們可從兩方面著手，其中之一就是殯葬服務的現況，另外就是殯葬服務的性質。就殯葬服務的現況來說，表面看來，既然殯葬服務已經進入現代化的階段，那就表示殯葬服務已經脫離過去土公仔的階段。在脫離土公仔階段的情況下，殯葬服務就不會再有土公仔階段的殘留。如果此時還有土公仔階段的殘留，那就表示此一現代化服務尚未成熟，仍處於轉型之中，需要更多時間的等待，之後現代化才會臻於成熟的境地。

然而，從殯葬服務發展的時間來看，殯葬服務的現代化是始於民國83年[1]。當時，國寶北海福座由於在前一年發行生前契約的產品，為了使此一產品得以順利推銷出去，如果在服務上只是與土公仔的服務一樣，那麼此一產品之推銷就會有問題。雖然此一產品在價格上的確要低於土公仔服務之價格，但在當時的經濟條件下，此一低價策略未必可以產生足夠之吸引力。因此，除了低價策略之外，在服務上還需

[1] 尉遲淦，《禮儀師與殯葬服務》（新北市：威仕曼文化事業股份有限公司，2011年7月，初版一刷），第八章第一節，頁150。

要加上品質提升的策略[2]。

從民國83年至今，已經經過了將近三十個年頭，照理來講，殯葬服務的現代化應該已臻成熟之境。可是，從現實層面來看，殯葬服務並未如預期那樣成熟。實際上，我們會發現一個很奇特之現象，就是在現代化服務之中仍有不少的前現代服務存在。受到這些前現代服務的影響，殯葬服務依舊處於新舊交雜的狀態，而不是已經臻於成熟之境，完全進入現代化服務的狀態。基於此一理由，當我們在瞭解殯葬服務時，就不能只管現代化的服務，而不去理會前現代的服務。

當然，如果此一現象僅存在於殯葬業者本身，那麼縱使我們不去理會，也不會對服務帶來任何實際的負面影響。但是，如果此一現象不只是存在於殯葬業者本身，也同時存在於消費者本身，那麼我們就不得不理會。如果我們不予以理會，那麼在服務時就會產生服務不相應的情況，對我們的服務就會產生負面的影響。從滿足服務要求的角度來看，這是我們在服務時必須自覺瞭解的，否則會在服務時無法產生服務的最佳效果。

就殯葬服務的性質而言，殯葬服務是有不同的理解方式。例如從今日所見的服務來看，此一服務是以遺體處理爲主[3]。因此，在服務上只提供程序性的服務，以家屬作爲服務之對象。只要家屬對於服務感覺到滿意，有達到他們所要求的服務水準，那麼此一服務就是可以被肯定的服務。至於亡者本身會有何需求，那就不在考慮範圍之內。既然服務是以家屬爲主，自然在服務性質上就屬於商業性質的服務，一切以滿足家屬要求爲準。

不過，這一種對於殯葬服務性質的認知不是來自於我們過去的傳

---

[2] 尉遲淦，《殯葬臨終關懷》（新北市：威仕曼文化事業股份有限公司，2009年11月，初版一刷），第四章第二節，頁79-80。

[3] 尉遲淦、邱達能、鄧明宇，《悲傷輔導研習手冊》（新北市：揚智文化事業股份有限公司，2011年7月，初版一刷），第一章第三節，頁7。

統，而是來自於西方。對我們而言，在服務提供時不是單純的遺體處理，而是藉著遺體處理來善盡孝道。也就是說，在服務時不只是一種程序性的安排，而要透過禮俗的實踐來盡孝道[4]。如果我們在服務時沒有依照禮俗來服務，那麼不僅家屬無法善盡孝道，我們也會被認爲不夠專業。所以，在殯葬服務性質的認定上，我們與西方不同，不是形式性的服務，而是實質性的服務。

那麼，我們爲何會與西方不同？這是受到殯葬服務背後認知不同的影響。對西方而言，它背後的認知是科學與基督宗教。在科學興起之前，基督宗教是西方社會之主流，對於死亡自有其一套既定之看法，認爲人死後之生命不是人可以介入的，一切都要聽從天主或上帝的審判[5]。在科學興起以後，基督宗教雖被批評爲迷信，但在死亡之認知上仍然採取類似之觀點，只是不再認爲人死後是有生命的[6]。但在殯葬處理上兩者相仿，都認爲只是處理遺體。

對我們而言，禮俗處理的不只是遺體，更是父母子女間的孝道關係。在親人死亡以後，如果爲人子女的在處理上沒有依照禮俗來處理，那麼就會遭受不孝的批評。如果爲人子女的在處理上有按照禮俗來處理，那麼就會被認爲是孝順的。因此，在遺體處理上，不是像西方那樣純粹只做遺體處理，而是在處理遺體的同時也在善盡孝道。之所以如此，是因爲父母子女關係之圓滿是需要父母子女雙方在禮俗的協助下完成的。

但是，隨著清朝末年的戰敗，有關殯葬處理的方式逐漸受到改變。表面看來，我們在親人死亡之後依舊使用的是禮俗處理，實際上在處理過程中內涵已經遭到改變。過去認爲盡孝是眞實的情感反應，

---

[4] 尉遲淦，《殯葬生死觀》（新北市：揚智文化事業股份有限公司，2017年3月，初版一刷），第九章第二節，頁153-154。

[5] 同註4，第六章第三節，頁100。

[6] 同註4，第五章第三節，頁78。

在功利社會的影響下，盡孝只是爲了應付社會的要求。對家屬而言，有沒有孝心不重要，重要的是在形式上滿足社會的要求[7]。如果沒有滿足社會的要求，那麼家屬就會擔心社會的批評，被認爲是不孝順的。

話雖如此，其實死亡依舊籠罩在禁忌之中。當自己親人死亡之時，在喪事處理上固然要用禮俗來盡孝道，但在盡孝的同時又感受到死亡中的禁忌成分，可謂是既孝順又害怕。如果今天死的是他人而非親人，那麼此一死亡就更可怕。對於與之有關的殯葬服務就充滿了禁忌，使一般人不敢任意接觸。即使科學告訴我們人死如燈滅，也無濟於事。人們在面對死亡仍然處於禁忌之中，與之相關的殯葬服務依舊是土公仔階段的禁忌服務。

照理來講，隨著科學越來越興盛，人們在殯葬服務的認知上應該越來越科學化、越商業化，但現實情況並非如此。從現行的殯葬服務來看，人們在對殯葬服務認知時抱持著兩極態度，不是將殯葬服務看成是遺體處理，就是將殯葬服務看成是禁忌服務。那麼，情況爲何會變得如此詭異？這是因爲在死亡的理解上科學無法給予充分的證據，來證明死後究竟有無生命存在[8]。因此，在無法充分證明的情況下，只好任由人們自由想像。所以，在殯葬服務上才會出現混雜之情形。

基於此一情形，我們在服務上當然就要考慮前現代的階段，也就是土公仔的階段。如果我們對於土公仔的階段不瞭解，那麼面對在意禁忌的家屬就無法得知他們的想法，在服務上也無法提供相應的服務。如果我們要提供相應的服務，那麼在服務之前就必須瞭解此一服務的內容。唯有如此，當遭遇到屬於此一認知的家屬，在服務時才不會沒有能力提供服務，也才不會在服務時遭到家屬詬病，認爲所提供的服務不夠專業。

---

[7] 同註3，附錄三，二，頁218。
[8] 同註4，第五章第四節，頁81-82。

對土公仔而言，他們在提供殯葬服務時又是如何提供的？在此，我們必須有所瞭解，殯葬服務不是一開始就存在的。在殯葬服務成爲一個行業之前，其中大部分與禮俗服務有關的部分，是由家族自行承擔的[9]。隨著社會的變遷，都市化逐漸成爲發展主流以後，家族不再是社會的主要構成單位，核心家庭或小家庭取而代之，相對地，人口數也由多變少，不再具有獨立承擔親人死後喪事辦理的能力。但沒有能力是一回事，需不需要處理則是另外一回事，自然而然就出現了民間協助處理喪事的禮儀服務行業。

問題是，協助歸協助，土公仔並沒有因爲協助便得到尊重，相反地，在協助時受到死亡禁忌的影響，土公仔在社會評價上是很低的，甚至連下九流的行業都不算，是屬於社會邊緣行業，不爲社會所接納，認爲如果接納此一行業，那麼社會就會連帶受到影響，產生與死亡有關的厄運[10]。所以，在土公仔獨立成爲提供禮俗服務的業者時，人們一方面需要他們的協助，另一方面卻又畏之如死神，不敢隨便接觸。尤其是，當家中親人進入臨終狀態時，也不敢隨意將土公仔引進家中，以免親人或他人認爲自己不孝。

如果從有備無患的角度來看，親人在進入臨終階段，引進土公仔其實未必是件壞事。但是，受到土公仔等同死神化身認知的影響，在親人未死之前是不適宜引進土公仔的。如果不巧在引進的同時親人死亡了，那麼引進土公仔的家屬就會遭受批評，認爲存心不良，故意引進土公仔來剋死親人，表示家屬是十分不孝的，否則在孝心的引領下，家屬要做的事情就是用盡心力設法挽救親人的生命，而不是引進土公仔。

由於土公仔被視爲死神的化身，因此在服務時就必須具象化此一

---

[9] 同註2，第二章第三節，頁37-38。
[10] 同註2，第二章第三節，頁39。

身分。例如在打扮上就必須符合此一身分的要求，不能與常人一樣。如果常人在打扮時要穿著正常符合社會之規定，那麼土公仔在打扮時就必須與之相反，令人覺察到他們的不同，是屬於非常的狀態。所以即使他們不想如此打扮，礙於社會之規定，他們也只能乖乖配合。在此一打扮之要求下，他們只能身著內衣、穿著短褲、腳上穿著拖鞋，顯示自身的社會邊緣人物形象[11]。

雖然如此，並不表示他們就不畏懼死亡。事實上，他們也與一般人一樣對死亡心存畏懼。只是畏懼歸畏懼，他們沒有逃避的權利。如果他們逃避了，那麼就失去了贖罪的機會。就他們的自我評價，認爲自己之所以要從事殯葬服務的工作，不是自願的而是被迫的。如果不是前世壞事做多了，就是今生造了孽，才會從事殯葬服務的工作。所以，今生如果逃避了此一贖罪的機會，那麼來世依舊還是要還債的。爲了避免債還不完，對於此一贖罪的機會，他們必須善加把握，稱之爲做功德[12]，表示只要功德圓滿，他們就可以脫離殯葬此一懲罰的行業。

當他們在提供服務時會抱持著贖罪的心理，好好地協助家屬辦完喪事，使家屬能夠盡孝。可是在服務過程中，他們也擔心有什麼疏漏之處惹得亡者不開心，導致自己也遭受死亡之厄運。因此在服務時，除了上述的裝扮之外還要讓自己在言行舉止上看起來不像人，如語言粗暴、舉止粗魯，不是動不動就三字經，就是看起來像個凶神惡煞，表現得與鬼無異，避免亡者誤以爲他們是人把他們也抓走。

在形象與言行舉止上，土公仔雖然表現得不像常人，但在服務上他們一點都不馬虎，不會隨便服務，相反地，他們會依照禮俗的規定

11 同註1，第八章第一節，頁151。

12 鄭志明、尉遲淦，《殯葬倫理與宗教》（新北市：國立空中大學，2010年8月，初版二刷），第四章第三節，頁74。

認眞服務。如果他們沒有認眞依禮俗服務，那麼就會擔心亡者的糾纏使自己深陷死亡的厄運之中。所以在服務過程中，他們即使對所使用之禮俗並不清楚，卻會認眞執行禮俗的相關規定，認爲只要依照此一規定認眞執行，不要有任何疏漏之處，那麼此一服務就不會帶來負面之影響，也可以圓滿自己的功德。

如果從今天對殯葬服務的要求來看，有關土公仔的服務是不具有品質的。不過我們不要忘了，所謂的品質是隨著時代的不同而有不同的要求。對土公仔而言，他們對於品質的要求是以禁忌年代的要求爲準。只要在服務的過程中，一切依照傳統的要求，那麼他們的服務就是有品質的。也就是說，在服務時所提供的內容足以安頓亡者與生者，滿足他們對於陰陽兩隔的要求[13]，那麼此一服務就是有品質的。

至於在價格方面，他們在收費上自有一定的標準。對他們而言，與今天的明碼標價不同，所採取的是包套的做法，認爲家屬只要將喪事交給他們來處理，他們在收費上都是合乎當時的行情，絕對不會獅子大開口。如果他們任意收費，那麼在下一世投胎轉世時，依舊會再從事殯葬服務。因此，爲了避免下一世繼續從事殯葬服務，那麼最好的做法便是不要任意收費，以免下一世還要遭受惡報，繼續當土公仔成爲社會上所歧視之人。

此外，在行銷上他們也與今天的做法不同，是以被動行銷爲準。如果家屬不上門，那麼他們是不會主動拜訪的。如果他們想要主動拜訪，那麼在禁忌的顧慮下是很難有所行動。當家屬上門之後，他們唯一要做的事就是好好服務。不過在服務時，如果上門的家屬不是屬於他們應該服務的對象，那麼他們是不會提供服務的，與今天搶生意的作爲截然不同。當然在正常的情況下，土公仔都有其特定的服務區

---

[13] 林素英，《古代生命禮儀中的生死觀——以禮記爲主的現代詮釋》（臺北市：文津出版社有限公司，1997年8月，初版一刷），第四章第八節，三，頁123。

域，家屬也不會弄錯他們應當找尋的殯葬業者[14]。

經由上述的說明，我們就可以清楚瞭解，土公仔在服務時是屬於死後的服務。如果死亡尚未發生，那麼他們是不會主動介入的。在服務時，他們一般都會依照禮俗的規定來服務。雖然這樣的服務是一種禁忌的服務，但服務時一定要依照禮俗要求，使家屬得以善盡孝道。在收費上，他們採取的是包套的做法，卻又不會任意收費，而會依既有行情收費。對於服務的對象，他們各自有各自的地盤，誰也不會侵犯誰，家屬也知道自己應當找誰服務。由此可見，土公仔所提供的服務，雖然在品質上無法與今天所提供的服務相提並論，卻也有其當時在禁忌要求底下所要達到的品質，並不是隨便服務的。

第二節　殯葬服務業的現在

如果沒有殯葬業以外的人士介入，那麼在可以預期的未來，殯葬業是沒有改變的可能。對殯葬業而言，禁忌始終是個難以擺脫的緊箍咒。在禁忌底下如果有人想要改變，那麼不僅同行會予以抵制，連家屬也不例外。面對這樣的緊箍咒，殯葬業者本身是不會有膽量想要去改變。不過殯葬業者本身沒有膽量去改變，卻不表示社會上其他行業的人也抱持相同的看法，其中最重要的因素就是社會變遷的因素。一旦社會對於殯葬服務的看法改變了，那麼禁忌就不是決定殯葬服務發展的唯一因素。

對其他行業的人來說，他們對於殯葬服務的認知，與殯葬業者的認知並沒有什麼不同，同樣浸淫在禁忌的氛圍裏。既然如此，那麼他們爲何可以改變禁忌的緊箍咒？在此，我們就不能不談到資本主義社

---

14 同註2，第二章第二節，頁31。

會對人們價值觀的影響。雖然死亡是人們所畏懼的，但只要活著，就不一定要將自己完全籠罩在禁忌的氛圍裏。對人們而言，除非死亡已經來臨，否則在活著的時候，金錢才是人們追求的首要目標。因此，在殯葬業仍然深深陷入禁忌的氛圍時，其他行業的人已經看到殯葬業本身所潛藏的商機。

爲了清楚瞭解此一商機的出現，我們需要回到當時的背景。在民國79年，臺灣的經濟達到一個高點。在此之前，人們辛勤工作就是爲了累積財富。當財富累積到一定的程度，人們在生活上就會有一定的享受要求。隨著生活的富裕，人們越來越向錢看，認爲只要有機會增加財富，沒有不加以追逐的。當時人們在所得上已經達到年平均一萬美元[15]，股市也達到萬點以上[16]，社會上充斥了投資的氣氛，其中包括鴻源的吸金作爲[17]。

表面看來，社會充滿了希望，也充滿了賺錢的機會。但是令人意想不到的是，股市崩盤的發生、鴻源吸金的破產，導致人們遭受不小的損失。雖然如此，人們對於金錢的追逐之心並沒有改變，社會上還是存在著一些熱錢，認爲只要有機會一定可以賺更多。即使股市崩盤了、鴻源吸金破產了，人們依然故我，覺得只要有機會還是要冒險投資，設法從中賺取更多的金錢。至於此一投資是否會有風險、風險會不會太高，就不在人們的考慮之列。

這時，有人就看到了陰宅的機會。本來在禁忌的影響下，平常是不會主動去碰觸陰宅的，但是隨著人們追求金錢的心理，希望藉著投

---

15 臺灣經濟，維基百科，網址：https://zh.wikipedia.org/zh-tw/%E8%87%BA%E7%81%A3%E7%B6%93%E6%BF%9F。登入日期：2024/1/30。

16 臺灣股票市場概況之一：發展歷程，臺灣網，網址：http://big5.taiwan.cn/jinrong/zjzl/200910/t20091009_1016983.htm。登入日期：2024/1/30。

17 鴻源案，維基百科，網址：https://zh.wikipedia.org/zh-tw/%E9%B4%BB%E6%BA%90%E6%A1%88。登入日期：2024/1/30。

資增加更多的財富，而陰宅就是一個增加財富的機會。當然如果就傳統的認知，除非人即將死亡，否則一般是不會任意碰觸陰宅的。由於土葬的高花費，使殯葬業以外的人士看到了此一賺錢的商機，認爲陰宅雖然屬於禁忌的一環，但在錢的驅使下，是有機會可以打破的。尤其是政府在葬的政策上，已經由土葬轉向火化塔葬[18]。所以到了民國79年，國寶北海福座就引進了葬的生前契約，也就是塔位預售[19]。

在當時，此一引進目的不在於原版照抄。如果原版照抄，那麼塔位預售就無法產生創造財富的效果。如果要產生創造財富的效果，那麼就不能局限於當事人使用的角度，而要往投資的角度走。對販售塔位預售的殯葬公司而言，如果塔位預售只從當事人使用的角度來賣，那麼一個人只會買一張。此外買的時候彷彿買的人即將死亡，是爲了死後可用，這是會觸犯禁忌的。爲了避開此一禁忌，也爲了使塔位預售產生投資效果，該公司採取投資化的概念，將塔位預售的當事人使用，轉變成一個人可以買很多張，既可以轉讓亦可以增值。經過此一觀念的轉化，塔位預售不再是爲了葬的使用，而是爲了投資增加財富之用。

經由此一轉化的作用，塔位預售成爲新的投資商品。對該公司而言，此一商品就是賺錢的工具，成功吸引不少的投資者進入，使該公司賺了不少的錢。後來過了兩年，龍巖也看到了此一商機，從殯葬業以外進入殯葬業，同樣利用塔位預售的作法成功賺取不少的錢。至此以後，塔位預售不再是禁忌的商品，而是投資的商品。許多殯葬業者也開始加入此一戰圈，甚至連宗教具有塔位的寺廟也不例外，結果社會到處充斥著投資的風氣，彷彿不這麼做就跟不上時代投資的潮流。

---

18 李民鋒，《臺灣殯葬史》（臺北市：中華民國殯葬禮儀協會，2014年7月初版），第二章第五節，貳，頁88。

19 同註2，第四章第二節，頁78。

問題是，塔位預售會增值、購買者不斷會加入、大家都有錢可賺，此一目標的達成是有其前提的。此一前提就是客觀環境不變，原先的市場沒有新的競爭者加入。可是我們都很清楚，一個市場只要有利可圖，那麼這個市場就很難封閉，一定會有更多的競爭者加入，畢竟每個人都想賺錢。一旦加入者越來越多，那麼賺錢的機會就會遭到稀釋，使得原先增值的空間不斷被壓縮，最終導致原先的期望落空，甚至讓想藉由塔位預售賺錢的投資者血本無歸。

對最早引進塔位預售的業外公司，在進入殯葬業之後，發現塔位預售不但可以賺錢，還是一個成功的商品。所以經由此一成功的經驗，到了民國82年，進一步引進殯的生前契約[20]，認爲藉由此一引進，採取相同的策略將商品投資化，一定可以創造另外一波銷售的高峰，繼續賺得滿缽滿盆。但是銷售的結果卻出人意料之外，不再像塔位預售那樣造成銷售熱潮，相反地，出現銷售的低潮，迫使該公司不得不重新檢討銷售策略。

從塔位預售成功的經驗來看，它的成功主要有三點：第一、塔位的現代化；第二、塔位的商品投資化；第三、社會有熱錢及短期致富的想法。就第一點而言，塔位的現代化是相對於寺廟的塔位來說的。在當時寺廟的塔位是很傳統的，不太講究品質的問題，與現代化的塔位完全不同，很難滿足現代人對於高品質的要求。就第二點而言，塔位的商品投資化也與過去對於塔位的認知不同，不是爲了給當事人使用的，而是做爲增加財富的工具。就第三點而言，社會還沉浸在短期致富的想法之中，人們尙有財富可以投資。所以，在社會有需求、有能力與沒有競爭者的情況下它是成功的。

既然塔位預售的成功是與商品投資化有關，也與塔位的現代化有關，那麼在推出殯的生前契約的商品時，就必須同時滿足這兩個條

---

20 同註2，第四章第二節，頁77。

件，而不能只滿足商品投資化此一條件。於是到了民國83年，該公司就從日本引進殯葬服務的現代化。當此一現代化的服務引進之後，對傳統土公仔的服務就產生很大的衝擊。雖然此一衝擊是一步一步加強的，但衝擊還是衝擊，使得原先不看好現代化服務的土公仔，認爲此一服務的作爲是很難得到社會大衆的認可，最終在現實的壓力下也不得不加以模仿，以免慘遭淘汰的命運。

如果對此問題沒有做更深入的探討，那麼我們就很難理解土公仔爲何會屈服於現代化的服務。的確，如果僅從過去成功的經驗來看，土公仔實在沒有理由屈服於現代化的服務。但是，如果從時代的變化來看，答案自然昭然若揭。其中最主要的關鍵有三項：第一項就是科學教育的影響，受到科學教育影響的結果，有關死亡無知所產生的禁忌逐漸被打破；第二項就是社會型態的改變，原先的農業社會逐漸被工商社會所取代，人們在功利主義的引導下，希望自己可以擠身上流社會，使自己擁有更高的社會地位；第三項就是爲親人辦喪事就是要光宗耀祖[21]，而高品質的服務就是一種光宗耀祖的方式。所以基於這三項理由，土公仔不屈服也不行。

就現代化服務而言，最明顯的標誌就是殯葬服務形象的再造[22]。對傳統服務而言，在禁忌的影響下，無論是服務的形象或是服務時的言行舉止，都以禁忌要求爲準，不能具有人間的高品質要求。如果提供的是人間的高品質服務，那麼人們就會擔心亡者會繼續逗留在人間而不想離去。因此，在服務時就必須設法使亡者覺得人間已經與祂無關。即使繼續待著，也沒有什麼意義。這時祂就會乖乖地離開，不再爲生者帶來困擾。

可是，對現代服務來說，它的認知不同，已經與亡者無關，唯一

---

21 同註4，第九章第一節，頁148。
22 同註1，第八章第二節，頁152-153。

有關係的就是生者。依據生者的社會經驗，當時所謂的上流社會，就是穿西裝打領帶的裝扮。對家屬而言，當服務的禮儀人員穿西裝打領帶來服務時，就會認為自己宛如上流社會人士一般，否則來服務的禮儀人員是不可能做這樣的穿著打扮。所以從服務地位的提升來看，這樣的服務剛好符合人們對於生活的要求，使得人們在選擇喪事的辦理時，就會捨棄土公仔的服務而選擇現代化的服務。

除了穿著打扮上流社會化以外，在言行舉止上也一樣要上流社會化。如果在服務時只是穿著打扮改變了，而言行舉止沒有變，那麼這種改變就只是不完整的改變，想要使家屬產生上流社會的印象是做不到的。如果要做到這一點，那麼在言行舉止上一樣也要配合。對土公仔而言，談吐粗俗、舉止粗魯本來就是應有的表現。但是對現代化的殯葬業者而言，在言行舉止上就不能再如此粗俗與粗魯，而必須符合上流社會的表現，就是談吐高雅、輕聲細語、舉止溫柔、典雅高貴。

當然，如果現代化的服務僅止於此，那麼所產生的效果也是有限。要使此一現代化的效果更加強化，那麼就必須進入用品與布置的部分。對土公仔而言，用品部分自然要分陰陽以免混淆，導致亡者不想離開。所以傳統上才會以明器稱呼之，表示這些用品不具現實上使用的功能，只具其形而不具其實。同樣地，在布置上亦同要使亡者覺得，此一場合已經不適合祂繼續逗留，祂唯一的選擇就是速速離開。要達到此一效果，在靈堂或奠禮堂的布置上，就要使祂覺得祂已經不再是人間之人，不離開也不行。

對現代化的殯葬業者而言，在用品上就不再分陰陽，也不考慮亡者的需求，唯一考慮的就是生者的需求。如果生者在生活上認為什麼是高檔的、什麼是可以凸顯身分地位的，那麼在用品的提供上就必須滿足此一需求，否則這樣的提供就是不合適的。同樣地，在布置上也是一樣，傳統所營造出來的陰森恐怖氣氛不是現代化服務應提供的氣氛，相反地，它所要提供的氣氛是充滿生機與溫馨的感受。如果它做不到這一點，那麼在布置上就是失敗的。所以，從日本引進的花山花海設計就成爲現代化布置的標準配備[23]。

不過，有關現代化的服務不是一提供就永遠一樣，它也是隨著社會的變化而變化。最初在引進時基本上就是採取模仿的作法。例如日本穿西裝打領帶，那麼臺灣自然也就穿西裝打領帶。後來，隨著社會變遷，制服成爲各行各業的標誌。對殯葬業而言，穿西裝打領帶不再是上流社會的象徵，而是行業制服的象徵。爲了凸顯每一家殯葬公司的不同，有的公司依舊保留著穿西裝打領帶的作爲，認爲這就是公司的制服；有的公司就不想與過去一樣，另行設計新的制服，目的在於強化人們的印象，希望可以讓人們在需要殯葬服務時選擇它們。

此外，在舉止上也開始改變。最初，剛引進時採取的是日本的45度鞠躬。當所有的殯葬業者都採取45度鞠躬，來表示對亡者與家屬的敬意時，在服務上就很難產生競爭力。如果在服務上要產生競爭力，那麼就不能再採取45度鞠躬的作爲，而必須有所調整。於是，有一家高雄的殯葬公司就採取90度鞠躬的作爲，表示它在舉止上是不同於其他公司的[24]。沒有想到的是，此一改變不僅增強它本身的競爭力，後來還成爲其他殯葬公司模仿的目標，成爲所有殯葬服務人員在服務時，都必須採取的標準鞠躬度數。

在奠禮堂的布置上，最初也是模仿日式布置，用花山花海的布置改變氣氛與味道，使奠禮堂的感受不再陰森恐怖，而變得溫馨有生氣。隨著日本的變化，在花山花海的布置上，有關花的種類不再只是單一的菊花，開始有了不同的花的種類；在布置的類型上，也不只是單一的類型，而開始有了不同的類型，如從長方形變成其他的形狀，如心形。至於亡者遺照的部分，不再是一張遺照而變成大圖輸出的亡

---

23 同註1，第八章第二節，頁157。

24 同註1，第九章第三節，頁178-179。

者藝術沙龍照。以上這些布置上的改變，使奠禮堂的布置越來越接近生活化，彷彿亡者依舊活在人間。

除了上述的靜態布置外，在動態的儀式進行上也有了不同的轉變。過去在儀式的進行上，一定行禮如儀不敢違背傳統，但是自從進入現代化服務以後，儀式進行中的作爲開始有了改變，如在祭文的表現上，不再只是用傳統的方式，而是由家屬自由抒發他們對亡者的情感與思念。同樣地，在儀式進行中開始穿插生命回憶光碟，從出生安排到死亡，將亡者的一生予以重點式地呈現，也讓家屬有機會表現他們的思念與感懷。此時整個告別不再只是制式的告別，而變成有感有受的感動式告別[25]。

隨著個人主義的盛行，殯葬服務也開始流行客製化[26]。對於不想用傳統制式方式來送別亡者的家屬，殯葬公司開始針對他們個別的需求加以規劃，依照他們的要求來設計送別的方式，希望此一送別的方式可以滿足家屬的要求，使家屬覺得他們在送別亡者時是盡心盡力表現自己應盡的孝道。例如對於生前喜歡喝酒的亡者，在送別時最後就加上所有參與的親友用酒來送別亡者，利用一飲而盡的方式象徵亡者可以在祂的喜好中無憾地離開。

從上述的敘述中，我們發現殯葬服務不再只是傳統的制式服務，也可以是與個人有關的客製化服務。當然，此處的客製化服務對象有兩種：一種是家屬爲主的客製化；一種是亡者爲主的客製化。如果亡者生前沒有交代而家屬又不想和傳統一樣，就會選擇用自己認爲可以表現自己孝心的方式來送別亡者。如果亡者生前有交代，認爲傳統方式不是祂想要的，那麼就會依照自己的想法與意願決定送別的內容。但是，無論是用傳統的方式或是客製化的方式，一般而言都有越來越

---

25 同註1，第九章第三節，頁180-181。
26 同註12，第六章第一節，頁122-123。

簡單的趨勢，彷彿不簡單處理就不符合現代社會的要求[27]。

最後在服務的模式上，殯葬服務不再是傳統的死後服務。只要有機會，那麼在服務時殯葬業者是有機會介入臨終的。當殯葬業者介入臨終以後，對於那一些重症末期病人，有的病人本身會希望藉由生前告別式的舉行與親友好好話別；有的家屬則會希望在亡者生前就能有所準備，以免臨終者一死就陷入手忙腳亂的困境。因此，在殯葬服務上就從死後往前延伸到臨終，出現所謂的臨終關懷[28]。對臨終者本身或家屬而言，這樣的臨終關懷都是他們所需要的，也可以使他們感受到臨終者所在意的殯葬尊嚴得以實現。

同樣地，在臨終者死後家屬也會有他們的悲傷。對於此一悲傷的情緒就需要殯葬業者的協助，使他們在親人死後的喪事處理中得到某種程度的安慰。爲了滿足此一需求，在殯葬服務上就出現了悲傷輔導[29]，表示殯葬業者的功能不只是處理亡者的遺體，也不只是協助家屬善盡孝道，還包含緩解悲傷的輔導。所以，在無形中悲傷輔導就成爲殯葬服務的一環。到了今天，只要我們進入網站瞭解殯葬業者的服務，就會發現殯葬業者的服務不僅包含殯葬處理，也包含死前的臨終關懷、死後與家屬有關的悲傷輔導。

第三節　殯葬服務業的未來

在西方科學教育的主導下，一般人在面對死亡時，在不知不覺中就認定人死如燈滅。當死亡事件發生以後，我們唯一要處理的就是亡

[27] 邱達能，《綠色殯葬暨其他論文集》（新北市：揚智文化事業股份有限公司，2017年9月，初版一刷），第四篇，一，頁84-85。

[28] 同註1，第二章第三節，頁38-42。

[29] 同註1，第四章第四節，頁106。

者的遺體。除此之外，不再有死後生命的問題需要處理。對於此一變化，經由百多年來的過程，我們已經逐漸見證此一結果。在此，最具體的成果就是在殯葬處理上有越來越簡化的趨勢。無論是在殯葬禮儀服務上或設施服務上，都可以看到此一趨勢。在禮儀服務上，無論是家屬或亡者都認爲複雜處理是沒有意義的；在設施服務上，無論是家屬或亡者都認爲沒有必要土葬，也沒有必要火化塔葬，環保自然葬就好。也就是說，在禮儀服務上要處理的只是遺體，在設施服務上要處理的就是不要讓骨灰占有土地、汙染環境[30]。

問題是，往這個方向繼續推動的結果只會越來越簡化。當簡化到一個極致以後，人死之後的遺體就不再是我們親人的遺體，而是不再有利用價值的遺體。對於一個不再具有利用價值的遺體，那麼在處理上何必浪費時間與金錢，只要把它看成是單純的廢棄物就好了。如果要避免汙染環境，那麼在不能任意丟棄的情況下，只好請環保人員予以回收處理。這麼一來，殯葬業也就不再需要存在，從中央到地方也就不再需要有管理殯葬的單位存在。對於此一取消殯葬業與相關主管機關的結局是否如實，其實有待我們的進一步省思。

如果我們僅從科學的角度來看待此一事件，那麼人死後變成遺體與物無異，也是理所當然的事情。可是這是否是處理親人遺體的最相應認知，嚴格說來，並沒有定論。只是基於科學認知已經成爲現代人對於死亡認知的主流，如果我們不予以配合，彷彿在違反主流思維的過程中背負了不科學的罪名。但是科學是否眞的證明了此一答案，經過科學式的反省，我們發現並非如此。依據科學的特質，它只是就所觀察到的部分做回答，對經驗以外的部分它只是推論。因此，答案是相對的而非絕對的。既然如此，那麼我們在回應時最相應的回應方

---

30 邱達能，《綠色殯葬》（新北市：揚智文化事業股份有限公司，2017年3月，初版一刷），第二章第一節，頁36-37。

式，就是以科學的方式回應，不再對經驗以外的部分作肯定或否定的判斷。

在此，此一反省的目的何在？當我們在面對社會的簡化趨勢時，如果沒有經過此一反省，那麼可能就會隨順此一趨勢，結果使得我們誤以爲殯葬業是一個即將消失的行業。在沒有殯葬業的情況下，我們又如何擁有提供殯葬服務的機會，所以此一反省事關重大。一旦有了此一反省作爲基礎，那麼在面對家屬或亡者時，我們就不會認爲他們的說法是正確的，也不會只知隨順他們的想法與作爲，導致自己在提供服務時，完全失去自己的專業性，不再有機會協助他們解決死亡的問題。對一個敬業的殯葬業者而言，這樣的服務提供是違反殯葬倫理的提供[31]。

那麼，在一切簡單就好的殯葬簡化潮流聲浪中，我們又當如何予以翻轉，使殯葬服務重新回到它服務的正軌？在回答此一問題之前，我們要做就是瞭解殯葬服務可能的未來。如果我們對於殯葬服務的未來都不清楚，那麼自然就只能淹沒在殯葬服務簡化潮流之中，完全失去對抗的能力，也無法扭轉乾坤爲殯葬服務開創新局。於公於私，我們都是失責的。所以爲了自己的未來，也爲了家屬與亡者的未來，我們都需要清楚瞭解殯葬服務可以擁有什麼樣的未來。唯有如此，殯葬才算眞的回到它固有的正軌。

現在，我們先瞭解目前服務提供所產生的問題。首先，制式化的提供的確是個問題。本來在社會還沒有進入資本主義社會之前，人們是受制於社會，以社會的集體價值作爲個人有無價值的標準。但是，自從進入資本主義社會之後，人們開始有機會累積自己的財富、開創自己的未來，讓自己不再只是附屬於社會的存在。對人們而言，他們開始自覺要求要有自己，從不想與他人一樣，到自己要有自己的特

31 同註12，第六章第六節，頁138-139。

色，過一個專屬於自己的人生。當此一潮流開始盛行以後，人們就會對既有的制式服務提出質疑，認爲這是不適合自己的。由此可以瞭解客製化逐漸成爲社會的潮流，其實是有跡可循的。

其次，在個人主義當道以後，制式化的服務變成不再適合於個人，它原先的內涵也被架空，彷彿它只是過去農業社會的產物。既然只是過去農業社會的產物，那麼在社會進入工商社會以後理應被淘汰。如果制式化服務的內容不適合時代的要求，那麼此一禮俗的存在就沒有實質的意義。對於一個沒有實質意義的禮俗，當我們在爲親人辦理喪事時就不宜被採用。如果我們採用了，不僅不能爲親人盡孝，還會讓自己變成傳統的犧牲品。對一個明智的現代人，在爲親人辦理喪事時，就應該有自己的獨立判斷。

此外，過去的服務也沒有加以解說，使我們瞭解此一服務的意義爲何。對我們而言，與過去的人有很大的不同。在過去受到禁忌的影響，對殯葬服務只採取依樣畫葫蘆的做法，從來沒想過是否對此要有所瞭解。即使有心想要瞭解，也會擔心此一瞭解不曉得會不會有後遺症。萬一有後遺症，甚至造成自己的不幸，那麼又該怎麼辦？家中親人死亡已經很不幸了，爲何還要因爲自己的好奇帶來更多的不幸？所以，最好的面對方式就是不聞不問，趕快把喪事順利處理完，讓殯葬業者早一點離開，不要再與自己有任何瓜葛。

到了現在，人們對待殯葬服務的態度大不相同。對人們而言，現代人是在科學教育下長大的，對知識是有所要求的，當殯葬業者在提供服務時，我們會要求他們必須給一個合理的交代[32]。如果他們交代不清，那麼我們就會認爲他們是有意要多賺我們的錢。如果他們認爲自己沒有多賺我們的錢，那麼就必須給一個合理的交代，在服務時爲何要提供這些服務？由此可見，現在提供服務時，就必須滿足家屬與

---

[32] 同註1，第一章第六節，頁29。

亡者對於知識的要求。假如我們做不到這一點，那麼要家屬與亡者接受這樣的服務是不可能的。

從這一點來看，我們就發現殯葬服務的未來趨勢之一，就是對於所要提供的服務，必須給予一個合理的交代，而不能只是把想要做的事情做完就好。問題是，什麼叫做合理的交代？對於這個問題的回答，並沒有表面看得那麼簡單。如果社會沒有變化，那麼此一交代就只要針對傳統禮俗的內容就夠了。但是隨著社會的變遷、簡化潮流的盛行，我們如果只是針對傳統禮俗加以說明，那麼此一說明就難以滿足現代人的要求。因此，在交代時就不能只是針對傳統禮俗，而必須針對簡化潮流下的服務變化。

在此，當我們在針對簡化潮流下的服務變化給個交代的同時，也不要忘了客制化的問題。如果我們忘了客製化的問題，那麼在面對簡化潮流下的變化，就很難提供相應的服務。因此，簡化不能只是從簡化本身來看，而要從需求者的角度來看簡化。依據此一看法，有關簡化的問題就沒有固定的答案，它必須回歸需求者本身。如果需求者需要簡化到什麼程度，那麼我們在服務時就必須配合這種簡化的需求。如此一來，在服務的提供時才能相應，在簡化的說明上也才能相應，而不會淪爲另一種制式化的結果。

不過，客製化不只是與使用禮俗來辦理喪事的客製化，也包括不用禮俗來辦理喪事的客製化。雖然就目前狀況來看，會使用禮俗來辦理喪事的客製化還是居多，可是在可見的將來，不用禮俗來辦理喪事的客製化會越來越多。當這種客製化越來越多以後，那麼在殯葬的處理上就會越來越難服務。其中最主要的理由在於，殯葬業者要面對的差異性會更多。對於這些不同的殯葬需求，要如何給予相應的說明是很不容易的，除非提供服務的殯葬業者本身懂得夠多、夠深。

問題是，就現有的殯葬教育而言，所培養的殯葬業者，無論是學校的教育或公司的教育，都未必能夠滿足此一要求。對他們而言，所瞭解的殯葬服務只是一種技術型的操作，即使稍微深入其中的意義，也只是以局部性的瞭解爲主。至於這些操作整體在說些什麼，爲何這樣說就是對的，嚴格來說，就不在瞭解範圍，也不認爲這樣的瞭解是必要的。但是，在服務時什麼是必要的、什麼是不必要的，不取決於殯葬業者本身的認定，而取決於有需求的家屬或亡者。

既然取決於家屬或亡者，那麼在服務的提供上，就必須配合此一需求而不能自以爲是。如果不要自以爲是，那又要如何培養自己的提供能力？在此，在瞭解服務的內容時，就不能只是片面、局部的瞭解，而要整體的瞭解。可是，對於服務內容的整體瞭解有沒有可能？如果沒有可能，那麼想要做到這一點也是癡心妄想。尤其是過去對傳統禮俗的瞭解，認爲是十里不同風、百里不同俗。在此一刻板印象下，連傳統禮俗的瞭解都不能統一，更不要說簡化版的禮俗說明，或非禮俗的殯葬內容。

對於此一問題，我們又當如何解決？實際上，傳統禮俗的各地差異性並非天生如此，而是經過長期演變的結果，即使是簡化版及客製化的內容，也是時代變化所產生的結果。既然如此，那就表示這些演變雖然造成了差異，卻也爲我們找到解決問題的契機，此一契機簡單來說就是死亡所產生的問題。如果死亡沒有產生問題，那麼在人類對死亡的處理上就不會有殯葬的作爲[33]。由於死亡對不同的人產生不同的問題，所以在殯葬處理上才會有不同的作爲。

從古至今，在殯葬處理上有三種主要的處理型態：一種是宗教的型態、一種是道德的型態、一種是科學的型態[34]。就宗教的型態而言，死亡處理的重點放在死後歸宿的部分；就道德的型態而言，死亡處理的重點放在生者與亡者彼此關係連結的部分；就科學的型態而

---

33 同註12，第一章第一節，頁5。

34 同註4，第四章第四節，頁62-63。

言，死亡處理的重點放在亡者的遺體及生者的悲傷部分。既然在死亡處理上有這三種不同的型態，那麼我們在服務的提供上，就必須具備這三種處理的知識與技能。這麼一來，在服務的提供上才有能力滿足家屬或亡者的要求，而不會被認爲不夠專業。

除了服務本身的問題需要解決以外，隨著社會變遷所帶來的新的服務內容也需要加以解決，例如像用品創新的部分、服務模式創新的部分。就用品創新的部分，過去的殯葬用品受到禁忌的限制，很難有比較跳脫陰陽兩隔的創新。但是，自從殯葬服務開始商業化以後，在用品的創新上就比較大膽，不再依照陰陽兩隔原則來創新。對殯葬服務而言，對象不再是亡者而是生者。因此，在用品的創新上就以生者的需求爲主，認爲只要滿足生者的需求，服務自然就會被肯定。不過要符合生者的需求，就必須考慮生者的生活水準，以此作爲創新用品的考慮標的。

就服務模式的創新而言，臨終關懷與悲傷輔導是兩個主要的部分。在臨終關懷的部分，不能再以安寧緩和醫療作爲標準，而要回歸殯葬本身。如果將安寧緩和醫療當作標準來看，那麼在專業分工原則的指導下，殯葬是不適合提供臨終關懷的。假使不想違反專業分工的原則，那麼在提供臨終關懷時就不能以安寧緩和醫療作爲標準，而要回歸禮俗與宗教本身。唯有如此，在提供臨終關懷時殯葬才能有自己的服務內容[35]。

例如禮俗的臨終關懷就是以搬舖作爲關懷的內容，在當事人進入臨終狀態時，禮俗就會提供搬舖的臨終關懷。此時，與家人見最後一面及交代傳家遺言就是主要的內容[36]。當然在時代的變遷下，此一內容不能再以表面所說那樣解讀與作爲，而要依據現實狀況加以調整與

---

35 同註2，第七章第一節，頁148。

36 同註2，第五章第三節，頁108-109。

創新。在這種情況下，臨終者在臨終或死亡時有沒有回到家中俟終並不重要，重要的是有沒有完成傳家的任務。所以在提供臨終關懷的服務時，就必須依照個人狀態來調整與創新。

在悲傷輔導的部分，過去的大家族是可以自我療癒的，隨著社會結構的改變，小家庭與核心家庭是沒有能力自我療癒的。對於這種自我療癒的無能，在西方是藉助心理諮商的悲傷輔導。可是對我們而言，目前的社會制度這一方面還沒有成熟，還是需要殯葬業者的幫忙。更何況，我們在喪事處理上就與西方不同，不只是處理遺體，也處理死亡所帶來的問題。因此，在處理死亡所帶來問題的同時，提供悲傷輔導是很適切的。

只是在提供時要考慮的是如何提供的問題。對殯葬業者而言，由於提供的是禮俗的服務，所以在禮俗進行中的儀式，就可以產生悲傷輔導的作用[37]。然而儀式具有悲傷輔導的作用是一回事，殯葬業者有沒有能力將此一作用發揮出來，則是另外一回事。就這一點而言，殯葬業者就必須將禮俗在儀式中所產生的悲傷輔導作用實踐出來。當它可以確實實踐以後，那麼家屬的悲傷自然就可以得到化解。如果殯葬業者沒有能力將其實踐出來，那麼家屬的悲傷就很難得到化解，殯葬業者也就很難說他們所提供的是悲傷輔導的服務。

經由上述的說明，我們對於殯葬服務的未來趨勢應當具有一定程度的理解。知道過去與現在服務的共同缺失，就是只提供技術服務而無能提供意義服務，但是意義服務很重要，它關係著死亡所產生的問題的化解。針對這些問題的化解，不同問題的亡者與家屬有不同的化解方式。對我們而言，唯一要做的事情就是要有能力提供及相應的提供。此外，因應時代變遷所帶來的臨終關懷與悲傷輔導需求，我們除了要瞭解這些需求為何之外，也要瞭解如何滿足這些需求的知識與技

[37] 同註3，第一章第四節，頁10。

能，以及具備提供這些知識與技能的能力。

第四節　殯葬服務業業務專業化的商機

在土公仔的年代，殯葬業者還沒有自覺地意識到專業化的問題。對他們而言，有關職業的定義只能從禁忌的角度來詮釋。因此當他們在詮釋自己的職業時，就只會想到與一般職業不同的地方，也就是有關遺體處理的部分。從一般職業的角度來看，它們所處理的都是與生命有關的部分，而殯葬所處理的則是與死亡有關的部分。由於一般職業都不處理與死亡有關的部分，唯有殯葬業要處理與死亡有關的部分，所以連帶著禁忌就被帶入職業之中，殯葬業者遂以敢不敢摸遺體的膽量，作爲與其他職業分別的地方[38]。

可是我們都很清楚知道，要以膽量作爲職業識別的標誌並不是一個恰當的標誌，相反地，反而會誤導一般人誤以爲殯葬業是一個沒有專業的職業。如果殯葬業眞的有專業，那麼就不會以膽量作爲職業識別的標誌，而會以其他相關的內涵作爲識別的標誌。所以到了現代服務進來以後，膽量就不足以成爲分辨殯葬業與其他職業的差別。爲了能夠分辨殯葬業與其他職業的差別，我們就必須跳脫禁忌的束縛，不能以膽量作爲識別職業的標誌。

如果不以膽量作爲識別職業的標誌，那麼殯葬業還有什麼足以識別職業的標誌？面對此一問題，我們不能只從西方的角度來回答，也要從我們自己的角度來回答。假使我們只從西方的角度來回答，那麼在答案的賦予上就只能從防腐的角度來說[39]。但是防腐並不是我們在

38 同註12，第四章第四節，頁76。

39 鈕則誠，《殯葬學概論》（新北市：威仕曼文化事業股份有限公司，2006年1

殯葬服務時的主要作爲，它是西方在處理遺體時才會有的作爲。對我們而言，在殯葬服務時主要的作爲是依據禮俗來作爲的，如果還要再加上一些什麼，那麼宗教對於死亡的處理方式也是其中的一部分。因此，有關職業的識別內涵就必須從禮俗與宗教的儀式部分來說。

在此，我們以禮俗爲例說明。由於我們在爲親人辦理喪事時是有目的的，此一目的就是善盡孝道，所以在喪事辦理過程中不能像西方那樣只是做遺體處理，更重要的是在遺體處理過程中藉著禮俗的執行而善盡孝道。如果有殯葬業者在服務過程中，不用禮俗來服務家屬，那麼在不能善盡孝道的情況下，這個業者的服務就是不合格的。假使他想要提供合格的服務，那麼就必須將禮俗作爲服務的內容，否則在不能協助家屬善盡孝道的情況下，就不能算是合格的。

從這一點來看，我們在提供殯葬服務時，就必須滿足善盡孝道的要求，藉著禮俗的提供來服務家屬與亡者，這樣的服務提供才叫做專業的服務。由此可知，我們的服務不是沒有內容要求的形式服務，而是有內容要求的實質服務。爲了表示這樣的服務已經超越土公仔的前現代服務，到了民國91年才會有《殯葬管理條例》的制定與頒布，建立禮儀師證照制度，來表示殯葬服務不僅已經進入現代化的階段，也有了專業的認證[40]。

不過專業認證的前提是要有專業的教育，如果沒有專業的教育，那麼在無法確定什麼是專業、專業要專業到什麼程度，所謂的專業證照是很難建立的。當然，專業教育的存在並非只有政府機構可以做，民間機構一樣可以做，如殯葬公會。但是就臺灣的情況而言，殯葬公會是沒有能力的，它們唯一知道的就是殯葬服務是一種技術服務，而不知道在技術服務之外還有知識的服務。所以在專業認知不足的情況

月，初版一刷），第一章，二，頁9。

40 同註1，第七章第一節，頁138。

下，有關專業化教育只能訴諸於政府的教育部門，也就是學校科系來負責，如今日存在的生死學系殯葬組、生命關懷事業科等等。

問題是，殯葬專業的建立不是只有相關科系的存在就可以成就，還需要相關的專業研究存在，甚至是殯葬學科的系統建構完成[41]。如果欠缺這一環，那麼即使有了殯葬科系的存在，也無法提供眞正完整合適的殯葬專業教育。其中，最主要的問題就在於殯葬知識與技能缺乏系統的建構。如果殯葬的專業化要符合現代的專業要求，那麼就必須完成殯葬知識與技能的系統建構。這麼一來，殯葬專業證照的建立才有一定的標準，在服務上也才有一定的合理性。對於家屬或亡者而言，這樣的專業服務提供，他們才能接受而不會有所質疑。

由於目前所建立的證照是以禮儀服務爲主，所以在《殯葬管理條例》中只提及禮儀師證照的部分。當然在殯葬專業化的過程中，絕對不會只有禮儀服務的部分需要專業化與證照制度的建立，其他與殯葬有關的部分，也需要專業化與證照制度的建立。不過對政府而言，證照制度的建立是需要有某種程度的永續性。如果沒有一定程度的永續性，那麼在證照制度建立之後不久就被取消。對政府而言，這樣的證照制度建立會遭到施政不力的批評。所以在現實考量下，當時在《殯葬管理條例》中才會將禮儀師證照制度的建立列爲第一優先。

可惜的是，最初在設立此一證照制度時定位是定位在大專程度，希望藉由此一學歷的定位，將殯葬服務納入考試院的專門職業技術職類的考試，使殯葬業得以脫離土公仔的不入流社會地位，而提升爲上流的服務地位。然而，後來受到種種因素的限制，考試院不願意兌現最初的承諾，讓禮儀師證照制度一波三折，終於以現在的面目出現，成爲內政部頒發的準國家證照，雖然在服務時沒有禮儀師證照的業者，不能以禮儀師的名義提供服務，卻不具有職業的排他性，很難保

41 同註18，第五章第九節，頁344。

障具有禮儀師證照的人提供服務的專屬權益。

到目前爲止，爲了因應此一證照制度的變革，禮儀師證照的取得需要具備三個條件，除了需要有乙級喪禮服務技術士的證照之外，也還需要有兩年殯葬工作經驗，及二十個殯葬專業課程的學分[42]。表面看來，這樣的制度設計似乎有助於殯葬業者的社會地位提升，及專業化程度的提升，但實質上其實效果有限，主要的原因就在於無論有無證照、有哪一種證照，在服務上都是一樣的，並沒有產生實質提升的效果。由此可見，證照制度的建立是要有概念的、有標準的，不是只要建立就好了，否則這樣的建立與沒有建立是相同的。

基於上的說明，我們就知道一個制度的建立不是那麼容易的。尤其是有關殯葬證照制度的建立更是困難。雖然如此，我們還是要建立證照制度，它反映的是殯葬業的專業化問題。如果殯葬業不專業化、依舊停留在土公仔的階段或現代化的階段，也就是不完整的專業狀態，那麼殯葬業遲早會被社會所淘汰。因此在生存的要求下，我們都需要設法排除萬難予以專業化、證照化。只有在證照制度的保障下，我們在服務時才能爲家屬與亡者所信任。

那麼，除了上述的禮儀服務部分專業化及證照化以外，在殯葬服務上還有什麼可以專業化及證照化的？就我們所知，殯葬服務可以分殯與葬兩個部分。就殯的部分，與禮儀服務有關，但不只包含禮儀服務而已。就葬的部分，與設施服務有關，但不只包含設施服務而已。其中，由於葬的部分爲土葬，所以設施服務中的公墓就是服務的一切。然而受到葬法的改變，設施服務不只是提供公墓的服務，也與火化有關。所以在葬的部分就不能只與公墓有關，也與火化有關，這時就會涉及火化場的部分。

---

[42] 禮儀師證照，臺灣殯葬資訊網，網址：http://www.funeralinformation.com.tw/Detail.php?LevelNo=799。登入日期：2024/1/30。

如果從上述的說明來看，那麼就會發現與殯葬服務有關的專業化與證照化非常的多，絕對不是只有禮儀服務一項，還有許多其他的項目可以專業化及證照化。不過正如上述所說的，在專業化及證照化的過程中，政府在介入時會有一些考量。其中除了社會的需求之外，還有持續性的問題。如果社會沒有這樣的需求，即使已經專業化了，政府也不會介入予以證照化。如果社會有需求但持續性不足，那麼即使已經專業化了，政府也一樣不會介入予以證照化。從這一點來看，政府會介入予以證照化，一定是社會有需求及具有持續性的。

過去在證照化的過程中，有人曾經建議司儀可以證照化，遺體美容可以證照化，甚至是火化爐的操作員也可以證照化。可是建議歸建議，最終政府的態度就是能拖就拖，完全沒有建立制度的想法。在此，我們就很清楚瞭解政府之所以會有這樣的態度，有一點很重要就是持續性的問題。如果不是持續性的問題，照理來講社會的確有這樣的需求。例如現在一年死亡已經超過20萬人[43]，等於有20萬場次的告別奠禮需要司儀；在遺體美容的部分，也等於有20萬位亡者的遺體需要遺體美容；在火化爐的操作部分，也等於需要20萬次的火化操作員操作。

可是，20萬的死亡人數雖多，在司儀的部分、在遺體美容的部分、在火化爐操作員的部分，表面看起來似乎很多，但是在證照制度建立上是否可以滿足持續性的要求其實是有問題的。箇中理由很清楚，就是一個人可以擔任很多場的司儀、可以化很多遺體美容的妝、

---

[43] 2023年人口數轉正成長 終止連3年「生不如死」，網址：https://tw.news.yahoo.com/2023%E5%B9%B4%E4%BA%BA%E5%8F%A3%E6%95%B8%E8%BD%89%E6%AD%A3%E6%88%90%E9%95%B7-%E7%B5%82%E6%AD%A2%E9%80%A33%E5%B9%B4-%E7%94%9F%E4%B8%8D%E5%A6%82%E6%AD%BB-204146094.html。登入日期：2024/1/30。

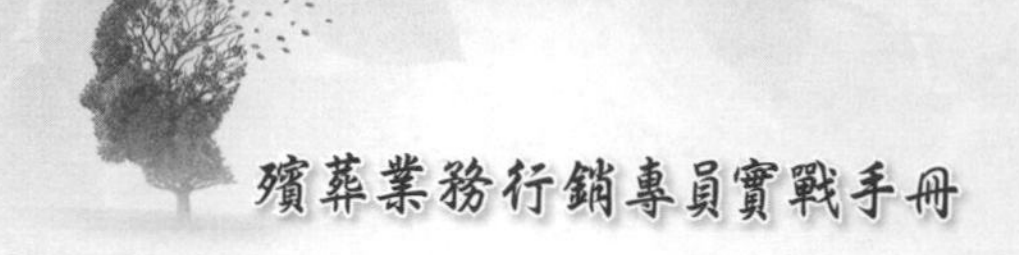

可以火化很多個遺體。一旦予以證照化以後，那麼這樣的證照制度可以維持多久？萬一維持不了太久，那麼站在負責建立制度的政府單位立場來看，此一證照制度的建立就是不恰當的，需要進一步被檢討。對負責建立制度的單位與人員而言，他們是不太願意主動建立此一證照制度。

這麼說來，要建立一個證照制度是很困難的。既然如此，那麼我們只好採取放棄的態度，不要癡心妄想政府會主動建立。話雖如此，在證照制度的建立上有兩種可能：一種是政府建立；一種是民間建立。如果政府不想主動建立，那麼我們是否只能接受現實？其實結果未必如此。依據國外的經驗，甚至是殯葬業以外的其他行業的經驗，我們都會發現證照制度的建立不只有政府這一條路，也有民間的那一條路[44]，重點就在於該行業本身的態度，如果該行業比較積極，那麼此一證照制度的建立就有可能，如果該行業比較消極，那麼此一證照制度的建立就遙遙無期。所以，在證照制度的建立上並不是只能依靠政府。

當然，在上述兩種狀況之外，還有第三種可能，就是由民間先行建立，再由政府加以認證，不過要做到這一點並不容易。對殯葬業而言，公會雖然是一個可行的負責單位，但有想法的幾乎沒有。因此與其借助公會，倒不如不要借助公會，或許可能性還會大些。在此我們這麼下判斷的理由，就是公會會有私心，一旦有了私心就會私心作祟，結果沒有建立證照制度反而沒事，有了證照制度的建立就會有事，最終導致一事無成、回到原點。

對我們而言，這種建立證照制度的心態是有問題的。本來建立證照制度的用意，就在於保障從事該職業的人的工作權益，也保障接受該職業服務的人的消費權益。現在在私心作祟下，想要建立證照制度

44 同註39，第一章，二，頁8。

的人，只希望爲自己謀求利益，自然在各自想要謀求自己利益的過程中就會產生衝突，在相互力量抵消的情況下，想要不一事無成也不可能。所以想要借助公會的力量來建立證照制度非常困難，幾乎可以說是緣木求魚。經過這幾十年的驗證，我們幾乎可以證實這一點。

除了公會可以做爲建立證照制度的民間單位以外，還有學術單位也是一個可以藉助的學校機構。對學校而言，尤其是大專院校，它們本來在相關領域就有所研究，也清楚知道一個證照制度的建立，需要滿足哪一些條件，再加上學術機構本身就具有超然的客觀性，不會任意介入圖利自己，因此學校就可以成爲一個建立證照制度的合適單位。經由學校單位的建立之後，此一證照制度就可以爲該職業共享成爲具有公信力的證照，日後政府認爲有需要時就可以加以認證。

從可行性的角度來看，上述那幾項希望建立證照制度的殯葬服務內容，固然都可以作爲考慮的對象，但在現實的層面上，要建立這樣的證照制度似乎不太容易，這是基於過去的經驗來說的。如果我們不希望受困於過去，那麼就必須尋找新的可以證照化的服務項目。在此，殯葬業業務專員就是一個新的可能。它之所以成爲可能，主要依據的就是禮儀服務的前端就是業務端。現在，禮儀服務端已經證照化了，但業務端還沒有。在證照化的過程中，這是不完整的。如果要完整，那麼業務端的證照化就很重要。

對我們而言，業務端的證照化就是將洽談的部分加以證照化。的確，從過去服務的經驗來看，許多傳統殯葬公司都會將業務端與服務端結合起來，成爲殯葬服務的一環。但是，隨著社會對於專業分工的要求越來越高的影響，這種作法無形中就會使得業務端越來越不專業，唯一剩下的就是個人經驗，只要經驗越豐富，洽談成功機率就越大，業務也就越成功。問題是，洽談成功業務接到了，不表示服務也就成功了，相反地可能是服務失敗的開始。所以爲了確保服務也成功，我們需要在業務端加以證照化，確保業務的品質及保障消費者的

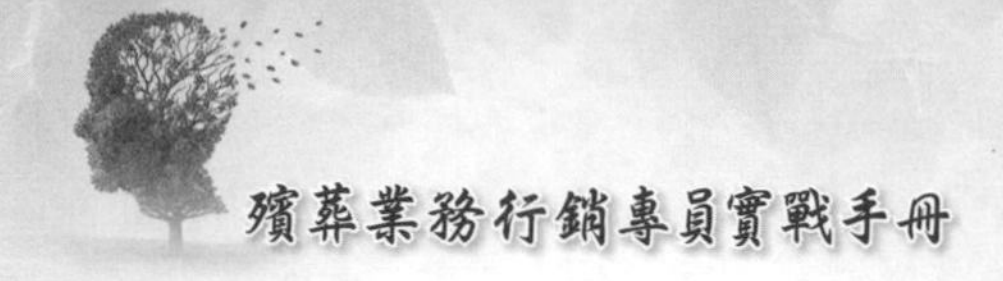

權益。

由於社會的變遷、殯葬服務要求的改變，過去對業務的訓練不是由公司自行辦理，就是接受學校的教育，這種培訓方式已經逐漸無法滿足消費者的要求。因此，為了滿足家屬或亡者解決問題的需求，在業務的部分就必須給予新的專業教育，使其具有解決家屬與亡者問題的能力，而這種能力的培養，不僅需要有相關的教育，也需要有對於此一培養成果的證照認證。經由此一過程，在證實此一殯葬業業務專員的必要性及可持續性之後，日後有機會政府單位自然會加以認證，成為殯葬業的第二種證照。

參考書目

書籍

李民鋒，《臺灣殯葬史》，臺北市：中華民國殯葬禮儀協會，2014年7月。

林素英，《古代生命禮儀中的生死觀——以禮記為主的現代詮釋》，臺北市：文津出版社，1997年8月。

邱達能，《綠色殯葬》，新北市：揚智文化公司，2017年3月。

邱達能，《綠色殯葬暨其他論文集》，新北市：揚智文化公司，2017年9月。

尉遲淦，《殯葬生死觀》，新北市：揚智文化公司，2017年3月。

尉遲淦，《殯葬臨終關懷》，新北市：威仕曼文化公司，2009年11月。

尉遲淦，《禮儀師與殯葬服務》，新北市：威仕曼文化公司，2011年7月。

尉遲淦、邱達能、鄧明宇，《悲傷輔導研習手冊》，新北市：揚智文化公司，2011年7月。

鈕則誠，《殯葬學概論》，新北市：威仕曼文化公司，2006年1月。

鄭志明、尉遲淦，《殯葬倫理與宗教》，新北市：國立空中大學，2010年8月。

網路資料

〈2023年人口數轉正成長 終止連3年「生不如死」〉，網址：https://tw.news.yahoo.com/2023%E5%B9%B4%E4%BA%BA%E5%8F%A3%E6%95%B8%E8%BD%89%E6%AD%A3%E6%88%90%E9%95%B7-%E7%B5%82%E6%AD%A2%E9%80%A33%E5%B9%B4-%E7%94%9F%E4%B8%8D%E5%A6%82%E6%AD%BB-204146094.html。登入日期：2024/1/30。

〈臺灣股票市場概況之一：發展歷程〉，臺灣網，網址：http://big5.taiwan.cn/jinrong/zjzl/200910/t20091009_1016983.htm。登入日期：2024/1/30。

「臺灣經濟」，維基百科，網址：https://zh.wikipedia.org/zh-tw/%E8%87%B

A%E7%81%A3%E7%B6%93%E6%BF%9F。登入日期：2024/1/30。

「鴻源案」，維基百科，網址：https://zh.wikipedia.org/zh-tw/%E9%B4%BB%E6%BA%90%E6%A1%88。登入日期：2024/1/30。

「禮儀師證照」，臺灣殯葬資訊網，網址：http://www.funeralinformation.com.tw/Detail.php?LevelNo=799。登入日期：2024/1/30。

第二篇

殯葬業務基礎知識

2.

殯葬業務行銷專員

田奇玉

- 殯葬業務行銷專員出現的背景
- 殯葬業務行銷專員存在的作用
- 殯葬業務行銷專員的工作職能
- 殯葬業務行銷專員的服務倫理

第一節　殯葬業務行銷專員出現的背景

臺灣人口老化再創新高，內政部最新人口資料，統計至2023年4月，全臺65歲以上人口已達415.8萬人，占總人口的17.8%，老化指數達147.9（內政部統計處，2023 年）。內政部2023年7月10日公布最新全國人口統計數字，擺脫新冠疫情影響，全國人數緩步增加，截至6月已回升到23,373,283人，不過全國「生不如死」的情況惡化。另外，擁有許多科技新貴的新竹市，爲全國幼年人口比例最高縣市，高齡人口比例最高的縣市則是南部縣市。

隨著老年人口的增加，死亡率也逐漸上升。根據衛福部表示，2022年主要受新冠疫情及人口老化影響，死亡人數計208,438人，較2021年增加24,266人（+13.2%）。死亡率（死亡人數除以年中人口數）爲每10萬人口893.8人，增加13.9%。以WHO2000年世界人口結構調整後之標準化死亡率爲每10萬人口443.9人，增加9.5%（衛生福利部，2022年）。這使得殯葬需求逐年增加，對殯葬服務的專業性和人力需求也隨之提高。

隨著國人對死亡議題的討論和關心態度，提前規劃身後事的概念逐漸獲得廣泛的認可。1993年國寶北海福座推出生前契約，利用生前契約的作爲，讓消費者在不知不覺之中就接受了殯葬服務的觀念。此外，他們也利用臨終諮詢的服務，讓消費者事前就瞭解殯葬服務的內容，鼓勵民衆根據個人及家庭的需求，提前安排自己或家人的身後事。

目前，國內較大規模的殯葬企業所提供的服務範疇已廣泛涵蓋禮儀服務（即用型契約）、生前契約銷售（涵蓋自用型及家用型契約）、塔位銷售（納骨塔位使用權買賣定型化契約），以及其他相關殯葬商品的銷售等。在這些服務中，「生前契約銷售」的營業額增長最為迅速，其次是「塔位銷售」，顯示出市場需求的逐年上升。

為因應上述市場需求和提升服務品質，殯葬產業越來越注重人員的專業分工，大型殯葬公司通常將人力資源分為「內部行政人員」、「禮儀服務人員」及「業務行銷人員」三大類型。具體而言，禮儀服務人員專責於執行禮儀服務，確保儀式的莊嚴和尊重；而業務行銷人員則專責於銷售殯葬商品（生前契約及塔位契約），以及提供專業的殯葬諮詢服務。這種專業分工不僅提高了工作效率，也使得服務人員各自能深耕自己的專業領域，更好地滿足客戶的多樣化和個性化的需求。

目前只有少數大型禮儀公司能夠提供完善的殯葬業務行銷人員的培訓，領先的殯葬企業如龍巖、萬安、國寶、萬事達全生命、仁本等，已經實施了這種專業分工的模式。這不僅彰顯了他們對提升服務品質的承諾，也體現了對客戶需求細膩理解和多元尊重的經營理念。透過這種服務模式，殯葬業務行銷專員能夠專注於客戶關係的建立和維護，以及提供更專業的殯葬商品（以銷售生前契約及塔位為主，即用型契約為輔）的銷售及諮詢服務，而禮儀服務人員則確保殯葬儀式的順利進行，共同提升喪禮服務的整體質量和客戶滿意度。

反觀中小企業面臨的最大挑戰，即是專業化不足，這些企業往往由極少數員工，包括老闆本人，負責從殯葬諮詢到禮儀服務的全套流程。業務開發與產品銷售則大都仰賴於資深業務員的經驗傳承，缺乏系統化的培育和訓練。這一現狀導致部分保險、不動產、護理及長照領域的專業人士兼職從事殯葬業務行銷者，由於缺少專業的殯葬業務行銷培訓，難以為消費者提供專業級的產品或服務銷售，這種缺乏專業分工與專業培訓的模式，對企業自身、從業人員以及服務對象均產生負面影響。

第二節　殯葬業務行銷專員存在的作用

殯葬業務行銷專員定位爲「從事銷售殯葬服務定型化契約及塔位，並提供諮詢服務之人員」。現代殯葬業者朝向企業化的經營方式，專業分工各司其職，爲增加客源，改採多點式、全國式的服務，爲了市場預占，將服務從死亡往臨終的方向延伸，殯葬業務行銷直接從醫院、護理之家、長照中心、養老院等地主動爭取客源，或結合保險業，讓民衆的生前殯葬預約服務市場有更多元的選擇。

過去在傳統殯葬服務模式下，殯葬服務的介入只能在親人死亡以後，不能提早到臨終的階段，臨終關懷屬於家族中的私事。因爲人恐懼死亡，希望趨吉避凶，殯葬服務通常只處理亡者遺體的部分，家屬不願意讓殯葬業者「事前進入」及「事後回返」，因此臨終關懷的部分，並沒有出現在殯葬服務的委託中。另外，殯葬服務也通常在喪事辦完之後就結束，因此也沒有提供後續關懷的部分，化解喪家因親人死亡所產生的各種問題。

隨著社會的發展和消費者需求的多樣化，殯葬服務不再僅限於傳統的葬禮安排，而是涵蓋了生前規劃、個性化服務、遺產管理等多方面的需求。利用生前契約的作爲，殯葬業務行銷專員讓消費者在不知不覺之中，就接受了殯葬服務的觀念。此外，他們也利用臨終諮詢的服務，讓消費者事前就瞭解殯葬服務的內容，鼓勵民衆根據個人及家庭的需求，提前安排自己或家人的後事。殯葬業務行銷專員的專業知識和技能，除了從事銷售殯葬商品外，並提供專業諮詢服務，能夠更好地滿足消費者的需求。

此外，殯葬業務行銷專員因最早與服務對象接觸，服務過程中也是禮儀公司與家屬之間的溝通橋樑，因此在臨終關懷與悲傷輔導中，扮演相當重要的角色。在臨終的場景，普遍會出現「個案的死亡恐懼」與「家屬的預期性悲傷」此二難題，若難題不解，不僅個案無法善終，家屬也會因親人的死亡，之後轉成更強烈的喪親悲慟。殯葬業務行銷專員可提供的臨終關懷服務內涵，包括諸如溝通與給予善終觀念，提供臨終醫療照護相關的知識，提供家屬臨終關懷實務技術，提供繼承、遺囑、殯葬消費法律資訊，提供臨終、初終及喪禮的準備等。

在過去，禮儀服務人員往往需要同時承擔業務銷售和儀式服務的雙重角色，這不僅增加了工作壓力，也容易造成專業能力的分散。專業分工後，「禮儀服務人員」及「業務行銷人員」可以各自專注於自己的專業領域，從而提升工作效率和服務效能。另外隨著臺灣社會的多元化，人們對於殯葬服務的需求也越來越多樣化，包括不同宗教、文化背景的特定要求，專業分工可以使殯葬業務行銷專員更專注於客戶需求的洞察和市場趨勢的把握，致力於臨終關懷服務，以及提供殯葬商品的銷售和生前契約的規劃，增加了服務的深度和廣度。同時也讓禮儀服務人員有更多的時間和精力，去學習和掌握各種儀式的專業知識，致力於提供儀式服務，這樣能夠更好地滿足顧客的個性化需求，提升整體的服務品質。

在實務中，有些家屬因驟然失去至親，陷入急性哀傷中，或因失去親密依附的家人，在治喪過程中極度悲傷，此時提供喪禮服務的禮儀師，自然會適度地給予家屬陪伴、關懷和支持。但辦理喪事的過程只有短短七至十數天，一般家屬的悲傷哀悼期多為喪親後半年至一年內，辦完喪事後家屬便較少或不再接觸禮儀服務人員，因此禮儀服務人員具體能給予家屬的後續關懷不足。殯葬業務行銷專員從接觸客戶開始，便可能面對悲傷程度不一的臨終者及家屬，即能適度提供關懷服務，而這種悲傷輔導，某種程度上考驗著殯葬業務的服務品質，也直接影響客戶的觀感及服務滿意度。後續關懷和悲傷輔導是不同的，

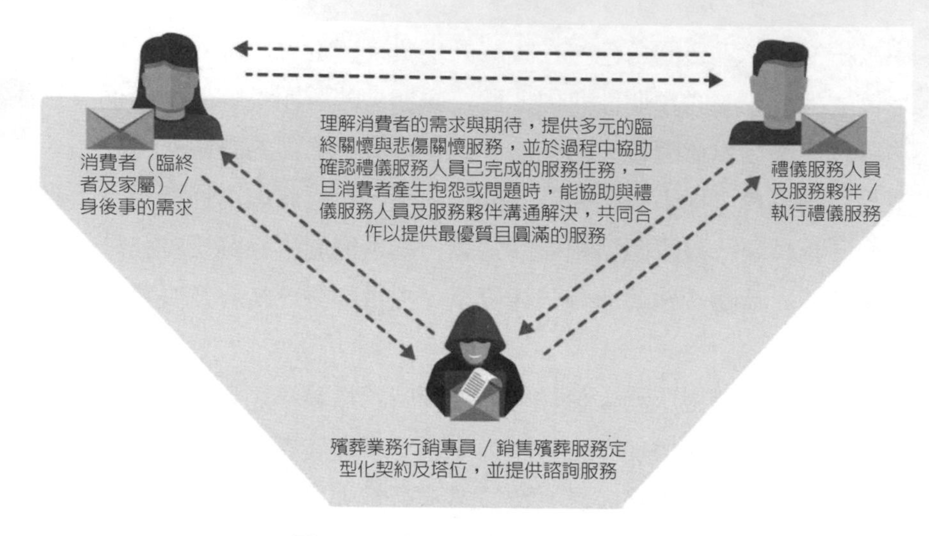

圖2-1　殯葬業務行銷專員的角色

關鍵在於「問題的解決與否」，對於家屬的悲傷能夠有實質的緩解效用。殯葬業務能具體提供的悲傷關懷，包括諸如協助家屬眞實面對親人即將死亡或已經死亡的事實、提供家屬有關喪親失落及悲傷的知識、提供哀悼過程悲傷情緒及處理資訊，以及將喪親面對與盡哀需求融入喪禮流程，或是在後續百日、對年、三年、合爐中，讓家屬表達孝意，抒發哀傷情緒，協助喪親家屬順利地經歷喪慟期。

 第三節　殯葬業務行銷專員的工作職能

殯葬業務行銷涉及多個專業領域，包括殯葬法規、心理輔導、禮儀諮詢等，社會文化的變遷帶來了殯葬需求的多樣化，業務行銷人員也需要瞭解和適應這些變化，例如環保自然葬、個人化葬禮規劃等。此外，殯葬業務行銷人員常常需要與處於悲痛中的家屬互動，也需加強情緒覺察和同理反應技巧的訓練，使殯葬業務行銷專員能更有效地

支持和安慰家屬，提供更專業及人性化的服務。

「殯葬業務行銷專員」職能模型，在考量經費、時間、目前從業人員樣本數、分析範圍、程序保密程度、衝突可能性，以及專業變化速度等因素下，選用次級資料分析法、職能訪談法、專家會議法三種職能分析方法來發展。

一、次級資料分析法

次級資料來源如下，包括iCAP職能發展應用平臺、勞動部勞動力發展署技能檢定平臺、美國O*NET、英國NOS等。

1.行政院主計總處——行業標準分類。

2.iCAP職能基準：

(1)醫療器材產業業務人員職能基準。

(2)醫藥品業務人員職能基準。

(3)壽險業——業務專員職能基準。

(4)行銷業務專員職能基準。

(5)代銷業務人員職能基準。

3.全國殯葬資訊入口網。

4.喪禮服務技術士乙丙級技能檢定規範。

5.美國O*NET：

(1)O*NET-11-9171.00殯儀館經理。

(2)O*NET- 39-4021.00葬禮服務員。

(3)O*NET- 39-4031.00殯葬師、殯儀員和葬禮安排者。

6.英國國家職能基準NOS：

(1)NOS-PPLFOS24與客戶同意並安排預先計劃的葬禮。

(2)NOS-PPLFOS01遵守殯葬業的法規、立法和業務守則。

(3)NOS-PPLFOS22回應並解決殯葬業的投訴。

(4)NOS- PPLFOS21監督葬禮。

(5)NOS- PPLFOS08確定並同意客戶對葬禮安排的要求。

(6)NOS- SSR.FOS311協調和控制葬禮。

(7)NOS- PPLFOS10計劃和協調葬禮安排。

7.內政部全國殯葬資訊入口網。

8.訪談產業專家。

二、職能訪談法

在訪談階段，遴選出產業界專家6人，學界代表2人，職能專家1人。利用專家訪談法，對產業從業人員、相關企業主管，及學界代表進行結構式訪談，訪談目標是將該職能的工作職責、任務及產出內容，經訪談後加以確認。驗證階段有7位專家，包括產業界專家4位，學界代表1人，職能專家2人。每位專家之職稱、資歷、代表性以及參與機制，請詳見**表2-1**。

表2-1　職能分析參與人員名單（職能訪談）

姓名	任職單位	職稱	學經歷	代表性
尉遲淦	哥斯大黎加聖荷西大學殯葬事業管理研究所	教授兼所長	學歷：輔仁大學哲學研究所博士 經歷： ・南華大學生死學研究所副教授兼第二任所長 ・仁德醫護管理專科學校生命關懷事業科副教授 ・中華生死學會秘書長、副理事長 ・中華殯葬教育學會理事長 ・喪禮服務技術士丙級證照學術科命製委員	產業專家（實務經驗 25 年以上）

（續）表2-1　職能分析參與人員名單（職能訪談）

姓名	任職單位	職稱	學經歷	代表性
曹聖宏	萬事達全生命	禮儀部經理	學歷： 國立高雄師範大學地理學系博士班 經歷： ・龍巖人本禮儀師 ・國寶服務禮儀師 ・萬安生命禮儀師 ・國立空中大學生活事業系兼任講師（殯葬相關課程學分班） ・輔英科技大學推廣教育中心兼任講師（殯葬相關專業課程二十學分專班、殯葬業務行銷專員培訓班）	產業專家（實務經驗20年以上）
許博雄	中華民國葬儀商業同業公會全國聯合會	秘書長	學歷： 哥斯大黎加聖荷西大學殯葬事業管理研究所博士班 經歷： ・哥斯大黎加聖荷西大學殯葬事業管理學系助理教授 ・中華禮儀師協會秘書長 ・勞動部喪禮服務丙級技能檢定高雄術科考場主任 ・仁德醫護管理專科學校生命關懷事業科兼任講師 ・輔英科技大學推廣教育中心兼任講師（殯葬相關專業課程二十學分專班、殯葬業務行銷專員培訓班）	產業專家（實務經驗20年以上）
洪秉均	真武人文服務有限公司	負責人	學歷： 中華醫專食品營養科 經歷： ・國寶服務禮儀師 ・內政部禮儀師	產業專家（實務經驗20年以上）
蔡明勳	龍巖股份有限公司	元本營業處協理	學歷： 逢甲大學工業工程系 經歷： ・BNI富樂分會一全臺最大百人分會唯一殯葬服務業代表 ・輔英科技大學推廣教育中心兼任講師（殯葬業務行銷專員培訓班）	產業專家（實務經驗10年以上）

（續）表2-1　職能分析參與人員名單（職能訪談）

姓名	任職單位	職稱	學經歷	代表性
林佩蓉	萬事達生命	業務經理	學歷： 國立高雄科技大學高階經營管理碩士 經歷： ・龍寶事業機構處經理 ・輔英科技大學推廣教育中心兼任講師（殯葬業務行銷專員培訓班）	產業專家（實務經驗10年以上）
黃御捷	傳家生命事業股份有限公司	副總經理	學歷： 哥斯大黎加聖荷西大學殯葬事業管理研究所博士班 經歷： ・龍巖股份有限公司業務 ・輔英科技大學推廣教育中心兼任講師（殯葬業務行銷專員培訓班）	產業專家（實務經驗25年以上）
田奇玉	輔英科技大學	高齡及長期照護事業系暨碩士班助理教授	學歷： 國立臺北教育大學教育政策與管理研究所博士 經歷： ・勞動部勞動力發展署高屏澎東分署「小型企業人力提升計畫」輔導顧問 ・勞動部勞動力發展署iCAP職能專家（具備申請職能導向認證課程通過經驗） ・輔英科技大學推廣教育中心專任講師（殯葬相關專業課程二十學分專班、殯葬業務行銷專員培訓班、喪禮乙級考照輔導班）	學界專家（生命教育教學10年以上）
楊雅晴	輔英科技大學推廣教育中心	秘書兼組長	學歷： 國立臺南大學教育系教育經營與管理研究所博士 經歷： ・輔英科技大學產學合作暨育成中心組長 ・輔英科技大學研發總中心行政企劃室主任 ・勞動部勞動力發展署iCAP職能專家（具備申請職能導向認證課程通過經驗） ・輔英科技大學推廣教育中心專任講師（殯葬相關專業課程二十學分專班）	職能專家

三、專家會議法

殯葬業務行銷專員屬於新興職業，產業成熟度爲發展中，職業變化程度速度快，考慮驗證過程與分析的操作可行性，應該比較偏重於質性，亦即力求該領域的具體與客觀、代表描述。因此審愼評估後採用專家會議驗證方法。依職能分析驗證單爲工具，選擇與會專家後，擬定會議規劃書，並據以召開會議，會議中請專家針對殯葬業務行銷專員的工作職責、工作任務、工作產出、行爲指標、職能級別及職能內涵進行討論，於驗證單勾選是否需修正，若有需修正之處，將調整原因及結果詳述於調整單，最後產出會議紀錄、修正軌跡，以及**表2-2**的職能模型。

表2-2　殯葬業務行銷專員職能模型

<table>
<tr><td>職能基準代碼</td><td colspan="6"></td></tr>
<tr><td rowspan="2">職能模型名稱</td><td colspan="2">職類</td><td colspan="4">服務及銷售工作人員</td></tr>
<tr><td colspan="2">職業</td><td colspan="4">殯葬業務行銷專員</td></tr>
<tr><td>項目</td><td colspan="6">說明</td></tr>
<tr><td>工作描述</td><td colspan="6">從事銷售殯葬商品，並提供諮詢服務之人員。</td></tr>
<tr><td>基準級別</td><td colspan="6">3</td></tr>
<tr><td>主要職責</td><td>工作任務</td><td>工作產出</td><td>行為指標</td><td>職能級別</td><td>職能內涵知識（K）</td><td>職能內涵技能（S）</td></tr>
<tr><td>T 1 執行業務開發</td><td>T1.1 熟悉職務內容及展現正向工作態度</td><td></td><td>P1.1.1瞭解職務的工作內容與能力需求，並遵守工作與職場倫理。</td><td>3</td><td>K01殯葬倫理
K02殯葬業務職能</td><td></td></tr>
</table>

（續）表2-2　殯葬業務行銷專員職能模型

T 1 執行業務開發	T1.2 建立與維護人脈關係	O1.2.1準客戶拜訪卡—基本資料	P1.2.1 參加相關組織或活動，建立和維護與業務相關的聯絡人名冊。	3	K03 顧客關係管理 K04 人際開發術	S01人脈拓展能力
	T1.3 客戶聯繫與拜訪	O1.3.1準客戶拜訪卡—訪談紀錄	P1.3.1 善用現代科技工具或親自拜訪客戶，定期維繫客戶關係。 P1.3.2 記錄與客戶面商的過程及整理客戶的需求資訊。	3	K03 顧客關係管理 K05資料保密與管理規範	S02 資訊科技應用能力
T 2 產品銷售及追蹤控管	T2.1 掌握客戶需求		P2.1.1 透過聆聽和開放式問答，辨識客戶需求與偏好，提供合適的產品資訊。	3	K03 顧客關係管理 K06殯葬產品銷售實務 K07 消費者行為學	S03 溝通技巧 S04 顧客導向
	T2.2 介紹銷售產品或方案		P2.2.1 依據客戶需求提供商品組合，並能辨識客戶的回應。 P2.2.2使用具有說服力的溝通技巧，以確保客戶維持購買興趣。 P2.2.3確保文宣能充分向客戶展現及傳達產品的特色與效益。	3	K06殯葬產品銷售實務 K08 行銷策略與實務	S04 顧客導向 S05 銷售技巧
	T2.3 回應客戶滿足需求		P2.3.1辨識並評估語言和非語言的購買訊號。 P2.3.2面對拒絕，能找出方式解決問題，滿足客戶的需要。	3	K03 顧客關係管理 K09客戶拒絕的管理策略	S03 溝通技巧 S05 銷售技巧
	T2.4 成交及售後服務		P2.4.1 適時進行客戶關懷，以確保契約執行情形。 P2.4.2 建立客戶對品牌的忠誠度和信任感，持續經營舊客及拓展新客。	3	K03 顧客關係管理 K08 行銷策略與實務	S01人脈拓展能力 S04 顧客導向

（續）表2-2　殯葬業務行銷專員職能模型

T3 提供客戶支援	T3.1提供生命服務相關問題諮詢		P3.1.1能解說合法生前契約的要件及注意事項。 P3.1.2 能解說合法塔位契約的要件及注意事項。 P3.1.3 能尊重不同宗教、文化及社會背景的差異，提供客戶殯葬禮儀服務流程的資訊及建議。	3	K10同類型生前殯葬服務定型化契約、應記載及不得記載事項 K11骨灰（骸）存放單位使用權買賣定型化契約 K12 殯葬禮儀	S06 契約理解能力 S07 儀式理解能力
	T3.2提供悲傷支持及後續關懷與處理服務		P3.2.1推廣善終觀念，提供臨終關懷服務。 P3.2.2依據客戶實際狀況，提供適切的後續關懷服務。	3	K13臨終關懷服務 K14悲傷支持服務	S07儀式理解能力 S08同理心

說明與補充事項

本項職能模型乃參考下列相關職業之職能基準內容，及產業從業人員之職能需求，並經國內相關專家討論修訂而成。

1.iCAP職能基準：
- 醫療器材產業業務人員職能基準
- 醫藥品業務人員職能基準
- 壽險業─業務專員職能基準
- 行銷業務專員職能基準
- 代銷業務人員職能基準

2.喪禮服務技術士乙丙級技能檢定規範。

3.美國O*NET：
- O*NET-11-9171.00殯儀館經理
- O*NET- 39-4021.00葬禮服務員
- O*NET- 39-4031.00殯葬師、殯儀員和葬禮安排者

4.英國國家職能基準NOS：
- NOS-PPLFOS24 與客戶同意並安排預先計劃的葬禮
- NOS-PPLFOS01 遵守殯葬業的法規、立法和業務守則
- NOS-PPLFOS22 回應並解決殯葬業的投訴
- NOS- PPLFOS21監督葬禮
- NOS- PPLFOS08確定並同意客戶對葬禮安排的要求
- NOS- SSR.FOS311協調和控制葬禮
- NOS- PPLFOS10計劃和協調葬禮安排

建議擔任此職類/職業之學歷與能力條件：需具備高中職畢業以上之學歷。

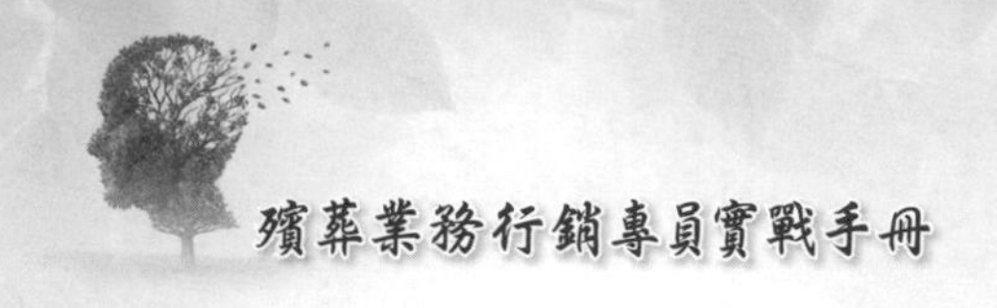

第四節　殯葬業務行銷專員的服務倫理

一、殯葬的服務倫理

殯葬業務行銷專員定位爲「從事銷售殯葬服務定型化契約及塔位，並提供諮詢服務之人員」。在理解有關殯葬業務行銷專員的助人角色之後，有必要對其相應的服務倫理進行討論。現今越來越多殯葬業者推出生前契約，可以預先規劃殯葬服務內容，但隨著買氣漸夯，卻有不肖業者鼓吹投資，常見的詐騙手法爲，佯稱可以幫忙賣出投資者原有的塔位，再遊說加購生前契約及骨灰罐，當民衆付錢後，業者捲款潛逃，使得社會大衆對殯葬業觀感不佳。目前國內的殯葬業正在改變中，從原本的黑暗、忌諱的形象，到現在轉型爲透明化、專業化，當殯葬業邁向專業化之際，殯葬倫理乃應運而生。

(一)殯葬倫理

鈕則誠（2008）指出，各行各業都有職業道德，以自我約束，並造福消費者；專業領域更形成專業倫理，它們有時候表現爲守則、誓言、公約等，以維繫專業水準和形象。所謂的職業道德，一般指個人從事一份職業或工作，起碼該遵守的待人處事原則，例如愛崗敬業、不能用不正當的手法去謀取利益、不能洩漏公司的營業秘密等。殯葬業務行銷專員的職業道德，是一種特殊的職業道德，殯葬業務行銷專員對臨終者及其家屬要眞誠，在無人監督的情況下，無論是介紹商品或是提供諮詢，要憑道德的自我約束作出善惡選擇的行爲。此外對於臨終者及其家屬要自然懷有同情心，主動採取各種方式安慰臨終者及其家屬，時刻按照規章程序提供銷售及諮詢服務，對於身後事的規劃和諮詢，對臨終者及其家屬不能不耐煩、給臉色，只考量績效獎金和佣金，要能體現服務的細微處，使得逝者安息，生者慰藉，這些都是殯葬業務行銷專員職業道德的範疇；而專業倫理則涉及相關行規，以及必須考量與實踐的社會責任。殯葬業務行銷專員在介紹商品或是提供諮詢時，要能設身處地爲家屬考量，滿足家屬善盡孝道的需求。身後事的規劃是生命教育的重要場域，以禮儀的道德認知與行爲規範，引領生命價值的實現。

殯葬業務行銷專員應本著自身的職業道德與專業倫理，服務過程強調重要性，除遵守最基本的殯葬活動中的道德及行爲的規範，協助家屬在「家庭倫理」中「孝道倫理」的完成外，並運用讓喪親者參與和瞭解喪葬儀式的進行調適哀傷，以達到生命教育積極的正面意義。另外在介紹生前契約的規劃以及諮詢納骨塔的選擇過程中，降低人們對死亡的恐懼，讓民眾逐漸接受「生前談死」，以正面積極的態度面對死亡，使人生能夠活得更有尊嚴和意義，包含對生命的省思和身後事的處理、臨終關懷的生命尊嚴品質、悲傷療癒以及走出傷痛等多面向的討論，達到全面的生命教育。

(二)殯葬服務管理

這部分主要從殯葬服務商業模式觀點，由產業價值鏈探討「緣」「殮」「殯」「葬」「續」等主要價值活動，殯葬業務行銷專員如何從行銷服務程序落實企業作業流程規範，進而傳遞企業的價值主張以建立服務優勢，形成與競爭者之間差異化的特色。

李志雄等（2018）指出，當企業的產品對社會存在某些禁忌時，企業在滿足外部顧客之前，必須先透過內部行銷滿足其內部顧客之需求。殯葬服務業者提供服務時，通常面對家屬與顧客之親友的死亡議題，因此業者必須確實建立其價值主張，並透過內部行銷傳遞價值主張給第一線的服務人員，確認其確實瞭解與認同公司的價值主張，以便確實傳遞給顧客。

臺灣殯葬產業市場規模逐年擴大，衆多業者的加入使得產業競爭白熱化，加上引進企業化的經營模式，明確專業訓練分工，扭轉社會大衆對殯葬服務業既傳統又充滿禁忌的刻板印象，逐漸邁向高品質與客製化的經營模式；而生前契約商品的推廣與履行服務，也成爲當今殯葬服務的核心內容，生前契約新的商業模式，殯葬業務行銷專員可直接從醫院、護理之家、長照中心、養老院等主動爭取客源，或結合保險業，讓民衆的生前殯葬預約服務市場有更多元的選擇，且重視後續的關懷及悲傷輔導，將其視爲售後服務的重心。

殯葬業務行銷專員因最早與服務對象接觸，服務過程中也是禮儀公司與家屬之間的溝通橋樑，因此肩負於第一線傳遞殯葬服務價值的關鍵角色。殯葬業務行銷專員在身後事的規劃和諮詢過程中，需要花更多時間接觸的，除了臨終者外，還有其家屬或親友，倘若能讓不同情境下的臨終者，都能得到臨終關懷的照顧，也眞正落實悲傷輔導的效果，不只是提前到臨終的階段，對家屬而言，親人的善終將是其內心最大的安慰。因此在整個喪禮的過程中，殯葬業務行銷專員可藉由向家屬進行意義的解說，與鼓勵其參與儀式活動，讓家屬有機會可以表達他們的心意，感受其與親人關係的延續，這些實務做法都可緩解家屬的悲傷情緒。整個喪禮完成之後，殯葬業務比起禮儀人員，更適合以朋友身分繼續扮演生活中「支持」的角色，悲傷輔導的方式很多元，可以是生死態度的展現、資訊的提供、藉由儀節規劃與安排讓家屬抒哀，也可以是耐心傾聽同理感受。展現上述既有內涵又有品質的專業素養，陪伴哀慟的家屬走出生命失落的幽谷，產生悲傷輔導的功效，進而創造服務價值。殯葬業務行銷專員理解消費者的需求與期待，提供多元的臨終關懷與悲傷關懷服務，並於過程中協助確認禮儀服務人員已完成的服務任務，一旦消費者產生抱怨或問題時，能協助與禮儀服務人員及服務夥伴溝通解決，共同合作以提供最優質且圓滿的服務，以能有效將殯葬程序，透過服務的執行產生價值轉換給家屬及顧客。

(三)殯葬服務倫理

從定位來看殯葬業務行銷人員服務的倫理內涵，殯葬業務行銷專員為「從事銷售殯葬服務定型化契約及塔位，並提供諮詢服務之人員」，隨著國人對生死的話題不如以往忌諱，越來越能接受在生前安排自己身後事的觀念，殯葬業務行銷人員有機會跟消費者在生前結緣，提供身後事的規劃或塔位的諮詢，服務的態度應為「視客如親」，瞭解消費者的需求與期待，想得比消費者多一點，讓消費者感動。殯葬服務倫理的消極意義，是協助當事人能在自己意識清楚的時候及早思索，與親友完整溝通身後事，當離別的那一天到來，無後顧之憂；積極意義是殯葬自主，體現對生命的尊重與重視。殯葬業務行銷專員站在服務第一線，其動靜皆屬倫理，不能掉以輕心。

協助民眾規劃生前契約、塔位，本是未雨綢繆，但殯葬業務行銷專員不可因其業績獎金而鼓勵民眾可以買賣，將生前契約及塔位淪為投資性商品。或是觀察到買賣生前契約、塔位有利可圖，而鎖定中高齡已向自己購買生前契約或塔位的消費者，試探他們是否急於出售，藉此攻破心防詐財。此外，殯葬業務行銷專員常直接從醫院、護理之家、長照中心、養老院等地主動爭取客源，或結合保險業，讓民眾的生前殯葬預約服務市場有更多元選擇時，必須約束自身的營利行為，莫要侵犯消費者權益及傷害家屬間的感情，不合服務倫理的劣質行為，一定要避免且澈底根絕。

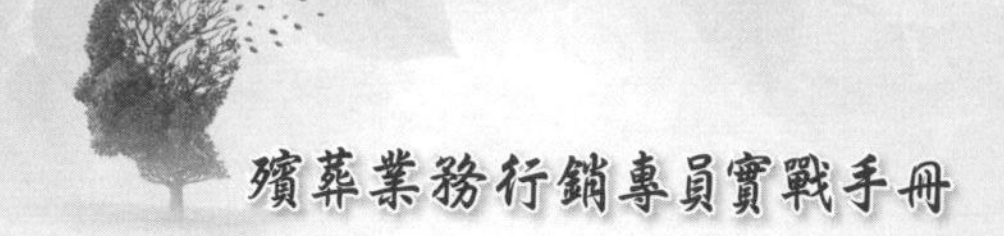

除了上述基本的殯葬服務倫理外，殯葬業務行銷專員可另展現出「生命倫理」及「關懷倫理」行為，傳遞企業的價值主張以建立服務優勢。鈕則誠（2008）指出，過去較少生命倫理的探討，在傳統殯葬服務模式下，殯葬服務的介入只能在親人死亡以後，殯葬服務通常只處理亡者遺體的部分，就死論死。除了「論死」，也要「談生」，亦即臨終者及其家屬的生死關懷，殯葬業務所行銷的生前契約或塔位，待客戶病危時就準備兌現，這其中的權利與義務關係，也有必要倫理反思。尤有甚者，近年有殯葬業者投資長照產業，從養生、醫療、長照到殯葬串連無礙，或是駐點醫療院所或長照機構附近，提供免費的殯葬禮儀服務諮詢，更有機緣在民眾生前與之結緣，開始提供臨終關懷服務，瞭解客戶的生前意願，「個人本身」才是整個關懷的重點，要能集中在「個人的生死需求」、「社會需求」、「個人的願望」三大需求上．業務行銷人員要能協助當事人事先安排好自己的喪葬處理，並以不忌諱的態度清楚交代家人，而能安然而逝。業務行銷人員在協助善終方面多所發揮，可以為醫護與殯葬的交接，創造一個良性的介面。

另一方面，關懷倫理中的關懷情意與行動展現，業務行銷人員不是只懂得行銷、介紹商品、簽約而已，他必須善體人意，充分表現對生命關心的情意，除了積極協助善終外，面對生命即將逝去的負面情緒，能耐心傾聽同理感受，提供多元悲傷輔導的方式，可以是生死態度的展現、資訊的提供、藉由儀節規劃與安排讓家屬抒哀，使得亡者和生者都能兩相安。

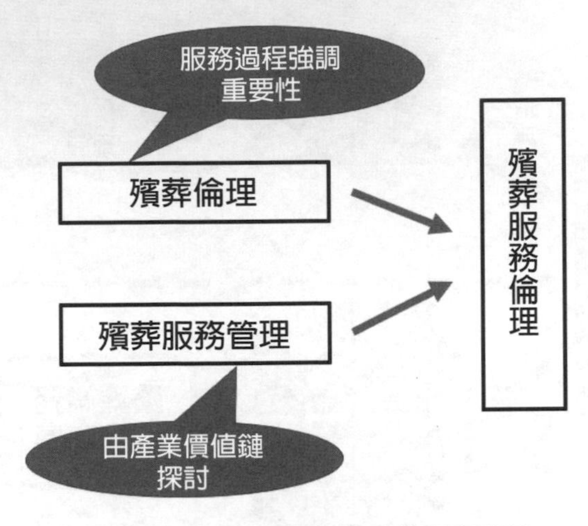

圖2-2　殯葬業務行銷專員的服務倫理

二、客戶資料保密措施

《內政部指定殯葬服務業個人資料檔案安全維護管理辦法》依據《個人資料保護法》，約束殯葬禮儀服務業及殯葬設施經營業，殯葬業務行銷專員須確實遵守，落實客戶的個人資料檔案之安全維護與管理，防止個人資料被竊取、竄改、毀損、滅失或遺漏（見**圖2-3**及**表2-3**）。

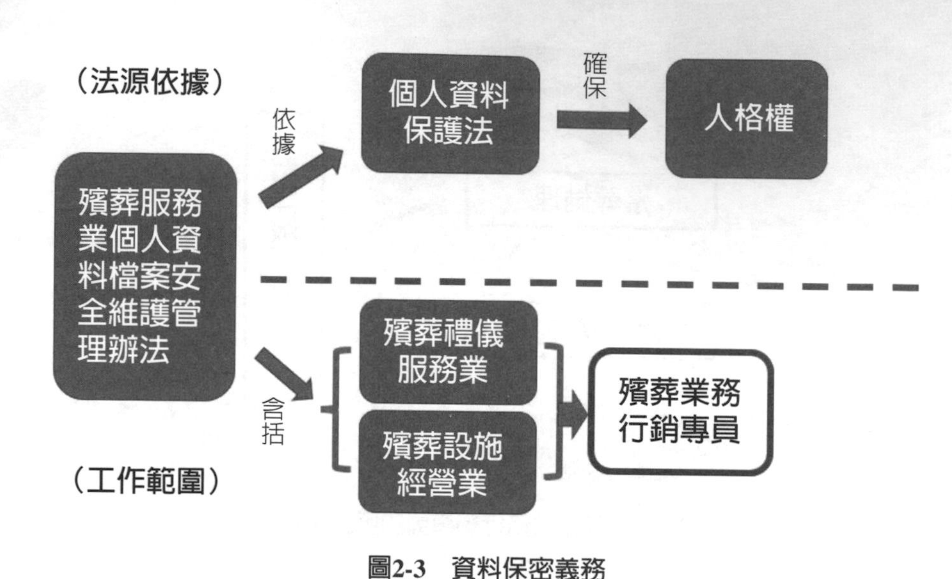

圖2-3　資料保密義務

表2-3　客戶資料保密相關法規

《個人資料保護法》

第1條　為規範個人資料之蒐集、處理及利用，以避免人格權受侵害，並促進個人資料之合理利用，特制定本法。

第2條　本法用詞，定義如下：

1.個人資料：指自然人之姓名、出生年月日、國民身分證統一編號、護照號碼、特徵、指紋、婚姻、家庭、教育、職業、病歷、醫療、基因、性生活、健康檢查、犯罪前科、聯絡方式、財務情況、社會活動及其他得以直接或間接方式識別該個人之資料。

2.個人資料檔案：指依系統建立而得以自動化機器或其他非自動化方式檢索、整理之個人資料之集合。

3.蒐集：指以任何方式取得個人資料。

4.處理：指為建立或利用個人資料檔案所為資料之記錄、輸入、儲存、編輯、更正、複製、檢索、刪除、輸出、連結或內部傳送。

5.利用：指將蒐集之個人資料為處理以外之使用。

6.國際傳輸：指將個人資料作跨國（境）之處理或利用。

7.公務機關：指依法行使公權力之中央或地方機關或行政法人。

8.非公務機關：指前款以外之自然人、法人或其他團體。

9.當事人：指個人資料之本人。

第27條	1.非公務機關保有個人資料檔案者，應採行適當之安全措施，防止個人資料被竊取、竄改、毀損、滅失或洩漏。 2.中央目的事業主管機關得指定非公務機關訂定個人資料檔案安全維護計畫或業務終止後個人資料處理方法。 3.前項計畫及處理方法之標準等相關事項之辦法，由中央目的事業主管機關定之。

《內政部指定殯葬服務業個人資料檔案安全維護管理辦法》

第1條　本辦法依《個人資料保護法》第27條第3項規定訂定之。

第3條　1.殯葬服務業應訂定個人資料檔案安全維護計畫（以下簡稱計畫），以落實個人資料檔案之安全維護及管理，防止個人資料被竊取、竄改、毀損、滅失或洩漏。

2.前項所稱殯葬服務業，指依《殯葬管理條例》第42條規定經直轄市或縣（市）主管機關許可經營之殯葬設施經營業及殯葬禮儀服務業。

第4條　1.殯葬服務業訂定計畫時，得視其規模、特性、保有個人資料之性質及數量等事項，參酌第6條至第20條規定，訂定適當之安全維護管理措施。

2.前項計畫內容應包括下列項目，第二款相關項目必要時得整併之：

一、殯葬服務業之組織規模。

二、個人資料檔案之安全維護管理措施：

（一）～（十一）項。(略)

3.殯葬服務業應將計畫公告於營業處所適當之處，如有網站者，並揭露於網站首頁，使其所屬人員及資料當事人均能知悉；計畫修正時，亦同。

參考文獻

書籍

王智宏，〈喪禮服務從業人員的介紹〉，載於尉遲淦（編），《生命關懷事業概論》，新文京，2021年，頁272-292。

林龍溢，〈生命關懷事業的內容〉，載於尉遲淦（編），《生命關懷事業概論》，新文京，2021年，頁80-113。

財團法人工業技術研究院，《勞動部勞動力發展署職能基準發展與應用推動計畫：職能基準發展指引》，勞動部勞動力發展署，2022年。

財團法人工業技術研究院，《勞動部勞動力發展署職能基準發展與應用推動計畫：職能導向課程發展指引》，勞動部勞動力發展署，2014年。

曹聖宏，〈殯葬的服務〉，載於尉遲淦（編），《生命關懷事業概論》，新文京，2021年，頁142-164。

鈕則誠，《殯葬倫理學》，威仕曼文化，2008年。

期刊論文

李志雄、陳悅琴、賴奎魁、俞慧芸，〈殯葬禮儀商業模式公司面價值主張剖析與內部行銷之探討〉，《產業與管理論壇》，第20卷第2期，2018年，頁32-62。

張珮錡、謝馥蔓、黃千綺、蔡朋枝，〈離岸風電「危害鑑別、風險評估和控制」職能課程〉，《勞動及職業安全衛生研究季刊》，第30卷第3期，2022年，頁13-26。

曾介宏，〈文化藝術展演從業人員職能基準建置與人才培育及能力認證研究〉，《藝術評論》，第33期，2017年，頁1-50。

學位論文

陳宛姍，《烘焙食品製作人員職能模式與職能課程之建構》（未出版之碩士論文），南臺科技大學，2016年。

蔡芷筠，《健身指導員職能模式與職能課程之建構》（未出版之碩士論文），南臺科技大學，2018年。

網路資料

內政部統計處，「縣市人口年齡結構指標」，2023年，網址：https://www.ris.gov.tw/app/portal/346。

教育部，「職能概念」，大專校院就業職能平臺（UCAN），2023年，網址：https://ucan.moe.edu.tw/introduce/introduce_1.aspx。

勞動部勞動力發展署，職能相關概念，iCAP職能發展應用平臺，2023年，網址：https://icap.wda.gov.tw/ap/knowledge_introduction.php

勞動部勞動力發展署技能檢定中心，「『喪禮服務』職類技能檢定規範」，2007年，網址：https://www.wdasec.gov.tw/Default.aspx。

經濟部，〈職能基準與應用〉，經濟部產業人才能力鑑定（iPAS）平臺，2023年，網址：https://www.ipas.org.tw/PageContent.aspx?mnuno=b0548c4f-37a2-400e-b57e-e437d45b9e28&pgeno=8ca1b9cd-38fd-4c1d-a9fb-95b9e4f5f486。

衛生福利部，「111年國人死因統計結果」，2022年，網址：https://www.mohw.gov.tw/cp-16-74869-1.html。

3. 臨終關懷與悲傷輔導

田奇玉

- 臨終關懷與悲傷輔導出現的背景
- 西方觀點下的臨終關懷與悲傷輔導
- 禮俗中的臨終關懷與悲傷輔導
- 宗教中的臨終關懷與悲傷輔導

殯葬業務行銷專員因最早與服務對象接觸，服務過程中也是禮儀公司與家屬之間的溝通橋樑，因此在臨終關懷與悲傷輔導中，扮演相當重要的角色。在臨終的場景，普遍會出現「個案的死亡恐懼」與「家屬的預期性悲傷」此二難題，若難題不解，不僅個案無法善終，家屬也會因親人的死亡，之後轉成更強烈的喪親悲慟。

過去在傳統殯葬服務模式下，殯葬服務的介入只能在親人死亡以後，不能提早到臨終的階段，臨終關懷屬於家族中的私事。因爲人恐懼死亡，希望趨吉避凶，殯葬服務通常只處理亡者遺體的部分，家屬不願意讓殯葬業者「事前進入」及「事後回返」，因此臨終關懷的部分，並沒有出現在殯葬服務的委託中。另外，殯葬服務也通常在喪事辦完之後就結束，因此也沒有提供後續關懷的部分，化解喪家因親人死亡所產生的各種問題。

近代受到西方安寧緩和醫療的影響，針對癌末病人開發出來的照顧模式，即是現代臨終關懷的出現。以癌末病人照顧爲主，設法讓他們能夠獲得善終的照顧方式，就是現代的臨終關懷，也是一般所謂的安寧緩和醫療照顧。然而，如果個案不是癌末病人或重症病人，而是一般臨終者，就得不到現代臨終關懷。雖然一般臨終者還是可以得到傳統臨終關懷的照顧，但由於家庭結構和居住模式的變化，現代人對於臨終關懷的經驗與知識，都失去了以往家族的傳承，不再有能力處理親人臨終關懷的問題。

隨著都市化的結果，人遷移到都市，現代殯葬脫離區域性服務。再者，死亡地點不限在家，部分在醫院，未來更多在長照機構，少了家中的死亡禁忌，殯葬業者可思考如何在死亡前就提供殯葬服務的實務做法。此外，在民國82年國寶集團引進生前契約，個人自主意識不斷得到強化，在殯葬自主觀念宣導下，生前契約開啓了殯葬服務另一項契機，使殯葬服務進入臨終關懷的階段，增加了「臨終諮詢」和「後續關懷」的服務。

現代大型殯葬業者採取企業化的經營方式，公司人員可分爲行政人員、禮儀服務人員及業務行銷人員三大類，專業分工各司其職，爲增加客源，改採多點式、全國式的服務，殯葬業務行銷專員可直接從醫院、護理之家、長照中心、養老院等主動爭取客源，或結合保險業，讓民眾的生前殯葬預約服務市場有更多元的選擇。殯葬業務行銷專員專注於銷售殯葬商品（生前契約及塔位契約），以及提供專業的殯葬諮詢服務。這種分工不僅提高工作效率，也使得各自能深耕自己的專業領域，更好地滿足客戶的多樣化和個性化需求。大部分大型的殯葬企業會採內部培訓方式，培訓業務行銷人員具備以下三項能力，來因應產業需求：其一「諮詢」的能力，舉凡臨終醫療、臨終及初終處理、喪葬服務等問題的資訊提供，解決臨終者與家屬面對死亡所產生的問題，有具體的（例如遺產與遺物分配）也有抽象的（例如此生意義的問題）；其二「教育」的能力，利用臨終機會提供臨終者及家屬，對於「殯葬服務的作爲」與「殯葬服務的意義」的瞭解，一方面使臨終者在臨終時好好把握自己的殯葬自主權，另一方面也讓家屬開始共同面對死亡課題，實踐倫理關係。其三「支持」的能力，臨終關懷可預先化解殯葬服務中的悲傷問題，會產生悲傷的不只家屬，也包括臨終者在內。

承上所述，殯葬業務行銷專員如何能讓不同情境下的臨終者都能得到臨終關懷的照顧，除可借鏡現代臨終關懷的做法外，傳統臨終關懷雖然已經失傳，但是相關的形式卻在傳統殯葬禮俗當中保留下來。殯葬業務行銷專員在提供臨終關懷服務時，可思考現代臨終關懷的觀念與做法，結合傳統殯葬禮俗對於善終的要求與做法，重新統整後的「殯葬的臨終關懷」。

此外，眞正落實悲傷輔導的效果，不只是提前到臨終的階段，對家屬而言，親人的善終將是其內心最大的安慰。因此在整個喪禮的過程中，殯葬業務行銷專員可藉由向家屬進行意義的解說，與鼓勵其參與儀式活動，讓家屬有機會可以表達他們的心意，感受其與親人關係的延續，這些實務做法都可緩解家屬的悲傷情緒。整個喪禮完成之後，殯葬業務比起禮儀人員，更適合以朋友身分繼續扮演生活中「支持」的角色，悲傷輔導的方式很多元，可以是生死態度的展現、資訊的提供、藉由儀節規劃與安排讓家屬抒哀，也可以是耐心傾聽同理感受。

第一節　臨終關懷與悲傷輔導出現的背景

一、臨終關懷

(一)「傳統臨終關懷」屬於家族中的私事

過去在傳統殯葬服務模式下，殯葬服務的介入只能在親人死亡以後，不能提早到臨終的階段，臨終關懷屬於家族中的私事。因為人對於死亡的恐懼，殯葬服務只處理遺體的部分，家屬忌諱殯葬業者事前進入及事後回返，因此臨終關懷的部分，並沒有出現在殯葬服務的委託中，當親人間意見不一致，例如像宗教儀式，個案又已經不在，喪事的和諧就會受到破壞，影響家族成員間的情感。另外，殯葬服務也通常在喪事辦完之後就立刻停止，往往忽略關懷服務。對此，尉遲淦（2009）主張，殯葬服務的時機不能再停留在親人死亡以後，所考慮的只局限在生理層面，對於人面對死亡所衍生的問題沒有太大助益，忽略了心理、靈性、社會的問題。臨終者從生到死的過程，不是一個截然分明的過程，而是一個彼此滲透的連續過程。因而殯葬服務必須提前到臨終的階段，以凸顯個案自己的殯葬自主尊嚴。此外，殯葬服務也不能在喪事辦完之後就立刻停止，因為殯葬服務的目的，在於化解喪家親人死亡所產生的問題。為了圓滿殯葬服務，必須因應現代喪家的需求，根據喪親之痛的化解情形，決定服務的介入時機，以及應當結束於什麼時候。

(二)「現代臨終關懷」以癌末病人照顧為主

1967年英國桑德絲（Dame Cicely Saunders）提出了安寧療護的照顧方式，控制病人的疼痛，認為疼痛不是疾病的必然後果，更不是上帝的懲罰。其次，她也從基督宗教過去照顧的經驗中汲取靈感，照顧提供者不會先設定受照顧者需要什麼，而是願意傾聽多元需求，提供適性的照顧。她發現癌末病人的需求是多方面的，除了減輕末期病患身體疼痛的生理層面問題外，還有不適應症及心理壓力，臨終者及家屬也需要心靈扶持等。這種以癌末病人照顧為主，設法讓他們能夠獲得善終的照顧方式，就是現代的臨終關懷，也是一般所謂的安寧緩和醫療照顧。然而，如果個案不是癌末病人或重症病人，而是一般臨終者，就得不到現代臨終關懷，雖然還可以得到傳統臨終關懷的照顧，然而由於家庭結構和居住模式的變化，現代人對於臨終關懷的經驗與知識，都失去了以往傳承的基礎，不再有能力處理親人臨終關懷的問題。

(三)「未來殯葬臨終關懷」回應消費者的期待與需求

殯葬服務的現代樣貌，尉遲淦（2009）指出隨著都市化結果，人遷移到都市，就地利之便或對家鄉辦事水準不信任，現代殯葬脫離了區域性服務；第二，死亡地點不限在家，更多在醫院，醫院比較沒有家中的禁忌，加上病人死亡可預期，需要事先做準備，使得殯葬業者開始思考如何在死亡前就提供殯葬服務的可能性；第三，殯葬自主的要求，使得殯葬業者看到了殯葬服務往前延伸的契機。

民國82年國寶集團引進生前契約，個人自主意識不斷得到強化，加上現代殯葬業者採取企業化的經營方式，專業分工各司其職。爲增加客源，改採多點式、全國式的服務，爲了市場預占，將服務從死亡往臨終的方向延伸，殯葬業務專員直接從醫院、護理之家、長照中心、養老院等地主動爭取客源，或結合保險業，讓民眾的生前殯葬預約服務市場有更多元的選擇。生前契約開啓了殯葬服務另一項契機，使殯葬服務進入臨終關懷的階段，增加了「臨終諮詢」和「後續關懷」的服務。

近年來民眾喪葬觀念逐漸改變，殯葬業務必須細心覺察這些變化的背景及原因，瞭解消費者的期待與需求，才能開創新機，使消費者對其服務滿意。目前的殯葬業務在實務執行上，在「臨終諮詢」部分，主要是行銷目的，爲隱藏眞正動機，因此也提供一些諸如臨終醫療照護相關知識、急救的醫療決定和做法、安寧療護的意義、遺產分配的法律諮詢等。也因爲這些服務的提供，使得目前的殯葬服務得以往臨終的方向延伸，擴充了服務內容。另外殯葬業務在「後續關懷部分」，藉著後續關懷的服務，目前的殯葬業者發展出與消費者在喪事辦完之後持續接觸的管道，目的在於鞏固原先的客戶，也是日後一種拓展服務對象的利器，除了百日、對年的祭祀提醒，還包含三年、合爐等的禮俗諮詢、運用通訊關懷或特別日子的卡片寄送，讓喪家感受到關懷心意。殯葬服務不再是喪事辦完之後就立刻停止，也因爲這些後續服務的提供，化解喪家親人死亡所產生的問題，加上多年來死亡教育和悲傷輔導的倡導之下，殯葬業務有了另一項創新的、永續的、人文關懷的工作內容，就是提供悲傷輔導與服務。

然而殯葬業務在實務執行上，仍有一些作法可以思考改善。尉遲淦（2009）指出，在「臨終諮詢」部分，必須從服務的角度去看臨終諮詢，解決臨終者與家屬面對死亡所產生的問題，可能有具體的（例如遺產與遺物分配）或是抽象的（例如此生意義的問題）。傳統的臨終關懷，有關「善終」的切入點，是把生等同於死來看，認爲把生的問題解決了（完成生的傳承任務），死的問題也跟著解決了（過世的親人可以順利回去見祖先）。問題的處理主要集中在傳統文化和社會交代上，並沒有考量到個人本身的需要；而現代臨終關懷的做法，認爲只要解決生的問題（疾病所帶來的生理問題），臨終者就可以順利善終。因此，殯葬業務展現出殯葬臨終關懷的作爲，「個人本身」才是整個關懷的重點，要能集中在個人的三大需求上（**圖3-1**）：

1.個人的生死需求：臨終者可能會有想要解答生命意義的需求，或是想要瞭解死後去向的需求，殯葬業務可針對臨終者所提出的問題做適當的處置，給予相應的回應，例如有關詢問死亡過程的問題，可事先告知死亡的過程，讓臨終者知道死亡過程是怎麼回事、會有何種際遇、應該如何因應等，那麼屆時臨終者

圖3-1　回應及滿足個人本身三大需求的「未來殯葬臨終關懷」

就比較可能可以順利通過這一個階段。

2.個人的願望：臨終者個人的願望有些是與自己有關的，例如想要舊地重遊；有些是與他人有關的，例如照顧孩子長大。殯葬業務可以根據臨終者所提出的願望清單，協助進行可行性評估，幫助臨終者實現或勸導放下。

3.社會需求：臨終者不只是一個個體的存在，還是一個社會的存在，所以會有許多社會需求層面的問題要處理，最常見的就是財物的處理問題。例如殯葬業務可以建議臨終者，除了根據當時的社會規定來做外，也可表達出個人的想法和意見，所以可以在臨終前，讓繼承人清楚瞭解親人爲何如此分配遺產的用意及心意。爲了避免未來臨終者死後發生遺產繼承糾紛，殯葬臨終關懷時就讓臨終者事先做了防範準備，這樣才不會在死後對亡者自己造成進一步的困擾。

消費者期待與需求的「殯葬的臨終關懷」，除了要能兼顧臨終者的三大需求外，魏慧娟（2017）指出，臨終關懷內容可以多元，也可以有更寬廣的視野，臨終關懷服務內涵可包括以下五項（**圖3-2**）：

1.觀念：溝通與給予善終觀念，越來越多民眾有殯葬自主的觀念，在購買生前契約或事先諮詢身後預囑時，殯葬業務可提供善終觀念，或臨終照護與關懷的基本實務做法給家屬。

2.知識：提供臨終醫療照護相關的知識，急救的醫療決定和做法，安寧療護的意義、做法和實際醫療實況；有關病人臨終時的身心靈需求與反應，並建議家屬進行實務上的臨終照護與關懷。

3.技術：提供家屬臨終關懷實務技術，大多數民眾對死亡的無知和恐懼，常常在面對自己或親人的生命末期及死亡之際，顯得害怕、焦慮、擔憂、不知所措等，可具體告訴家屬，臨終者在

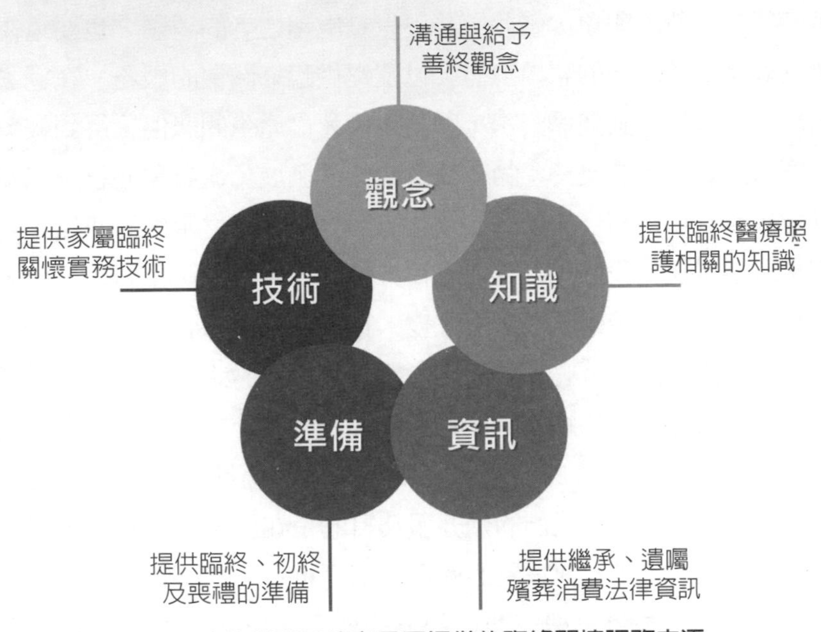

圖3-2　殯葬業務行銷專員可提供的臨終關懷服務內涵

瀕死前身體會有那些變化，家屬可以如何協助其生理舒適感，重視其臨死覺知，更應把握機會以肢體、語言傳達對臨終者的關愛。

4.資訊：提供繼承、遺囑、殯葬消費法律資訊，申請死亡證明書、火化埋葬許可證、死亡除戶登記、遺產稅申報、辦理繼承、勞工保險死亡給付請領、國民年金保險死亡給付請領、公教保險死亡給付暨眷屬喪葬津貼請領、一般保險給付請領等。

5.準備：提供臨終、初終及喪禮的準備。

二、悲傷輔導

民國91年《殯葬管理條例》公布實施以來，民眾對於殯葬服務就有了一個新的印象，殯葬服務不只是處理亡者的遺體，也要重視家屬在喪事處理之後的悲傷撫慰，以及提供臨終關懷的服務。在過去農業社會，家族互動關係緊密，因著親人死亡產生的悲傷，得到較多來自家族成員情感的支持。隨著臺灣的經濟發展，從農業社會到工商業社會，家庭結構和居住模式的變化，因著親人死亡產生的悲傷，解決需求日益增加。我們開始從西方找方法，因為西方比我們更早進入現代化社會，家庭結構同樣產生改變。在西方的殯葬服務中，原先是有悲傷輔導的，但隨著心理諮商的專業化，這樣的悲傷輔導就受到了限制，不再隸屬於殯葬服務的範圍。

尉遲淦等人（2020）研究指出，關於悲傷輔導，可回到我們自己的殯葬服務當中。我們的殯葬服務目的是在於孝道的實踐，不只是形式的處理，也是一種實質的處理。因而可進一步深層探究，這種目的的實現，可不可以擁有悲傷輔導的效果，這種殯葬服務所納入的悲傷輔導，不是如西方所說的那種，而是含藏在傳統禮俗當中的悲傷輔導。殯葬服務中的悲傷輔導，是在傳統禮俗中找到這樣的可能性，只要我們能夠證明傳統禮俗的作為，確實能夠具有悲傷輔導的效果，那麼我們就可以在西方的專業規定之外另闢蹊徑，建構出屬於我們的悲傷輔導。現有殯葬服務的作為，例如百日、對年、三年等，這些內容都和悲傷輔導有關，根據悲傷輔導的相關研究，在殯葬服務中的宗教儀式部分具有悲傷輔導的效果。事實上，悲傷輔導的方式很多元，可以是生死態度的展現、資訊的提供、藉由儀節規劃與安排讓家屬抒哀，也可以是耐心傾聽同理感受。

殯葬業務除了可繼續尋找不同於西方的悲傷輔導，在傳統禮俗中找到這樣的可能性外，魏慧娟（2017）指出，殯葬業務從接觸客戶開始，便可能面對悲傷程度不一的臨終者及家屬，必須適度提供關懷服務，而這種悲傷輔導，某種程度上考驗著殯葬業務的服務品質，也直接影響客戶的觀感及服務滿意度。後續關懷和悲傷輔導是不同的，關鍵在於「問題的解決與否」，對於家屬的悲傷能夠有實質的緩解效用。殯葬業務能具體提供的悲傷輔導包括（**圖3-3**）：

1.面對死亡：協助家屬眞實面對親人即將死亡或已經死亡的事實，可從遺體處理、初終處理等，禮俗或儀節，引導家屬去眞實面對親人已逝，適應親人不在的事實。

2.悲傷知識：提供家屬有關喪親失落及悲傷之常識，悲傷可能引起那些身心反應、什麼是正常的悲傷、什麼是異常的悲傷等，讓家屬知道悲傷是正常的，應該面對悲傷，與悲傷和平共處，適度抒發悲傷情緒，照顧好自己的身體及生活作息。

3.規劃技巧：將喪親面對與盡哀需求融入喪禮流程，讓家屬表達孝意，協助順利地經歷喪慟期。

4.資訊提供：提供哀悼過程悲傷情緒及處理資訊，若有家屬一直無法走出喪親之痛，則可依情況進行悲傷諮商建議或輔導的轉介。

5.後續關懷：提供後續百日、對年、三年、合爐服務，或主動辦理法會，讓家屬藉由法會追思，有效抒發哀傷情緒。

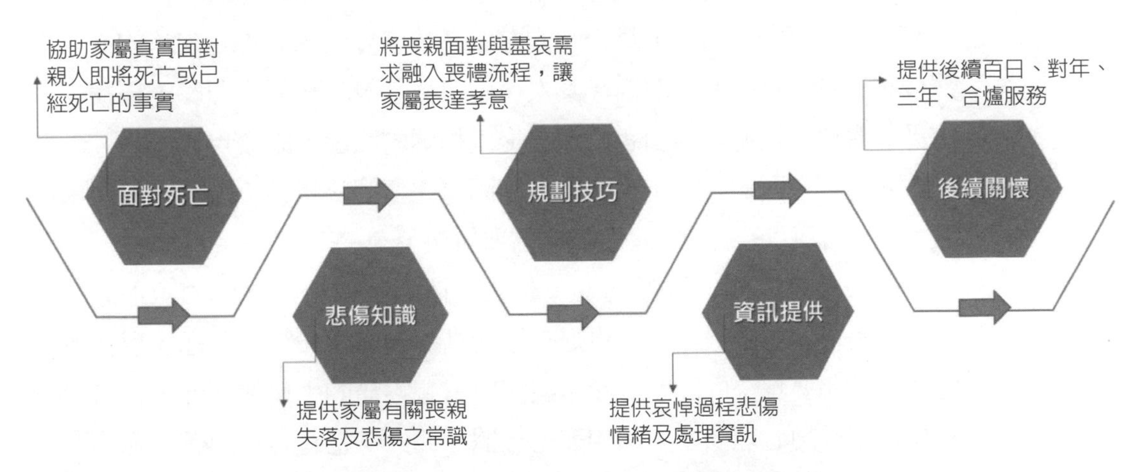

圖3-3　殯葬業務行銷專員可提供的悲傷輔導服務內涵

第二節　西方觀點下的臨終關懷與悲傷輔導

一、臨終關懷

(一)西方安寧緩和醫療的意義、內容、功能

◆針對癌末病人開發出來的照顧模式

尉遲淦（2009）指出，在醫院系統出現之後，有些人因生病而在醫院臨終，一般民眾常憂心，無法在家臨終是否就無法善終？醫院中有關臨終關懷服務的出現，根據歷史的記載是西西里・桑德斯女爵士（Dame Cicely Saunders），她實際的經驗來自於照顧癌末病人。首先，爲了改變當時的醫界觀念，她從醫學院拿到醫生執照後，極力開發能控制疼痛的止痛藥，讓當時的醫療系統警覺到疼痛不是疾病的必然後果，更不是上帝的懲罰。其次，她也從基督宗教過去照顧的經驗中汲取靈感，根據受照顧者的需求提供相關的照顧。她發現癌末病人的需求是多方面的，除了生理層面的問題需要解決以外，還有心理層面、靈性層面以及社會層面的問題需要解決。

這種以癌末病人照顧爲主，設法讓他們能夠獲得善終的照顧方式，就是現代的臨終關懷，也是一般所謂的安寧緩和醫療照顧。現代臨終關懷想要解決的問題，除了疾病所引起疼痛的生理問題外，也有對疾病感受的心理問題，例如死亡恐懼。此外，也有靈性問題，對病人而言，癌症代表天譴，表示他的一生所做所爲都是有問題的。若在失去生命意義的支撐下，他的一生無法得到肯定，臨終者也就失去獲

得善終的可能。

◆現代臨終關懷的具體作為

承上述，我們瞭解到病人有關臨終的需求是多面向的，現代臨終關懷是如何滿足這些需求，讓病人可以無憾又尊嚴地離開人間？尉遲淦（2009）整理歸納了三個層面的實務做法：

1.生理層面：對於那些無法救治的病人，改採緩和醫療的做法，基本醫療控制讓病情不要惡化太快，以及疼痛控制，讓病人的臨終不要受太多的苦。實務照顧上會注重環境與設備的問題，往「家」的方向去規劃和布置，環境上不僅舒適、乾淨、明亮，更要求讓病人感受到家的感覺、熟悉感、安全感，以能協助其善終。

2.心理層面：病人常會認爲癌症不是正常的疾病，而是上天給予懲罰的特殊疾病，其他人會給予異樣眼光，認爲是道德宗教上做了什麼不該做的事。實務照顧上試著化解病人對於「疾病的感受問題」，可強調這種疾病的正常性，只是罹患人數的多少而已，並沒有和道德宗教的作爲有關。除了疾病的感受問題外，病人也在意「死亡的問題」，出現死亡的恐懼。死亡恐懼的原因，通常是對於死亡的無知，我們可讓他瞭解死亡是怎麼一回事，或許可消解一些恐懼。此外，病人心願的問題，可以幫助實現。實務照顧上試著讓病人說出心願，按照優先順序，從最在意的心願開始，將其遺憾降到最低。

3.靈性層面：有關生命意義的問題，實務照顧上試著在他們的日常生活中找出他們生存的價值，藉著價值的挖掘，讓他們知道這一生過得很值得。另外關於死後歸宿的問題，例如有宗教信仰的人，可協助他讓他知道宗教是慈悲的，只要他這段時間可以虔誠宗教，該宗教最終還是會接納他的。

現代臨終關懷的具體作爲，李宗派（2015）也指出，安寧緩和在1970年代由英國撒恩拉（Cicely Saunders）醫師傳進美國，在美國主要是對於末期病人症狀的緩和，這些症狀可能是身體的、情緒的、靈性的、或是社會的。安寧緩和跨專業團隊成員包括安寧緩和病房主任、醫師、護理師、藥師、社工師、諮商師，及志工人員等，其中社工師的職責主要是協助保護臨終者的生命尊嚴，提供心理的、社會的、情緒的、信仰的，與生活適應的支持性服務，安排臨終者的家屬親友接受「喪失，生離死別」的個別心理治療與團體治療，使所有的參與者學習並體驗到「死亡經驗」，透過經歷親友的死亡，學習到自己心靈的成長與情緒的成熟。上述團隊成員的主要任務，在於促進病人末期生命的品質，是一種以病人爲中心的照顧導向，強調臨終安寧要讓病人知道自己病情的變化，協助建立病人的社會支持體系。美國老人學家庫布拉羅斯（Elizabeth Kubler-Ross）對於死亡心理，認爲一位臨終病人通常會經過五個階段的死亡心理反應：否定死亡及自我隔離，發怒及憤慨，討價還價、企圖延命，憂鬱及失落，最後則勉強接受。實務上的具體作法，可讓病人敘說他們的生命故事、回顧人生中的重要歷程、發覺自己生命的意義與貢獻。在病人臨終前，要眞實告知死亡將至，如果臨終者想見親友、看看子孫、分配遺產遺物，或是希望能有牧師或神父的祝福禱告，就要盡早協助安排，讓病人有足夠的時間對於身後事交代清楚。

◆現代臨終關懷的實務案例

·關懷與照顧的對象除了病人外，還包括悲傷高危險家屬

葉忻瑜等人（2016）在某醫學中心安寧病房，實地研究團隊照護一位肝癌末期病人的過程，以及如何對家屬進行悲傷輔導。研究指出，肝癌病人在末期階段因爲身體的疼痛，造成情緒上的沮喪、憤怒、焦慮，悲傷及不安。團隊成員藉由傾聽病人敘說抗病過程所遭遇

的挫折，談話中適時肯定病人所做的努力，並帶領個案進行生命回顧，讚揚個案在工作上的認眞盡責，也引導家人說出對病人爲家庭付出的感謝等。讓病人說出心願，於是在耶誕節請假外出，由太太陪伴到工作地點的火車站四處看看，並和同事們道別。最終，病人已經能接受死亡是正常的過程，除了完成心願外，也完成身後事的交代。

在病人入院時，醫護人員運用量表對個案家人進行「悲傷高危險家屬篩選」，發現個案的太太面對疾病帶給先生身體和社會功能的逐漸喪失，也看到先生對疾病的惡化出現憂鬱與哀傷的情緒，引發了自身的一些負面反應。在團隊會議中，醫師及護理師提出臨床症狀及篩檢結果和照顧團隊共同討論，並轉介心理師、社工師及宗教師對個案的太太進行輔導，增加支持與陪伴的時間，也提供放鬆技巧及壓力因應方式，例如建議她利用寫日記的方式記錄自己的心情。宗教師則是肯定太太所做的事是對先生有幫助的，並指導念佛迴向給先生。緩和醫療團隊在個案過世後，會寄發關懷卡片給家屬，同時對悲傷高危險家屬進行持續追蹤，一段時日後個案的太太情緒狀況漸趨穩定，後來也決定回歸職場，母兼父職繼續陪伴著孩子成長。

· 實務上協助喪親家屬採取多元悲傷療癒的作法

林素妃等人（2018）對於安寧療護喪親家屬的哀傷輔導服務，指出喪親後的各個時間點，喪親者會有不同的經驗與需求，一般通常在兩周後，家屬會逐漸出現哀傷及失落情緒，悲傷輔導的需求逐漸增加。因爲喪親後的前兩周，因較多親友等非正式的情緒支持與關懷，喪親者不易覺察到自己對於悲傷輔導的需求，但專業人員應該要提供資訊，使其知道如何獲取相關的資源。身爲安寧照護團隊的專業人員，如能理解家屬的喪親歷程，提供適時適切的關懷服務，對於喪親者在生理、情緒、認知、生活等各層面的重建都將有所助益。

安寧照護團隊的專業人員要能與喪親者，具備足夠的信任感與熟悉度，才能縮短建立關係的工作期，並瞭解家屬潛在的需求與期待。

但醫療院所作為悲傷輔導的場域，實際執行卻是成效有限，最大原因在於家屬往往不願再回到醫院這個傷心地，而婉拒參加醫院所辦理的，包含追思會或悲傷輔導等遺族關懷活動。對此，蔡佩眞（2007）指出，實際執行成效較好的是社區型的遺族活動，例如在社區成立喪親關懷機構，例如香港的安家舍，或是以社區的教會或溫馨柔和的活動空間辦理遺族的追思會，藉此可以減低喪親家屬的情境制約。也可以選擇休閒農場或是自然綠地，在戶外辦理遺族活動，讓悲傷的心情產生轉化，帶來情緒的放鬆與心情的解放。遺族悲傷支持策略相當多元，可視個案需求靈活運用：

1.宣導與自助模式：協助喪親者尋找及運用自己熟悉的資源，例如宗教信仰、友伴聯繫來自助與自我照顧。此外，也可以針對一般民眾，在平日而非喪親時於社區中進生命教育宣導、親情教育、死亡教育、悲傷情緒管理等，幫助一般大眾及時把握親情，學習未來在親友遭逢生離死別時，能夠用合宜的態度去面對。宣導方式可以包括講座、製作宣導手冊、網頁資訊提供、讀書會畫冊繪本的運用、死亡教育影展等方式。

2.支持模式：悲傷支持是指較為基本的支持，包括心理支持、庶務性的支持，可透過病患親友、志工、宗教人士、社工師以及醫療團隊執行，針對於遭遇喪親的家庭，提供緊急探訪、陪伴、彌留宗教儀式安排、治喪諮詢、資源介紹、電話追蹤關懷，鼓勵親族一起動員，建立親族鄰里的支持關懷的網絡，鼓勵家屬一起從事追思的家族活動，凝聚一體感。提醒家屬尊重家人的情緒，提供情緒宣洩的機會。

3.專業治療模式：若是個案出現比較複雜的悲傷，需要更久的時間來調適，這類的家屬可以由專業人員加以協助，包括精神科醫師、心理師，針對少數複雜性的悲傷以及適應困難的家庭提供藥物治療、心理治療、悲傷治療、家族治療等。

(二)現代臨終關懷之批判與展望

◆發展出能兼顧關懷病人及其家屬之整體性的照護模式

江蘭貞（2003）從醫療結構看現代臨終關懷，批判性地指出，醫療體系的專業化與科層組織，焦點放在疾病的診斷、醫療症狀的有效處置與治療，並未考慮到關於「人」的家庭結構受疾病的衝擊以及後續的照護問題，使得病患及家屬都承受極大的痛苦。現代臨終關懷即是企圖在科層理性主導的醫療體系下，改變以救治爲主的傳統醫療觀，轉變爲以照顧爲本位，協助病患減輕生理痛苦，以及給予精神、心理及靈性的支持。然而安寧療護在醫療機構中，對於臨終的照顧以及陪伴，並無相關的知能，養成教育中的醫療訓練，並不足以讓他們擴展醫療以外的照顧，以致在臨終照護上遭遇諸多瓶頸困境。另在科層體制的醫療機構下，需要足夠人性化的空間及合理的工作量，即使具備安寧療護的理念，實務上若要給予病患全面的照顧，需要團隊成員充分時間的討論、形成共識，以及建立具體的照顧模式，在現階段醫療機構個人工作負荷量大的情況下，實務執行上受到許多的限制。現代臨終關懷可能的出路，獨立式的安寧院雖是一種模式，但華人文化的習性，人並不喜歡在受疾病所苦時，到一個陌生的地方與家人分離，較喜歡選擇社區型的居家照顧或鄰近的日間照顧，維持想要的生活品質。

◆臨終階段與死後階段同樣重要

現代臨終關懷對象是以癌末病人爲主，重點在於臨終如何活得安樂，過度強調臨終階段（安樂活），是現代臨終關懷所遭遇的問題，臨終階段固然重要，死後階段也很重要。活得安樂自然就可以善終，但病人可能更不希望死亡。尉遲淦（2009）指出，現代臨終關懷忽略了死亡與臨終之間，兩者是一個連續的過程，再者也忽略了與臨終者的善終內容有關的諸多事情：

1.對象：死亡是一個過程，漸進式的，死亡與臨終之間，兩者成為一個連續的過程，兩者是同一存在的不同階段，「臨終者」是一個不斷在臨終中體現出死亡的人。
2.內容：分成三個部分：第一個是從臨終前到臨終；第二個是從臨終到死亡；第三個是死亡後。

就第一個而言，在生理層面上，例如身體老化的問題、身體病痛的問題；在心理層面上，例如死亡態度的問題、心理願望的問題；在精神層面上，例如個人生命意義的問題；在社會層面上，例如經濟安排的問題、殯葬處理的問題。

就第二個而言，人的臨終是進入死亡的一個過程，在生理層面上，我們關懷的是身體進入死亡時是否能夠順利地脫離身體，會不會有痛苦的感覺；在心理層面上，我們關懷的是心理在死亡的過程中，是否會孤單、害怕；在精神層面上，我們關懷的是精神在死亡的過程中，是否有所罣礙，還是自由自在；在社會層面上，我們關懷的是死亡的過程是否讓社會遠離我們，還是貼近我們、繼續照顧我們。

就第三個而言，指的是死後的去向問題。對於科學而言，沒有死後的問題；從宗教觀點來看，人死後的歸趨是很重要的。在生理層面上，我們關懷身體去向的問題，身體是否得到合適的處理；在心理層面上，我們關懷的是心理是否處於愉悅的狀態，還是悲苦狀態；在精神層面上，我們關懷精神歸宿的問題，到底生命是得到暫時的安頓，還是永恆的安頓；在社會層面上，我們關懷個人祭祀的問題。

◆殯葬服務是臨終關懷的具體實踐

以殯葬服務出發探討，從死亡回看生命的角度探討臨終關懷，死亡是一個漸進的過程，臨終關懷屬於殯葬服務的前沿，臨終關懷的位置是處於殯葬服務之前。另外，臨終關懷在殯葬服務中的地位還有一個涵意，殯葬服務不只是在臨終關懷之後，而且還是臨終關懷的具體實踐（亡者的生前意願）。此外，臨終關懷在殯葬服務中的地位還有另一個涵意，那就是圓滿的殯葬服務需要臨終關懷的決定。

尉遲淦（2009）指出，臨終關懷在殯葬服務中的功能：第一、臨終關懷預先實現殯葬服務中的殯葬自主權，一旦發現臨終關懷的存在，亡者自然會在臨終時好好把握自己的殯葬自主權；第二、臨終關懷預先決定殯葬服務中的生死意義，一個人的死亡問題得到解決，需要「殯葬服務的作爲」與「殯葬服務的意義」，利用臨終機會提供這樣的瞭解，讓臨終者預知自己的殯葬服務會在何種生死意義下進行與完成；第三、臨終關懷預先維繫殯葬服務中的家族情感，它始於臨終之際，死亡尚未來臨，但是家人已經開始共同面對死亡；第四、臨終關懷預先實踐殯葬服務中的倫理關係，事實上，我們與親人間的倫常關係不是始於殯葬服務，而是始於更早的臨終關懷，親人即將不在，如要孝順就必須把握最後的時間；第五、臨終關懷預先化解殯葬服務中的悲傷問題，會產生悲傷的不只家屬，也包括當事人在內，可以針對問題提供相關建議，減輕悲傷，悲傷輔導不只出現在殯葬服務中，還出現在臨終關懷中。

二、悲傷輔導

(一)西方觀點下的悲傷輔導

西方觀點下的悲傷輔導，認爲只有經過心理諮商專業訓練的人員，才有資格從事個別諮商、團體諮商及悲傷輔導。尉遲淦等人（2020）指出，探討西方對於悲傷輔導的認知，這門學科的出現是有其來源的。其中，宗教是一個很重要的來源，在專業分工還沒有那麼完整之前，有關死亡所帶來的喪親之痛，通常是由宗教師加以輔導的。後來專業分工越來越完整，在科學影響下，認爲宗教對人們療傷止痛的方法不科學，有關悲傷問題的解決日益脫離宗教，逐漸獨立出來成爲一門學科，也就是所謂的悲傷輔導，把悲傷輔導界定爲對於家屬喪親之痛的緩解作爲。不論過去受宗教影響，現代受科學影響，它們都有一個共同點，就是人對於死亡是無能爲力的。尤其是面對死後的問題，人更是沒有介入的能力。在宗教爲主的年代，死亡是上帝的懲罰，死後是上帝管轄範圍（人沒有能力處理）；到了科學年代，死亡是一個自然的事實，科學是沒有能力改變的，科學認爲這是一個僞問題，完全沒有討論的必要（不用處理）。西方認爲悲傷輔導處理的重點，只有生者的問題，人才有能力處理。處理悲傷問題時把重點放在家屬身上，而不會放在亡者身上（即將面對死亡的臨終者）。另外主張悲傷是難以化解的，主張「只能緩解」。

(二)西方觀點下悲傷輔導之批判與展望

◆悲傷輔導應始於開始接觸到家屬和臨終者時

石世明（2008）提出悲傷輔導的新觀念，主張悲傷輔導新觀念的第一個課題，醫療照顧者要瞭解到，悲傷輔導不應該只是等到病人過世之後，因爲家屬過度悲傷，才需要接受輔導。悲傷輔導的積極意義應該在於，醫療照顧者開始接觸到家屬和病人時，即開始引導家屬如何進入心靈陪伴的軌道，如何營造一個安全、接納和支持的環境，使得家屬能逐步去圓滿自己和病人的生命課題。而圓滿生命課題，意謂著解開家屬和病人之間長久以來所存在的心結，從怨恨到寬恕、從誤解到重新認識、從不捨到放下、從怨懟到感恩……等，一起努力去完成這些課題，使得即將過世的病人，和繼續活下去的家屬，彼此在關係上獲得心靈上的滿足。在臨終照顧的臨床經驗中，我們發現在生死交界之際，藉著世俗層面的關係化解，讓病人和家屬進入更深層的存在層面，使得人我之間的交流，進到更深層的心靈狀態，常見的陪伴就是悲傷療癒的開始。

◆悲傷輔導的對象包含喪親家屬及亡者

生者與亡者的關係是否眞的完全斷絕？是否有繼續維持的可能？如果有，悲傷輔導自然就不是只有緩解而已，還有可能澈底解決。尉遲淦等人（2020）提出，可從西方之外的中國認知找方法，在西方之外的中國認知，我們要如何做才能從自身的文化背景，形構出另外一條異於西方文化背景的悲傷輔導呢？具體提出以下兩個問題的探討：

·悲傷輔導的對象問題

以西方的觀點，悲傷輔導的對象主要是喪親家屬在殯葬服務之後的悲傷情緒；以東方的觀點，對中國人而言，生前的所作所爲是可以

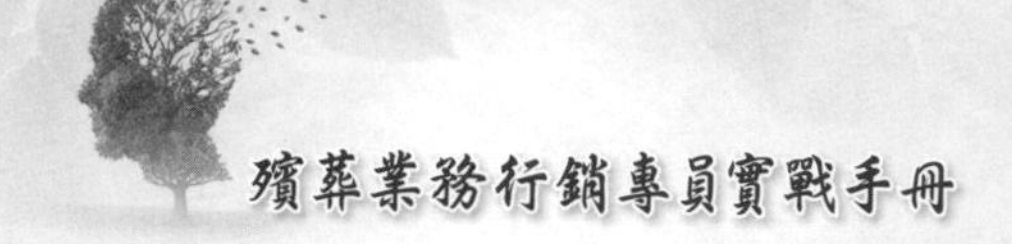

決定他的死後去處，因此協助臨終者自省他自己一生的所爲是否符合傳家的要求，找出他存在價値，如果是安然而逝，不用擔心死後的去處問題；如果不是，也在過程中盡可能解決一些問題。在言談不知不覺中，我們也完成了悲傷輔導的任務。

西方在基督教的背景下，人們對於死後的問題是不能介入的，那是上帝權限，因此對亡者的悲傷是無能爲力的，不可能介入的；東方對佛教而言，人的死亡是受到所造的業力決定的，而死後的去處也是業報的結果。如果我們可以在臨終者死亡前協助他，臨終者不單可以安然而逝，還可以改變死後去處。由此可知，亡者也可以成爲我們悲傷輔導的對象。

西方的觀點，悲傷輔導的效用只能緩解家屬的悲傷情緒，對他們而言，親情的關係只是現世的關係，一旦脫離現世，如科學說法，化爲烏有，就算要維持這樣的關係到死後，事實上是不可能的。因此，只能紓解相關的悲傷情緒。東方的觀點，透過傳統禮俗的協助，重新恢復情感斷裂關係，這樣的關係一旦恢復，那就是問題的解決。

·悲傷輔導的效用問題

綜觀目前現有文獻，我們發現大部分的悲傷輔導模式仍是以電話或通訊軟體關懷，也有在紀念日時舉辦追思會等方式，其他悲傷輔導形式則受限於人力及參加者意願而較少出現。因此，對於悲傷輔導的效用問題，我們期望能發展出較爲完整的後期悲傷關懷流程，建立一個創新的悲傷輔導模式：不僅在喪親初期提供服務，並於喪親數個月後仍持續提供關懷，一方面瞭解喪親家屬哀傷復原的狀況，也能持續協助有悲傷輔導需求之家屬處理哀傷失落的議題。

·運用讓喪親者參與和瞭解喪葬儀式的進行調適哀傷

殯葬的悲傷輔導，通常出現在後續關懷部分，藉著後續關懷的服務，現代殯葬業者發展出進一步接觸的管道，除了百日、對年、三年的通知，還包含接送的服務、電話關懷與卡片關懷，讓喪家感受到關懷真意，也能持續協助有悲傷輔導需求之家屬處理哀傷失落的議題。

提供家人互相支持的力量，一起幫亡者做些什麼。儀式的進行和解說，提供一個自然溫馨的場域，讓殯葬業務可持續關懷喪親者。有效的悲傷輔導方案須符合喪親者的需求，且能讓喪親者共同參與其中。

第三節　禮俗中的臨終關懷與悲傷輔導

一、禮俗中的臨終關懷

傳統禮俗中的其實是有臨終關懷的部分，只是沒有出現在殯葬服務的委託中。原因在於死亡禁忌，以及臨終關懷屬於家族中的私事，不適合外人介入。由於現代人對於臨終關懷的經驗與知識都失去了以往傳承的基礎，所以他們不再有能力處理親人臨終關懷的問題，因此殯葬業者終於有機會將臨終關懷納入殯葬服務當中，常見臺灣民間之臨終關懷做法如下（尉遲淦，2009）：

(一)搬鋪

人類希望在這樣的結束之後，仍然有死後生命的存在，傳統殯葬禮俗對於臨終場所有所規範，最好的臨終場所是正廳，表示臨終者的死亡是一件非常光明正大的事情，可以對所有人交代，臨終者就必須於一個公開的場所。

一個人一旦被宣布已經進入臨終的階段，那麼這個人就會被家人移鋪到正廳的場所俟終。對傳統殯葬禮俗而言，這種搬鋪的動作不只是單純的空間變換而已，還有其他含義。傳統殯葬禮俗利用搬鋪的機會，提醒臨終者死亡將至的事實，需要把握時機完成自己的臨終任務，這樣才有善終的可能。

(二)見最後一面及交代遺言

當一個人臨終時，自然會關心有沒有後代的問題，以及後代如何表現的問題，另外也會關心財物的問題。爲了讓這些財物能夠成爲他的後代的繼承物，也能夠了無紛爭爲他們所擁有，因此在移舖到正廳以後，根據傳統殯葬禮俗的規定，臨終者需要完成哪些作爲？第一，見最後一面；第二，交代遺言（完成家族主權的傳承工作，例如交由長子，並得到家族成員的認同；完成家族財物的分配工作；完成家族家訓的傳承工作，凝聚家族向心力的作用；完成對家族成員勉勵的工作，勉勵重點不在臨終者個人本身的期許，而在整個家族發展的成全上）。

(三)招魂

每個人活著都是在一個社會網絡當中，當一個人臨終時，社會對於個人表現出許多的肯定，那麼個人的臨終就會顯得很溫暖。在死亡來臨時，家族中的成員以招魂的儀式，回饋它們對於臨終者的感情要求（不捨），以完成臨終者的善終期許。傳統臨終關懷的消失——有些人臨終在醫院，醫院是治病的的地方，目的是救治生命，而不是帶來死亡，臨終卻是會導致死亡的過程，因此很難要求醫院具有這樣的關懷功能。

二、禮俗中的悲傷輔導

殯葬禮儀這種安排的目的，就是讓家屬有機會可以表達他們的孝心，更是爲了維持父母子女的關係，關係的延續。尉遲淦等人（2020）指出，如何證實傳統禮俗確實具有悲傷輔導的作用，可分別從以下三方面來看：

(一)從傳統禮俗的目的來看

在於實踐孝道，爲人子女盡心的一種作爲，最大遺憾就是對於親人死亡一點都使不上力，這種「無力感」常成爲悲傷來源之一。現今在親人死亡處理上，藉著傳統禮俗的協助得以把親人死亡處理好，無能爲力轉而爲有機會盡了一份心力，感覺自己有點用處，可以幫上忙，這種狀態的改變就是一種悲傷輔導的作用。

對傳統禮俗而言，實踐孝道不只是實踐孝道而已，其實它的背後有更深層的理由，解決親情斷裂的關係，恢復親情斷裂關係，那麼家屬受到這種斷裂關係所導致的悲傷問題自然就可以化解。

(二)從傳統禮俗的儀式安排來看

儀式安排有固定的目的，讓親情斷裂關係的恢復，使得因著死亡所產生的悲傷無法繼續存在。要怎麼安排儀式，應從感情的再次聯繫思考著手。

◆臨終—搬舖的儀式

臨終者躺於家中正廳水床上，和家人見最後一面，並交代遺言，讓彼此關係維繫不斷的傳家之言。經由這樣的過程，表示臨終者和家人的關係不會因著死亡的發生而中斷。另外也在初終時舉行招魂儀式，藉由招魂儀式來表達家屬對亡者的不捨之心。

◆殮—放手尾的儀式、沐浴的儀式

在傳統喪葬流程中，有一個儀式叫「放手尾錢」，手尾錢是指往生者離開後，留給子孫的錢財（紙鈔或銅板），它跟一般的動產、不動產，意義是不同的。留手尾錢的習俗，象徵亡者為生者留下財富和福氣，所以有句俗語說道：「放手尾錢，富貴萬年」，意思是財富傳承給子孫、保佑子孫富貴萬年，那份象徵亡者對生者遺留下來的祝福和關愛，代表一種傳承取代親情斷裂，是有正向價值和意義的。

沐浴儀式，除了清潔亡者的身體之外，潔淨亡者人格的作用，讓亡者可以順利回去面見祖先。沐浴之後換上壽衣，除了面見祖先的禮貌外，表示自己在人間的成就。

◆殯—點主、封釘的儀式

就封釘儀式而言，封釘的目的就是利用封棺的過程讓後代有機會可以表達傳承的意願。在儀式過程中，會有後代咬起子孫釘的動作，一方面讓亡者安心，表示後繼有人，不用擔心傳承的問題；一方面表示後代子孫有意願將家族繼續傳承下去。

就點主儀式而言，目的除了告訴亡者祂的神主牌位有後代願意祭祀，表示亡者的後代會勵精圖治、光宗耀祖，希望亡者可以安心回去面見祖先。

◆葬—返主的儀式

將亡者的神主牌位迎回家中，讓亡者可以順利成為祖先，一方面表示亡者的死亡是屬於善終的死亡，可以有資格回去面見祖先，一方面表示亡者的家屬都很孝順，願意透過祭祀的方式，以祖先的身分祭祀亡者。

◆祭─做七、做百日、做對年、做三年的安排，合爐，每日祭拜的儀式

這些祭的儀式，除了表達子女的孝心之外，還表示子女願意繼續奉祀亡者，使亡者得以用祖先的身分繼續維持這個家族。經由這些儀式的提醒與落實，亡者並不會因著死亡的發生而成為與這個家沒有關係的存在，他仍然是這個家的主人，天上祖先的身分。合爐儀式，代表亡者雖然死了，身體也埋葬了，但亡者在家屬心目中卻依然存在，把亡者看成祖先不斷祭祀下去，表達大孝終身的行為。

(三)從傳統禮俗對喪禮結束的時間點來看

對傳統禮俗而言，將喪禮結束的時間點安排在做三年，甚至於是做三年之後的禫，讓家屬有機會可以表達他們孝心的時間延長。

在整個喪禮的過程中，殯葬業務行銷專員可藉由向家屬進行意義的解說，與鼓勵其參與儀式活動，讓家屬有機會可以表達他們的心意，感受其與親人關係的延續，這些實務做法都可緩解家屬的情緒，具有悲傷輔導功能（**表3-1**）（郭慧娟，2017；尉遲淦等，2020；新北市政府民政局，2021）。

表3-1　喪禮儀節與悲傷輔導功能

儀節名稱	悲傷輔導功能
臨終─搬舖的儀式、見最後一面	傳統搬舖的儀式，臨終者躺於家中正廳水床上，和家人見最後一面，並交代傳家之言；或是現代四道（道愛、道歉、道謝、道別），讓彼此關係維繫不斷。
安靈服務─豎靈、拜飯	依其宗教信仰設置靈堂，靈堂燈火日夜不熄，以便供親友弔唁聯絡家族情感。靈堂通常使用環香或大支香讓香火不斷，象徵香火世代相傳、子孫綿延之意。此外，事死如事生，由家屬準備奠品，在早、晚或按三餐祭拜，由家屬自行分工，共同表達孝心。
做七或功德法事	親人往生後的做七或功德法事，是生者與亡者之間告別的重要儀式，協助生者從悲傷的情緒中恢復過來。

（續）表3-1　喪禮儀節與悲傷輔導功能

儀節名稱	悲傷輔導功能
殮—放手尾的儀式、辭生	大殮前，把預放在亡者手中或衣內之錢取出，分給子孫，稱為放手尾，象徵留下財產分給子孫，也代表責任之傳承。另外，為逝者大殮時，家屬通常會準備十二道菜，餵逝者最後一餐，謂之「辭生」。
殮—遺體清潔、穿壽衣	可鼓勵家屬參與，依遺囑或亡者喜好，準備亡者生前喜愛的衣服，讓家屬盡孝，面對親人死亡的事實。
殯—點主、封釘的儀式	長子（孫）雙手持盤率兄弟及長孫至點釘者之面前恭請安釘，依古禮須頂盤跪請安釘，四端點畢，再將釘輕釘在柩頭邊叫做「子孫釘」，其點斧四端再頂端一釘如「出」字。儀式最後由兒子（長孫）咬起子孫釘留存於香爐內，俗諺「子孫釘咬起來，代代攏有好將來；子孫釘插入爐，人人都有好前途」。
殯—瞻仰遺容	孝眷先行進入停柩區立於靈柩兩旁，來賓隨後進入瞻仰，向逝者致上祝福或致敬，孝眷在旁回禮表示感謝，最後由孝眷圍繞靈柩，面對死亡致上心中四道的祝福。
葬—返主的儀式	引導家屬在安葬或火化後將魂帛迎回，恭奉於祖先牌位的右前方，直至滿七之前仍須早晚供飯，滿七之後改為初一、十五供飯，直至對年、合爐，讓孝眷能報恩盡孝。
祭—合爐、每日祭拜的儀式	逝世當天算起一百日所作之祭祀為「作百日」，逝世一週年（農曆為準）所作的祭祀為「作對年」，委請法事人員把魂帛化掉，並將名字寫在祖先牌位上，將爐灰一小部分放至祖先香爐中叫「合爐」，意謂逝者喪期既滿，可與祖先牌位同受奉祀。

第四節　宗教中的臨終關懷與悲傷輔導

一、宗教中的臨終關懷

一般民眾印象裏宗教中的臨終關懷，便是佛教非常注重的助念儀軌。余永湧（2015）指出，佛教認爲死亡是一個新生命的開始，並非結束，生命是無始無終的輪迴，因此非常注重助念儀軌，認為助念是家屬為亡者設福追薦，可以消除宿業，增長淨因，讓往生者蒙佛接引前往西方。助念前，會先安奉「西方三聖」佛像作為臨時佛堂，把往生被蓋於臨終者身上。助念儀軌的程序，先從「讚佛偈」開始，助念八小時後迴向。助念儀軌的進行，會邀請臨終者家屬一起參與，也引導臨終者之神識一起唸佛，為其帶來希望，消除憂慮恐懼，執持阿彌陀佛名號心不顛倒，得以往生阿彌陀佛極樂國土。釋道興（2016）也指出，目前臺灣佛教宗教師在臨床所做的靈性照顧善終服務，都是在朝向往生西方極樂世界為主，甚而有宗教師在亡者過世後，請家屬到其個人道場做薦亡。

除了佛教常見的臨終助念外，各宗教之臨終關懷的作法如**表3-2**（邱達能等，2020；郭慧娟，2017）。

二、宗教中臨終關懷的實例

(一)因病臨終

殯葬的臨終關懷，針對「生理的疾病」，會直接說疾病沒有了，因為疾病為病人帶來死亡，人死了疾病對病人就不再產生作用。另針對「心理部分」，佛教、道教有其藥懺法事，佛教在做藥懺的過程中，會藉著藥師如來佛的醫療佛力，幫助亡者化解身上已有的疾病；道教則是藉著救苦天尊的醫療法力，幫助亡者化解身上既有的疾病。

近年來藥懺儀式的執行，改由家屬作為儀式的主角，以便於亡者的接納，最後會用擲筊確認亡者是否已經進入到家屬希望他進入的解脫境界。經過藥懺法事後，家屬認為亡者的疾病已經得到化解，那麼隨著疾病所產生的惡報也會跟著消失，亡者死後生命就可以有一個新

表3-2　臺灣民間及各宗教之臨終關懷作法

宗教名稱	臨終關懷做法
臺灣民間信仰	以讓臨終者獲得善終為目標，在臨終時搬舖到正廳的水床上，和家人見最後一面、交代傳家的遺言。
佛教（臨終助念）	對佛教的殯葬生死觀而言，人在遭遇死亡時，除了內心的恐懼害怕外，更重要的是，對死亡過程的不瞭解。助念的目的在於協助臨終者或初終者的神識可以早一點順利離體，安然度過死亡的關卡，一般需要八到十二小時，程序可以是「唱香讚、佛說阿彌陀經、往生咒、讚佛偈、佛號、三皈依、迴向」。
基督教（臨終祝禱）	臨終時請牧師或長老到場主持祝禱，堅定臨終者的信仰，祈求神的帶領回到天家，安息主懷。
天主教（臨終敷油／臨終祝禱）傳油聖事	臨終時請神父主禮「傳油聖事」，包括五個部分：準備禮、聖道禮、傳油聖事、領聖體、禮成式，解除臨終者在世時所犯過錯，堅定獲得救贖的信念。
伊斯蘭教／回教（臨終提念）	穆斯林在親人臨終時，提醒誦念「清真言」以記想真主，堅定「萬物非主，惟有真主」信念。祈禱目的主要是祈求真主對故去的人慈悲與饒恕，並祈求真主賜福給他的後代子孫。
一貫道（助念）	助念是臨終關懷中最關鍵的一環，在親人臨終時或歸空時，先對親人作真實的表白，之後助念八小時以上，以協助親人減輕痛苦、放下罣礙。助念主要責任是家屬，道親親友只是協助而已。助念可以轉化悲傷情緒，家屬如能一起念佛，觀想彌勒佛，全神專注在佛號上，一心一意祈求彌勒祖師慈悲接引親人，如此悲傷情緒自然轉化。
道教	沒有臨終助念這樣的做法，而是讓臨終者可以自然離去。

的開始。爲了強化家屬的信心，在儀式結束之後，主其事者會象徵性的砸破藥罐子，象徵亡者從此不用因病再服藥。

(二)一般臨終

親人剛死亡時，家屬常面臨到「禮俗」與「宗教」的衝突，禮俗認爲要痛哭才是孝順；佛教卻認爲，一切的生與死都是因緣，所以當親人臨終時應該保持安靜，不可哭泣或拉扯臨終者，才能讓臨終者無罣礙地平靜離開人世。面對這樣的心理衝突，尉遲淦（2009）指出實務上可以有不同的解決方法協助家屬，如何超越禮俗或宗教的規定，找到一個合適的方法，除了能讓親人瞭解我們的心意外，也讓我們感到安心與放心。

1.依其意願，一則是親人死亡時哭，是正常反應，不需刻意壓抑情緒；二則選擇遵從宗教，以不哭取代哭，讓親人能放心離開。
2.可詢問親人的意見，溝通哭與不哭這件事。可以有兩種處理方法，第一種是在親人臨終之前事先問好他的想法；第二種是在臨終之後詢問他的想法，此時已無法直接詢問，只能間接利用例如擲筊過程中獲得訊息。

三、宗教中的悲傷輔導

(一)佛教

法師對於家屬的悲傷輔導方式，首先會同理家屬的預期性悲傷反應，讓家屬認知到悲傷反應無助於病人的善終，並引導家屬去看到病人的需求以及他們可以努力的地方。釋慧岳等（2008）指出，法師會引導家屬從「自我爲中心」的思考和做法，轉向考慮到臨終者的需求，協助臨終者做死亡準備，以臨終者的善終爲共同努力的目標。這樣的引導，使得家屬內心深層產生轉變，面對無常，逐漸可以去接受親人即將死亡，使得心性提升與成長。更可藉著超薦佛事，協助家屬祝福親人往生極樂世界，圓滿人生憾事。法師轉變家屬的悲傷情緒，鼓勵他們積極投入幫助病人善終及往生極樂世界的行爲表現，全心投入於病人身、心、靈種種的需求而努力滿足的過程，可以看到對其家

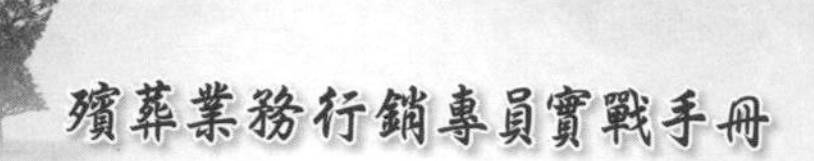

屬悲傷緩和的效果十分明顯。

臨床佛教宗教師悲傷輔導工作，首先會確認家屬是否知道病人不久即將死亡。家屬在被告知病人病情之後通常會有否認、懷疑的反應，隨著病人疾病的進展，再來則是接受病人即將死亡的事實，而接受死亡可區分爲正向的接受與負向的接受，正向的接受指的是家屬接受病人將死亡，並積極地幫助病人善終，負向的接受指的是家屬雖然接受病人即將死亡，但不知如何面對病人的死亡、不知如何幫助病人、不知如何與病人互動，因此與病人形成隔閡。法師在整個照顧過程中持續地對家屬做「生與死的教育」，以引導家屬能正向接受死亡，朝著協助病人善終的方向而努力。

病人往生後超薦佛事不僅是彰顯倫理孝道或愼終追遠的傳統美德，更是生者與亡者之間告別的重要儀式，協助生者從悲傷的情緒中恢復過來。有些家屬在病人生前覺得盡力不夠、感到不捨，或是還不能接受親人已離去，在服喪期間感到愧疚、遺憾，都是悲傷輔導的對象。因此臨床法師在病人臨終期的照顧中，就開始注意家屬的悲傷輔導問題，病人往生後能夠參與佛事的安排，對這些有不同層面心理、靈性困擾的家屬而言，佛事期間是法師對家屬悲傷輔導的適當時機。

◆助念

助念與做七，可以幫助臨終者或亡者改變他們死亡過程的際遇與死後的去處，這時家屬的悲傷情緒自然可以獲得某種程度的化解，甚至在最終情況下獲得完全的化解。邱達能等（2020）指出助念的意義，在佛、道教的信仰中，都有助念的儀節，旨在協助逝者順利到達其信仰中的國度。目前在民間的助念儀式，又以佛教比較常見。助念的注意事項如下：

1.若於醫院病危時，請家屬先行瞭解醫院是否有助念場所與相關規定。

2.人斷氣後，非不得已不要移動或觸摸逝者，家屬勿哭泣，念佛最要緊。

3.念佛號時，速度要慢，聲音要柔和，逝者因神識尚未脫離，聽覺尚有，念太快會使逝者急躁而起嗔心。

4.每三十分鐘須在逝者耳邊開示，提醒逝者念佛。

5.若生前染有傳染性疾病或往生後大體有腐敗現象，請家屬隨緣勿執著，盡速存藏大體。

◆**法事功德**

對於法事功德，最重要的是做七佛事，人死後每七天就有一次投胎轉世的機會，而亡者本身卻不知道如何選擇才是對的，家屬希望亡者死後能有更好的去處，善用每一次做七的機會，讓亡者有機會可以往生淨土或去到更好的下一世。傳統喪禮受佛教「輪迴」及「十殿閻王」等說影響，而有「做七（做旬）」之俗。自死亡之日起，每七天需祭拜亡魂，直至七七四十九日止。「做七（做旬）」之俗已有千餘年，是佛教影響中國喪禮最深遠者之一。

邱達能等（2020）指出《地藏經》中提到，人死後的四十九天誦經助念，可以增加亡者轉生善道的善因，民間習俗有在四十九天中，每七天爲亡者做法事的儀軌。依佛教的觀點，爲亡者修福布施、供寶、救濟貧窮、利益社會，乃至布施一切衆生離苦得樂，以此功德迴向逝者，都是促成逝者超生離苦，往生佛國的助緣。所以家屬若能禮請供養法師，並親自以虔誠、恭敬、肅穆、莊嚴的心情跟隨法師的引領、持誦、聆聽或禮拜，感應諸佛菩薩的慈悲願力，以佛法給予逝者救濟、開導，使之化煩惱業力，離苦得樂。民間習俗中，最普遍的是做七法事，是由孝眷藉著誦經拜懺、做法迴向，來消滅逝者累世的罪過或痛苦，並祈求神佛寬容，得以往生極樂淨土。

現代人大都只做大七（頭七、三七、五七、滿七），也有因工商業社會子孫繁忙，無法按日做七，有人會在出殯之前擇吉時將七做完（俗稱切七），但頭七仍應按照七天計算，不宜提前。現代社會由於性別平權，女性的自主權，不再嚴禁女兒只能在「女兒七」回家祭拜父母親，只要做七或其他喪禮儀式，都可出席。

(二)道教

在道教超拔科儀中，法師會誦念經文、拜請太乙救苦天尊來超升拔度亡靈，所謂「救苦天尊，薦拔亡靈早超生，一炷清香神幡通法界，九泉使者引魂來」，進行施法、施食、引魂，帶領過橋受渡等科儀，也誦經告誡亡靈聽聞法覺悟超生，以脫離苦海。舉行告符迎赦、解冤結科儀，確保亡靈放下執著。水火煉度環節爲執行法會儀式的高功法師，以變身爲太乙救苦天尊爲亡靈沐浴化衣，以期亡靈轉化爲陽神充沛的仙界形體，準備上天朝見太上老君，以成全逝者離世之悲，昇華圍成先之喜（邱達能等，2020）。

只要臨終者確定死亡，宗教儀式就開始在不同階段提供協助：

◆初終階段

燒魂轎的儀式，目的希望亡者可以順利前往地府：

1.招魂儀式，讓亡者魂魄有所依歸。
2.拜腳尾飯儀式，讓亡者有力氣前往地府。
3.腳尾燈，讓亡者可以看清前往地府的路。
4.腳尾錢，讓亡者沿途有買路錢可以順利前往地府。

◆殮的階段

1.乞水儀式，因爲亡者在這個階段會擔心死後不夠清白的問題，安排乞水的儀式爲亡者淨身，讓亡者可以恢復自身生命的清白，以免到了地府之後受到懲罰。

2.入木儀式，亡者擔心死後受罰的問題，除了請神明幫忙除罪之外，也利用這個機會還願和還庫。

◆殯的階段

拔度儀式，對於亡者死後的際遇，提供一些協助，個人懲罰的化解。在神明的救援下，亡者才有機會解除受罰的痛苦。

◆祭的階段

除了返主儀式外，也安排做七、做旬、做百日、做對年、做三年等的儀式。

(三)基督宗教

邱達能等（2020）指出，基督教的告別禮拜，主要有敬拜、感恩、追思、安慰及佈道等儀式，在牧師或長老的帶領下，唱詩、禱告、讀經、獻詩、證道、追思、家屬致謝、唱詩，最後在祝禱下，完成亡者人生最後一場安息禮拜。基督教教友安息後，靈魂會回到天家，不設靈堂和牌位；部分天主教出殯後返主安靈，設立靈位追思、祭祀與誦經祈禱，直至三年除靈，這與天主教入境隨俗有關。

參考文獻

書籍

邱達能、英俊宏、尉遲淦，《禮讚生命——現代殯葬禮儀實務》，揚智文化，2020年。

尉遲淦，《殯葬臨終關懷》，威仕曼文化，2009年。

尉遲淦、邱達能、鄧明宇，《悲傷輔導研習手冊》，揚智文化，2020年。

郭慧娟，《禮儀師的訓練與養成》，華都文化，2017年。

新北市政府民政局，《反璞歸真——新北市民衆生命禮儀手冊》，2021年。

期刊論文

石世明，〈悲傷輔導新觀念——從心靈成長到悲傷轉化〉，《腫瘤護理雜誌》，第8卷第1期，2008年，頁27-33。

江蘭貞，〈從醫療結構看現代臨終關懷〉，《安寧療護雜誌》，第8卷第4期，2003年，頁410-421。

余永湧，〈臺灣佛教生死觀與其儀軌應用於臨終關懷之研究〉，《中華禮儀》，第32期，2015年，頁19-28。

李宗派，〈安寧緩和與臨終關懷——美國經驗〉，《臺灣老人保健學刊》，第11卷第2期，2015年，頁57-79。

林素妃、林秋蘭、蔡佳容，〈安寧療護喪親家屬之哀傷輔導服務〉，《北市醫學雜誌》，第15卷第3期，2018年，頁1-9。

葉忻瑜、黃獻樑、蔡兆勳，〈安寧團隊提供末期病人及家屬照護與悲傷輔導經驗〉，《安寧療護雜誌》，第21卷第2期，2016年，頁218-227。

蔡佩真，〈喪親遺族追思活動之挑戰〉，《安寧療護雜誌》，第12卷第3期，2007年，頁298-311。

釋道興，〈佛教臨終關懷儀禮探究〉，《人文社會與醫療學刊》，第3卷第1期，2016年，頁281-300。

釋慧岳、釋德嘉、陳慶餘、釋宗惇、釋惠敏，〈化悲傷為祝福〉，《安寧療護雜誌》，第13卷第2期，2008年，頁168-184。

4. 傳統殯葬禮儀與客製化

曹聖宏

- 傳統殯葬禮儀的存在目的
- 傳統殯葬禮儀的簡化挑戰
- 傳統殯葬禮儀的內容
- 殯葬禮儀的客製化與個性化

第一節　傳統殯葬禮儀的存在目的

殯葬禮儀是人類長時間透過面對處理死亡的文化累積，存在著許多繁文縟節。從原始社會的文化進展來說，靈魂觀念與祖先崇拜是人類殯葬行爲最爲根源的核心內涵。祭祖儀式歷朝以來不斷地被制度化與體系化，到了周代已相當完備，整個殯葬禮儀除了安頓死者靈魂外，也在於將亡者轉化爲祖先，實現享萬代香火的家族傳承。

此外，傳統殯葬禮儀以儒家的倫理思想爲主軸，儒家以「孝道」爲核心，架構起殯葬禮儀的儀節制度和道德規範，這是根源於人性的儀式活動，彰顯出慎終追遠的禮義精神。孝的基礎奠立在家庭基礎人倫的血緣關係上，「孝」是子女對父母應有之情，這種感情是生而有之的，因爲每個人的生命都是其父母所賜予的。同時，父母以無私的愛養育子女成長，這種無條件的付出亦非金錢和物質所能夠衡量的。

我國的殯葬禮儀遵守著事死如事生的孝道精神，本之於家族倫理的孝道，將對父母的孝行延續到死後的殯葬流程中，讓人們對於父母的生養之恩展現感恩追思之情。如此的精神，充分展現了無法割捨的親情關係，感念恩澤的孝道表現，也因爲沿襲了這樣的觀念，國人在面對親人的喪葬事宜時，皆抱持著謹愼且敬畏的態度，不敢有所輕忽。

傳統殯葬禮儀在傳統社會中扮演著重要的角色，其存在目的如下：

一、表達對逝者的尊重與紀念

傳統殯葬禮儀首要的目的在於表達對逝者的尊重與紀念。喪葬流程中的拜飯、作七、燒庫錢紙紮、餽贈奠儀花籃、宗教儀式及爲逝者舉行奠禮和追思活動，傳達了我們藉由這些儀式表達對逝者的尊重與哀悼之情，透過儀式的舉行更能使逝者在家人及親友心中留下深刻的印象，讓其在死後得到應有的尊嚴和紀念。

以下我們舉例說明表達對逝者的尊重與紀念的做法：

(一)拜飯

儒家思想是我國傳統喪禮主軸，遭逢父母親喪事，要依禮愼重辦理，要做到侍奉死去的父母如同在世時一樣，早晚省親，乃至傳承家風遺志，才算事親至孝。因此，爲侍奉亡者飲食與生活作息如其生前一般，子女需在靈堂處準備先人的盥洗用具及飯菜，早晚在靈前供飯食的行爲就稱爲「拜飯」，俗稱「孝飯」，又稱捧飯、奉飯等。

(二)奠禮

俗稱告別式，作爲殯葬流程中最壓軸的部分即是奠禮，所有家人及親友都會在這時候聚在一起，在司儀的主持下按照「國民禮儀範例」爲亡者進行奠禮儀式。在奠禮儀式前，家屬們有許多的前置作業需要討論，例如針對亡者的善行、功績及特質來撰寫祭文，家屬翻閱過去的相片來製作追思影片，構思奠禮上要呈現的流程，及列出逝者喜歡聽的音樂，逝者即是整場奠禮的主角，透過奠禮的舉行讓逝者得到應有的尊重，也讓家人得以用自己的方式來紀念逝者。

二、悲傷輔導的功能

在生命的種種失落之中，喪親所帶來失去摯愛的感受，可能是人類經驗的痛苦當中最強烈的一種。當然，喪親也包含我們最愛的寵物。這不僅對經歷親人死亡的人本身來說很痛苦，對其身邊的其他人來說也是。正因爲這是普世的課題，所以在面對哀傷時，我們常常感受到如此的無能為力與不知所措。

當親人死亡時都會造成生者心中的失落與悲傷情緒，需要經過一段不短的時間來度過悲傷，這樣的失落悲傷恢復過程，我們可以稱為哀悼（mourning），是人面對失落經驗與哀傷反應的因應歷程。哀悼四階段，是人類喪親時的正常反應。每個人都有自己獨特的哀悼歷程，常見的哀悼歷程如下：

(一)階段一：開始、逐漸接受失落的事實

剛知道親人逝去的消息時，每個人的反應有很大的個別差異，但多數的人都會感到震驚，表現出不同程度的難以接受或否認。在這個時期，幾乎所有的人都會自動延續原本的生活，但同時會感受到緊張、憂鬱、驚恐或憤怒等強烈且複雜的情緒；相關的情緒或個人狀態的描述可能包括：悲痛難耐、身體痙攣、淚流滿面、坐立不安、失眠等等。同時，人們也可能會因為在某些時刻突然感受到與逝者的連結而感到欣喜（例如：在夢境中相會、因家中的物件感受到逝者曾經存在的事實），但也會有隨之而來的孤寂感。會在真的「相信」與「不相信」親人逝世的感覺裏來回反覆。

(二)階段二：經驗悲傷的痛苦、渴求與尋找逝者

◆悲傷與絕望

此時，喪親者會變得非常專注於逝者的一切，並嘗試在生活中尋找與逝者相關的線索，來填補失去逝者所帶來的空缺；例如：翻閱過去的照片重溫與逝者有關的回憶、重回曾經一同生活或探訪的地點、保留或珍藏有關逝者的物件等等。

家屬提到喪子後，先生一直要她整理兒子的房間，但她只要進到

兒子房間就觸景傷情無法整理，她提到：「整整過了一年，我才有勇氣整理他的房間。」

大部分的喪親者會在「相信死亡已經發生而感到絕望」，以及「希望事情還是原來的樣子」兩種狀態之間擺盪，這樣的擺盪可能來來回回，維持數個月或更久。

◆憤怒

憤怒是哀悼歷程中的正常反應，但因爲這個情緒可能會出現在不適當的場合，或是對大部分人來說不太合理，所以經常被忽略或是不被接受，而不管是喪親者自身或是周遭的人，都會企圖想要壓抑喪親者的憤怒。它也許代表著「我需要找到爲這個失落負責的人或事」以及「不斷試圖回復原本生活狀態但感到的挫折」。

曾經有位因騎車外出買便當自撞身亡的逝者，大體返家安置於客廳後，妻子憤怒地捶打其身體，大聲地怒罵逝者為何如此沒有良心，竟然沒有留下任何話語就離開，身旁的子女拉了好幾次都無法阻止她怒罵逝者……

◆抗議行為

許多的兒童青少年在喪親初期，也經常會出現爲了讓逝去親人復活而有的抗議，與試圖努力做出能讓親人復活的言行。

小學五年級的小女孩不斷拍打父親的冰櫃，大哭說道：「爸爸，你快起來，你怎麼睡這麼久都不起床，我要你起來，你很久沒有在我睡覺前講故事給我聽了，你再不起來，我就永遠不要理你了。」(圖4-1)

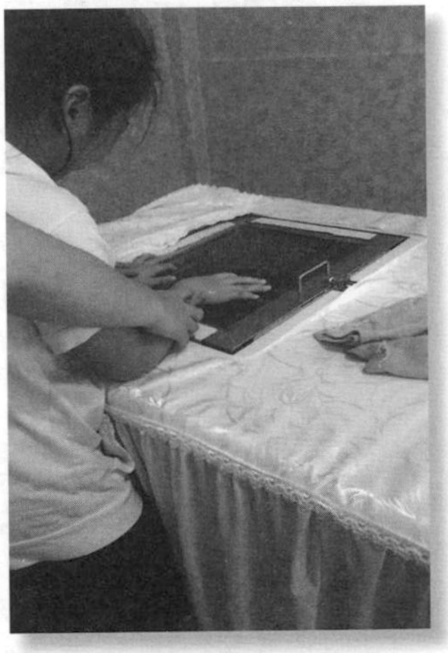

圖4-1 小女孩不斷地拍打冰櫃叫父親起床

此時，家屬正反覆經驗複雜情緒的痛苦，若壓抑、否認、逃避悲傷，反而更會延長痛苦。而殯葬禮儀中便有好幾項流程在協助利用語言或非語言的方式（例如接板），去協助並陪伴家屬去經歷並宣洩出難過悲傷的痛苦。

接板儀式時，我真正意識到父親走了，那時候禮儀師要我們穿上孝服，等棺木到前面時跪爬出去，看到棺木推到面前時，眼淚無法控制地掉下來，身體抖動地跪下來後，我幾乎無力往外爬，用盡了力氣喊出：「爸，你的大房子買回來了。」接板儀式後，突然感到一陣輕鬆，我好像逐漸接受您的死亡了……

◆接板

以下我們舉例說明殯葬禮儀中體現悲傷輔導的做法——接板。

傳統習俗上，死者入殮前，由子孫準備一具棺木讓其長眠，過去土葬的年代，子孫需要慎重其事地到棺木店親自挑選棺木，而目前以火化爲主後，已較少子女會前往棺木店挑選。接板的流程由子孫身著孝服在門口跪接棺木，除了表現子女孝心，也是一種「驗收」工作，在於確認送來的「大厝」是否完整無破損。接板流程中，家屬會經驗一段接受失落事實的過程，俗話稱：「不見棺材不掉淚」，雖然是在比喻一個人非常頑固，但在殯葬流程中，原本尙無法接受親人已逝世的家屬，在接板時一見到棺木就嚎啕大哭，甚至跪在地上久久無法起身，也在此時終於意識到失落的事實（**圖4-2**）。

(三)階段三：重獲希望感，建構新的生活

在反覆擺盪一段時間以後，喪親者可能會在某個時刻深刻地意識到逝者已逝、再也回不來的現實，並因而感到絕望、對生活失去信心。大部分的人，普遍會出現失眠的現象，以及可能經常性地感到頭

圖4-2　接板儀式

痛、焦慮、緊張和疲勞。

此外，喪親者也經常經歷深刻且持久的孤獨感，而這個孤獨是無法依靠友誼緩和的，也較難隨著時間流動而消逝。研究顯示，女性需要花費很長的時間從喪偶中恢復，只有不到一半的人能在一年之內重新整理好自己，回復原本的生活。

(四)階段四：將情緒活力重新投注在其他關係上

哀悼歷程的最後一個階段，是對於失落經驗與伴隨而來的哀傷反應進行重新建構，將與逝者有關的各種記憶與感受加以整合，找回在沒有逝者的世界中，新的生活的平衡。

三、提供社會支持及凝聚力

殯葬禮儀有助於凝聚家屬、親友、同事和社區鄰里間的情感連結，治喪期間，臺灣社會充分展現了人情味。例如臨終與初喪時，鄰居的婦人都會前往喪宅協助製作頭白及孝服；治喪守靈期間，親友陪同家屬在靈堂泡茶聊天，展現了社會的支持力量。人們在此時共同表達對逝者的哀悼，互相支持和安慰，從而減輕悲傷和孤獨感。

四、文化傳承與價值觀

文化傳承是指將一個社會或群體的價值觀、傳統、知識、技能和藝術形式代代相傳的過程。透過文化傳承，人們可以保存和發展自己的文化遺產，並將其傳承給後代，以保持文化的連續性和多樣性。生命儀式則是指在不同文化和宗教背景下，舉行的慶祝生命和轉折時刻的儀式或活動。這些儀式包括婚喪喜慶等。生命儀式的目的是慶祝人生中重要的時刻，表達對生命的珍惜和感恩，以及與親友共享喜悅和感動。在不同文化中，生命儀式具有獨特的形式和內涵，反映了當地人們的價值觀和信仰。這些儀式通常包括特定的儀式程序、符號和慣例，並在特定的時間和地點舉行。

殯葬禮儀是文化的的重要組成，通過遵循傳統禮儀慣例，人們可以傳承和保護文化遺產，延續習俗和價值觀。禮儀中蘊含著深厚的文化內涵和智慧，通過參與禮儀活動，人們可以加深對自己文化傳統的認識和理解。

五、促進家庭成員轉換生命階段

法國人類學家Van Gennep以研究儀式和禮儀而聞名。他在其著作《習俗的研究》中提出了「過渡儀式」（rite of passage）的概念。根據他的觀點，過渡儀式是指個人或社會面臨生命中重要轉變時期的儀式。在大部分人類社會中，這些過渡或所謂生命中的關鍵期，即出生、成年、結婚和死亡，是舉行隆重儀式的時刻。Van Gennep

（1960）首先指出了所有過渡儀式普遍具有的基本形式。「過渡儀式」爲一種「禮節性活動，在有歷史記載的社會中，它標誌著從一種社會或宗教地位，向另一種社會或宗教地位的過渡。」范杰納也進一步說，過渡儀式起著引導個人通過他們生命中的決定性轉折點的作用；假如沒有這些儀式的幫助，個人及其關聯的社群將很難在從一個舊的生命階段進入到另一新階段時，在心理上和人際關係上順利地通過，因此他稱這種儀式爲通過（passage）的儀式。這些過渡儀式通常包括三個階段：分離階段（separation）、過渡階段（liminality）和整合階段（incorporation）。在過渡階段中，參與者處於一種「邊緣狀態」，不再屬於過去的身分，但尚未完全融入新的身分。

我們以殯葬儀式爲例，從一個家庭成員逝世的那一刻開始，整個家庭內的成員及其屋宅不待有任何儀式之舉行，就變成受到死亡污染的場所，受到社區鄰里的排斥，這時候禮儀人員會在鄰居家門外貼上紅紙做爲生死的區隔，由於死者的不潔淨，必須將其與家庭成員、神明隔離（避免神明見刺，俗稱遮神）（**圖4-3**），因此也產生許多殯葬習俗，例如入殮時在棺木內放置石頭、鹹鴨蛋及豆豉，意喻等石頭爛，鹹鴨蛋孵出小鴨，豆豉發芽再來相見，象徵死者與生者間的關係進入分離階段。

圖4-3　遮神，避免神明見刺

殯葬流程中，家屬與死者皆呈現一種混沌不明的狀態，例如守喪期間家屬身穿日常不會穿的孝服，不能理髮、刮鬍子、剪指甲等，與死者的溝通變成非語言方式，例如早晚拜飯後要問死者

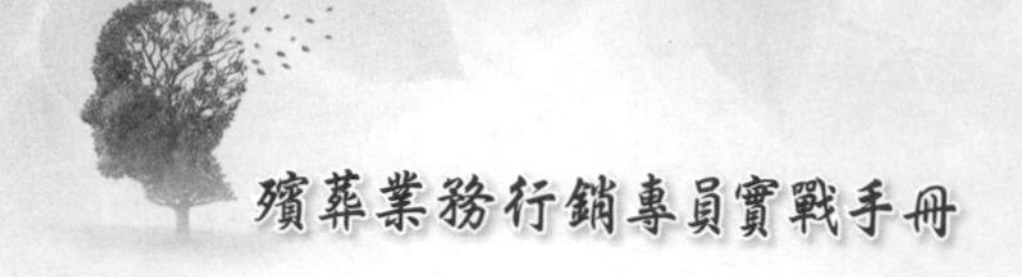

是否吃飽時，必須擲筊請示。此時殯葬禮須發揮「過渡」儀式，使死者與家族祖先「結合」在一起。同時死者消失後，所帶給親族的不安也獲得重新的整合，最後藉著除靈、合爐，解除喪葬期間的所有禁忌，一切恢復平常。死者由家鬼轉換爲祖先，與家族結合在一起，所有的不安和失調又恢復平靜。范杰納的研究強調了禮儀和儀式在社會中的重要性，他認爲這些過渡儀式有助於個人和社會實現變革和轉變。通過過渡儀式，人們能夠順利轉換生命中的轉折時刻，獲得新的身分認同，並促進社會凝聚力和穩定性。

殯葬禮儀的存在目的在於表達對逝者的尊重與紀念，同時也提供悲傷輔導的功能，這些儀式不僅有助於確認失落的事實，也讓生者透過儀式和傳統習俗，來處理失去親人的悲痛。整個殯葬禮儀更提供了不同程度的社會支持力，讓家屬不至於因喪親而被獨立於社會體系之外。此外，殯葬禮儀也承擔著教育社會、傳承文化和宗教價值的角色，更提供了家屬生命階段轉換時一個安全的過渡流程。

第二節　傳統殯葬禮儀的簡化挑戰

傳統殯葬禮儀在現代社會面臨著一些挑戰，這些挑戰主要來自社會變遷、價值觀念的改變和科技進步等方面。同時政府諸多的新措施，乃期望能在有限的空間內，讓每一寸土地得到最大效用的利用，同時提昇活人及死人的生活品質。因此，政府推動法令、政策改革之餘，民間殯葬業也隨著時代變遷，帶動出儀式簡化的趨勢，以下是傳統殯葬禮儀面臨的簡化挑戰原因：

一、經濟型態轉變

臺灣過去以農業立國，對土地有深厚的情感，以土葬方式作爲長眠之地再自然不過，土地做爲人們死後最後的歸屬，所謂「入土爲安」，所以隆喪厚葬是理所當然的事，土葬也是當時人們一般的選擇。同時，家文化也表現在婚喪喜慶，所有的重要儀式都是在家中神明廳舉行，例如會將臨終者移至大廳，待逝世後的初終儀式乃至奠禮都在自宅完成，家成爲送往迎來的重要空間。

民國六十年代，政府發展十大建設，臺灣社會由農業邁入發展工業社會（徐福全，2019），由於工業屬於資本及技術密集的產業，需要大量的就業人力，也造成人口由農村往都市集中。都市化過程中，遷移是十分普遍的現象，現代化的高樓大廈取代傳統的三合院，人與人的連繫不如鄉下來得密切。人際關係疏離下，過去在治喪過程互助的情誼也日漸淡薄。此外，都市化的現象造成生活空間狹小，所以對於空間認定的主觀意識自然提高，使得空間功能日漸明顯區隔，這也使得治喪時所產生的污染被視爲公害。現代都市社會所要求的是生活品質，在這種情況下，傳統在家搭棚治喪的方式受到考驗，過去的鄰居可以提供空間借喪家使用，可以同理喪家治喪過程中所產生的噪音與占用道路等不便，然而近年來許多喪家多少都會受到鄰居的謾罵甚至排斥，或許正是這種公共利益的出現，所以現代喪家會產生一種自我約束的覺察力，越來越能接受在醫院、殯儀館往生、處理後事等，原則上就是以不打擾到別人爲首要考量條件。

殯儀館治喪帶來了殯葬流程的簡化，例如過去在初終時需準備腳尾飯祭拜死者，但殯儀館停放大體的空間並不提供腳尾飯的放置；治喪過程家屬需早晚拜飯，如今殯儀館也提供代拜飯服務，家屬只需在有空時到靈堂上香即可。過去自宅治喪時總會有親友鄰居到靈堂陪伴家屬或給予習俗的建議，帶給家屬不少的困擾，現在到殯儀館治喪已較少有親友鄰居會時常前往靈堂處，整個流程只要業者跟家屬談妥即可（**圖4-4**）。

隨著經濟型態轉變所帶來的都市化，喪葬模式不得不因爲客觀環

圖4-4　殯儀館治喪已成為都市居民的新選擇

境，如居住空間、工作時間等的限制而作調整，家庭結構和消費習慣也促使民眾對於新的喪葬作法更加容易接受。過去傳統殯葬禮儀所衍生的費用，可能存在高昂的成本，包括殯葬服務、墓地安葬費用等。這對家庭造成經濟壓力，使得一些人傾向於選擇簡約和節省成本的方式來處理喪事。

二、火化及環保葬政策的推行

民國六十年代開始推行火化進塔政策，使得過去五十年代高居95%的土葬比例逐年減少。根據內政部110年第14週統計通報顯示，國人遺體火化數占死亡人數比率，由99年89.8%增至108年98.7%，十年內增加8.9個百分點，葬俗觀念持續轉變中，火化率的增加代表對於土葬棺木的需求下降，過去動輒好幾萬元的棺木如今已被幾千元的火化棺木取代，同時也省去了營造墳墓的花費，簡化了殯葬流程。

內政部自民國90年起開始推動環保自然葬，環保葬需將遺體進行火化後進行骨灰再處理（研磨），其成為粉狀顆粒，才能進行環保葬。目前公墓內的樹葬及花葬，皆在植栽旁挖洞，並將死者的骨灰倒入後覆土；海葬則是將往生者的骨灰撒入大海中。根據統計，99年有1546件，到了111年有23,943件，環保葬比例約占死亡人口的12%，顯示確實有越來越多民眾認同環保自然葬。根據實際的服務經驗，許多家屬認為後代子孫對於祭祖觀念淡薄，盼減少繁複祭祀，同時為求土地重複使用以利環境永續發展之故，才考量選擇環保葬。

三、生前契約的出現

過去的殯葬業時常給消費者一種暴利、價格不透明、黑道介入及搶屍體的印象，這樣的亂象不但令人詬病，也衍生許多消費糾紛，同樣一個骨灰罐，這家禮儀公司開價八千元，另一家開價五萬元，交易過程完全沒有消費及監督機制。此外，傳統殯葬業經常會半威脅式地以習俗之名，讓家屬覺得沒有依循這樣的作法可能會遭致不好的後果，長此以往的積習造成殯葬業的污名化。

民國82年國內殯葬集團推出了全臺第一張生前殯葬服務契約（以下簡稱生前契約），帶動了國內殯葬相關行業的新市場，生前契約明確記載了產品項目、服務、規格及價格等，以達到資訊透明化的初步目標，生前契約透過招聘業務人員進行銷售，亦不限制履約地點，過去由在地業者承辦的殯葬事宜，開始有財團進行禮儀履約服務，這一轉變也讓傳統業者產生危機感，意識到再不改變就等著從市場消失。

財團所經營的大型殯葬事業，使得傳統殯葬業必須跟隨著其腳步，例如流程標準化及簡化、價格公開透明、定型化的服務內容。而殯葬流程的簡化更是從都市包圍鄉村，過去鄉下地方最重習俗，然而

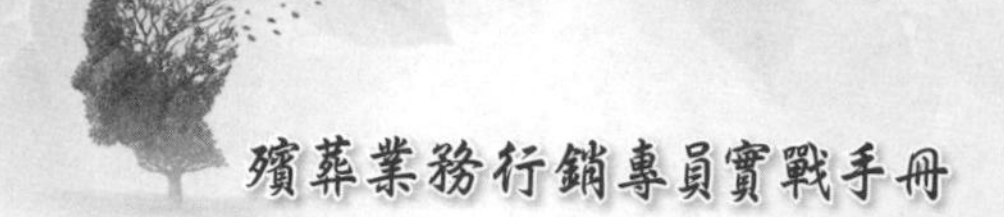

當都市人所購買的生前契約到鄉下履約時，當地民眾發現原來某些習俗不做也不會怎樣，而且現代化的服務流程讓家屬更能專心治喪，也不會被繁文縟節所束縛；有些家屬也提到，我們附近的兩間葬儀社都有交情，讓誰承辦都不對，乾脆購買生前契約，這樣對兩家葬儀社都不用交代。

四、殯葬自主與客製化需求的產生

死亡禁忌的影響使得殯葬習俗的變革緩慢，傳統殯葬流程幾乎一成不變，過去葬儀社叫你跪你就得跪，少有家屬會提出異議，這也使得傳統業者覺得自己掌握了殯葬業的知識，只要遇到家屬提出疑問，就回答習俗就是這樣啊。然而隨著社會價值觀念的變遷，一些傳統的喪葬禮儀，可能不再符合現代人的價值取向和生活方式，需要進行調整和革新，另一方面，社會的開放讓生死議題開始受到重視，人們開始關心安樂死、臨終、安寧療護、生死學、環保自然葬等課題，也意識到生前就需要對自己的喪葬事宜進行安排和規劃，包括遺囑、葬禮安排、費用支付等。透過殯葬自主，個人可以清晰表達自己的意願和需求，確保在逝世後能夠按照自己的意願進行喪葬事宜。這種趨勢反映了個人對自主權和自決權的重視，希望在健康時期就能夠清晰表達自己的意願。

殯葬自主是指個人在生前就對自己的喪葬事宜進行安排和規劃，包括財產、葬禮安排、宗教儀式、費用支付等。透過殯葬自主，個人可以清晰表達自己的意願和需求，減輕家人在喪葬事宜上的負擔和爭議，讓家人不必猶豫和猜測，如此可以避免因喪葬事宜而引起家庭爭議，確保家庭和睦，亦確保在逝世後能夠按照自己的意願進行喪葬事宜。殯葬自主也引領了客製化的需求，個人可以依照自己的宗教信仰、生死觀、美學意象、個人特質來享有個性化和客制化的殯葬服務，滿足個人對喪葬事宜的特殊需求和要求。

五、少子化

全球面臨少子化的問題，臺灣也面臨相同困境，根據內政部民國112年12月戶口統計資料，人口數23,420,442人，全年新生兒135,571人，較111年減少3,415人，再創統計以來新低。近幾年來臺灣的生育率快速下降，人口結構出現嚴重少子化現象，此乃不可忽視的社會現象，對於整個社會、經濟、家庭、文化、教育將產生深遠之影響。殯葬禮儀做爲整個社會、家庭、文化中的一環，自是會受到重大的影響。

傳統殯葬禮儀面臨少子化趨勢時，會受到什麼樣的影響呢？我們從實際的服務中舉例說明：

1.出殯場所改爲靈堂，過去租用禮廳舉辦告別式的情況逐漸改爲使用靈堂（靈前出），這是因爲家中人口簡單，年輕一輩覺得不需麻煩太多親友來參加喪禮。

2.懇辭奠儀，少子化趨勢，爲避免子女以後需要陪對，目前懇辭奠儀已成爲喪禮趨勢。

3.分擔喪葬費用的兄弟姊妹變少，子女可能需獨自承擔喪葬費用，因此選擇簡單辦理，減少喪葬支出。

4.子女無法長時間守靈及早晚拜飯，殯葬業衍生代拜飯服務，早晚由業者至靈堂處爲逝者準備盥洗用具後請先人用餐，用餐畢燒化紙錢給逝者，子女只需有空時再至靈堂處上香。

5.圍庫錢的習俗改變，過去圍庫錢時只限於同姓的宗族親戚，而今燒庫錢時會發生找不到足夠人數圍庫錢的狀況，因此女婿、外孫或非同姓的親友也加入圍庫錢的行列（**圖4-5**）。

殯葬禮儀的簡化趨勢反映了因爲經濟型態轉變下的社會價值觀和

圖4-5　過去子孫衆多，圍庫錢人數不成問題

消費者殯葬自主需求的變化，同時，社會環境及家庭結構的變化，也使得民衆更加注重個性化、環保、減少不必要的花費及繁文縟節，這種趨勢也推動了殯葬業在服務上及商品上的改革和創新，不過儘管形式上有所簡化，喪禮仍應保留應有的禮儀和心意表達。

第三節　傳統殯葬禮儀的內容

喪禮的基礎內涵，本質是以「人情」爲出發，喪禮的起源來自人子愛親、思親、孝親。喪禮除了透過繁複的儀式處理逝者的遺體及祭祀儀禮，也針對喪親家屬的悲傷做一番處理，希望生死兩安。儒家理想的殯葬禮儀除了著重文化傳承外，尤其重視人文性的喪禮精神，透過殯葬禮儀達到教化民衆的目的（鄭志明、鄧文龍、萬金川，2008）。

以下參考徐福全《臺灣民間傳統喪葬儀節研究》（1999）、尉遲淦《禮儀師與生死尊嚴》（2003）及國立空大《殯葬禮史與禮俗》

（2008）等書籍、探討傳統殯葬禮儀作法：

1.拼廳與搬鋪：傳統習俗須將臨終者從臥室移至大廳，因此須先將大廳做打掃及整理，因此稱爲「搬鋪」及「拚廳」，現今多爲在醫院逝世後返家（**圖4-6**）。

2.遮神、拜腳尾飯、燒魂轎、燒腳尾錢：病人以大廳爲壽終之所，但大廳又爲供奉神明、祖先的地方。爲了怕「見刺」，嚥氣前家人將廳堂上所供奉神明及祖先牌位以紅紙遮蔽之，死後則須在死者的腳前供腳尾飯、燒魂轎及腳尾錢（**圖4-7**）。

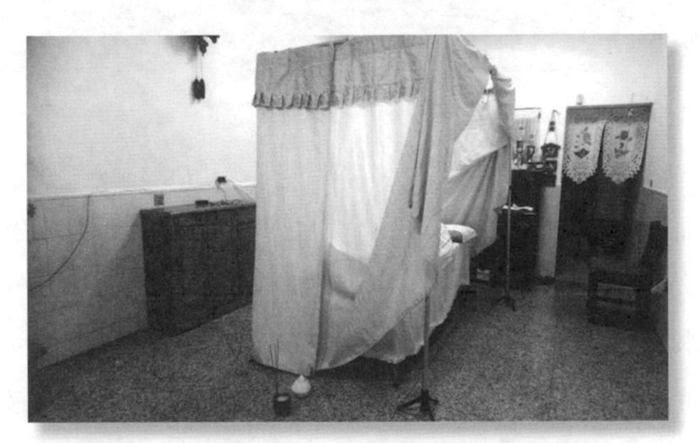

圖4-6　將死者從臥室移至大廳，稱為搬鋪

圖4-7　家屬燒腳尾錢

圖4-8　乞水儀式

3.守鋪：意指親人死後，尚未入殮前，子孫須在其旁守候屍體，以防貓犬侵害。

4.乞水、沐浴、更衣：爲死者擦拭身體前須向水神乞水，過去俗例會前往附近河川，目前皆是以自來水代替，乞水後爲死者進行沐浴；沐浴後隨即穿上壽衣（**圖4-8**）。

5.示喪與貼紅：家有喪事發生，在喪宅門口明顯地方張貼告示，以白紙黑字寫明「嚴制」（父喪）、「慈制」（母喪）或長輩尙在時寫「喪中」。由於治喪期間難免會干擾或影響鄰居，爲敦親睦鄰，將附近鄰居門口貼上一張紅紙，以示吉凶有別，也謂之「掛紅」。

6.報喪、舉哀、哭路頭：將親人死亡的消息告知親戚（夫喪要報知伯、叔、姑；母喪要報知母舅、外家），此稱「報喪」。臨終前會以電話通知催促散居各地子孫及至親趕快返家送終，在家親族盡量不哭出聲以增加其痛苦，此爲「舉哀」。出嫁女兒聞喪自外歸來，半途距喪宅不遠處即匍匐跪下，悲聲哀哭，稱為「哭路頭」。

7.放板、接板：棺木店將棺木運至喪家，此為「放板」；至喪家後由家屬門外跪接，棺木進屋前，頭先進，以便入殮時頭內腳外，此稱為「接板」。接板的習俗主要是表現子女的孝心，對於家中長輩長眠的大厝非常地慎重其事，另一方面子孫在門口接板，也是一種「驗收」工作，在確認公司所送來的「大厝」是否正確。

8.辭生：針對死者做為「生者」階段的最後奠拜，故名「辭生」。辭生須準備飯菜，陳於死者面前，子孫圍在死者身邊，舊時多由道士或土公仔，現多數為禮儀公司的服務人員替死者夾菜，每夾一樣菜，口中便唸一句吉祥話，此為「辭生」。

9.乞手尾：辭生後即進行乞手尾，手尾錢是指死者離開後，留給子孫的錢財（紙鈔或銅板）。會有留手尾錢的習俗，是因為以前的人相信，如果親人在過世以後，還留有餘錢給子孫們，象徵留下財富和福氣，所以有句俗語說道：「放手尾錢，富貴萬年」，意思是財富傳承給子孫、保佑子孫富貴萬年（**圖4-9**）。

10.入殮打桶：依地理師擇吉日良時，將大體安放於棺內，俗稱「入木」。並以銀紙安置固定大體，左腳踏蓮花金、右腳採蓮花銀，棺木內放置數套死者生前所穿衣物（**圖4-10**）。因舊時認為往陰間之路途艱辛，在棺木中也會放置手帕、扇子、梳子、鏡子、桃

圖4-9　乞手尾儀式

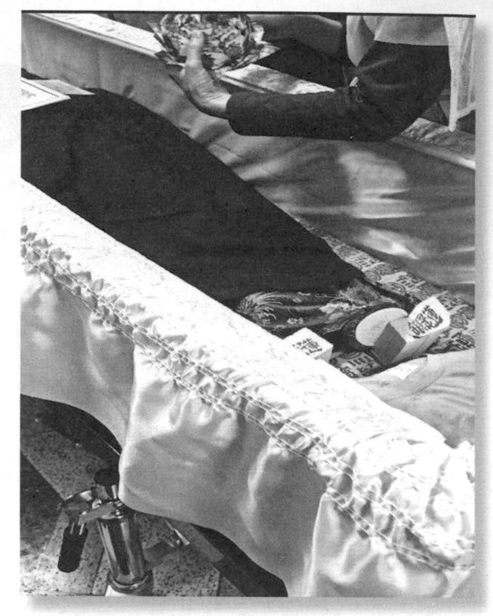

圖4-10　入殮儀式

圖4-11　搭設靈堂

枝、過山褲等，安置後再經子孫親友瞻仰遺容，隨即蓋棺。殮前曰「棺」；殮後曰「柩」。

11.豎靈：以棺圍將靈柩遮掩、搭設三寶架靈堂（**圖4-11**）、設置遺像，同時將死者的衣服鞋襪、盥洗用具置靈堂側面，供奉神主牌（魂帛），擺放桌頭嫺、鮮花，設香爐、果品，豎靈後家屬須每日拜飯及為亡者更換盥洗用品。

12.守靈：意指親人死後，尚未入殮前，子孫須在其旁守候屍體，以防貓犬侵害。

13.孝服、帶孝：喪事所用布料以白布為最多，亦必須有麻、苧、藍、黃、紅等以供製作五服之用，同時亦也須配戴孝誌。

14.做七儀式：相傳頭七儀式亡者魂魄會回到熟悉的家來巡視子孫，儀式進行之中在道士引魂之後，在接近「夜子時」之前會引導媳婦、女兒跪在靈位前「做孝」，由孝眷先悲傷哭泣，思念亡者對家庭的照顧，讓亡者魂回家看子孫時，知道已經死亡了。整個過程在晚上十一時十五分之後，即為第七天死亡的日子，始得圓滿。家屬得以繼續守靈陪伴亡者，所拜的湯圓不能收起來，需放至天亮（**圖4-12**）。

15.做功德：做功德目的是爲了讓亡者到另一個世界能消災解厄、去除罪業，不再受累世因果業所苦。民間的通俗信仰認爲作功德法事可超渡亡靈，使其免墜地獄受刑苦痛。一般喪家在亡者出殯的前一晚或數晚，延請宗教師爲亡者舉行超渡與供養功德法會，以亡者名義施行功德，爲亡者贖生前罪業，得大解脫。目前都會區以藥懺功德爲最常見（**圖4-13**）。

圖4-12　做七儀式

圖4-13　藥懺功德

16.家公奠禮：家奠是由家屬和親戚參與的儀式，孝眷一律穿著孝服參與，流程由司儀主持，按照輩分進行奠弔，目的在於向亡者表達思念與道別。公奠則是由企業團體、公家機關、政治人物等參與的儀式。奠禮最後的儀式為自由拈香，包括個人代表、街坊鄰居、隨後才趕來的親友，通常會由禮生引導拈香之人員，兩位橫向一排，依序至靈案桌前先行向遺像行鞠躬禮，趨前一步單手持拈香粉舉眉齊，置入拈香爐中，後退一步再向遺像行鞠躬禮，禮畢之後由兩側家屬分別答禮致感謝之意（**圖4-14**）。

17.封釘：昔人多在大殮時即請叔伯（父喪）或母舅（母喪）來進行封釘儀式，封釘用品以圓托盤內放一支繫紅布斧頭，同「福」音之意，代表福氣萬年，繫紅布小釘一支（子孫釘），一塊紅布讓封釘主官披肩表示吉利，紅包金額雙數兩份（習俗上封釘官金額高過副釘說吉祥話人員），由副釘人員（宗教師、司儀或禮儀師）引導一位孝男代表跪請封釘者進行儀式（**圖4-15**）。

圖4-14　奠禮流程中的拈香儀式

18.旋棺：家屬跪謝封釘長輩之後，隨即起身由宗教師誦經後引導家屬繞棺三匝謂之「旋棺」，代表依依不捨之意（**圖4-16**）。

19.發引出殯辭客：奠禮儀式後將靈柩送至墓地或火葬場的動作稱爲「發引」。如果是土葬，靈柩發引之前所有家屬退至一邊，由抬棺工人將麻索綑綁棺頭、棺尾，持短木桿置於麻索間隙絞棺，俗稱「絞大龍」、「絞柩」。若是採取火化，則使用棺車將靈柩推至靈車後方，由禮儀人員將靈柩抬至靈車上前往火化場。靈柩上車後，送葬隊伍在步行一段距離後，由禮儀人員引

圖4-15　封釘儀式

圖4-16　旋棺儀式

導孝眷向後跪拜送行的親友，稱之爲辭客（**圖4-17**）。

圖4-17 辭客

20.壓棺位：出殯的地點若是在自宅，在出殯日當天棺木移出大廳之後，家屬會用腳踢倒置放棺柩之棺椅，並且潑水在地上，請「顧房」親家來幫忙打掃，清掃時要唸吉祥語：「掃帚掃出門，千災萬禍盡消除，掃帚掃進來，房房添丁又發財」。清掃完畢，將水桶內裝置「壓棺位物品」（**圖4-18**），由於各地禮俗有差異，所以壓棺位的物品也各有差異。

圖4-18　壓棺位用品

21.土葬、火化：過去多以土葬爲主，國人對於土葬最重視的就是下葬的時刻，發引至墓地時，一般都會離下葬的時辰一小時左右，到達墓地後，將靈柩暫放墓穴旁，並由宗教師或地理師帶領家屬進行儀式，家屬跪哭訣別後，由棺木工人「放栓」後，合力下柩入壙，再定方位分金，經孝子確認方位無誤後，即行掩土。掩土成塚，上植草皮，而後豎墓碑、立后土，並於祭拜后土、點主後，陳列祭品祭拜亡者（**圖4-19**）。

圖4-19　土葬

22.返主：埋葬畢或火化儀式結束後，由宗教師引領神主返家進行安奉儀式（**圖4-20**）。

22.過火洗淨：送葬親人返回家中前，準備淨水一盆，讓所有參與喪禮的孝眷及親友洗淨，淨水內會放入燒化成灰的淨符，在潔淨儀式後，代表喪禮結束（**圖4-21**）。

圖4-20　返主儀式

圖4-21　過火洗淨

傳統殯葬禮儀反映了臺灣社會長期面對死亡時所累積的行爲模式、規範或慣例，展現了人們在面對死亡時所採取的方式、價値觀念和信仰觀念，是社會文化的一部分。然而隨著社會風氣開放，過去被視爲禁忌和敏感的死亡話題，也開始被人們探討和討論，開始反思繁文縟節下的殯葬習俗是否有革新的必要，習俗是來服務喪親家屬的，必須以人性化爲出發點，當習俗已不再被多數人接受，不符合時代，那麼這樣的傳統殯葬習俗便會被時代淘汰。

第四節　殯葬禮儀的客製化與個性化

長期以來殯葬服務業一直被視爲高勞動力密集及低效率的產業，此外，死亡的禁忌也讓過去的人們對於殯葬業所提供的服務不敢有所要求，只希望在治喪過程中別得罪業者，否則萬一被終止服務，那親人的後事怎麼辦呢？然而，隨著社會風氣開放，消費意識抬頭，生活品質的提升，衍生出對各種不同服務的需求，使得單純的服務已無法滿足消費者的期待，殯葬業身處這個時代也面對一樣的問題，當家屬可以透過網路搜尋到所有的資訊時，殯葬業已然退去當初的神秘感，消費者也不再是任業者宰割的肥羊，除了價格的透明外，消費者也開始對親人的喪禮有了更多的想法，傳統的服務手法已不能滿足消費者，也無法提高利潤，這使得殯葬業不得不思考「客製化」與「個性化」服務的重要性。

客製化和個性化是兩個相關但有所不同的概念。客製化通常指根據客戶的具體需求和要求，訂製製作符合其特定要求的產品或服務。這意味著根據客戶的指示和要求進行設計和製造，以滿足其個別需求。客製化通常更加具體和細緻，涉及到對產品或服務的各個方面進行調整和改變。個性化則強調根據個人的偏好、風格或需求，爲其提供符合其個人特色的產品或服務。個性化更加注重對個人喜好和個性的體現，通常是在現有產品或服務基礎上進行調整和訂製，以使其更貼近個人的喜好和需求。

企業在提供創新服務時，一般會選擇兩種創新策略，即「標準化服務」或「客製化服務」。標準化服務乃考慮最多顧客之需求，以常態分配設計標準規格之系列服務，例如市面上銷售的生前殯葬服務定型化契約（生前契約）即是屬於標準化服務（依照《消費者保護法》第2條第7款規定，是指企業經營者為與多數消費者訂立同類契約之用，所提出預先擬定之契約條款）；而客製化服務則是針對各別的個體特有的屬性或是行為，創造特有的價值與功能之服務。

每個人都喜歡被重視與暖心款待，尤其是喪親家屬，在面臨人生最大的失落時，殯葬業比起任何服務業都更需要提供貼心的服務，因此殯葬業應該思考如何將這樣的感受運用到客戶服務策略，而「個人化和客製化」正是最完美的體現——透過客戶回饋、持續瞭解客戶與運用數據分析，企業能夠為每個家庭打造專屬的體驗。在現今科技快速更新的時代，消費者開始理解到商品最大的價值，不再是商品本身，而是使用者體驗，也就是指一個人使用特定產品或系統或服務時的行為、情緒與態度。因此也可以視為一個人對於特定產品或系統的主觀感受與主觀想法。這個服務價值才是帶動消費者購買該產品，或者繼續支持該產品的眞正力量。因此企業在因應市場需求改變時，逐漸朝向提升客戶使用感受的角度來做創新服務。殯葬服務業重視的是「情緒體驗」，在體驗經濟時代，消費者的情緒體驗已成為服務業重要的競爭優勢。透過創新的服務方式和注重顧客感受，殯葬業可以提升附加價值，滿足消費者的心理需求，建立長期的顧客忠誠度。

殯葬禮儀的客製化是指根據個人或家庭的需求和偏好，訂製化殯葬服務和禮儀，以符合個人化和獨特性的要求。客製化殯葬禮儀的趨勢反映了人們對個性化和尊重個人意願的追求，希望在喪葬過程中展現逝者或家屬的獨特特色。

殯葬流程可以通過以下方式進行客製化與個性化：

一、個人化奠禮流程安排

治喪協調是禮儀師與家屬針對親人的喪禮流程做意見的溝通交換，禮儀師此時可以先做資訊的蒐集，例如家屬的經濟狀況、對喪葬流程的想法、與死者的情感關係、死者的相關背景等，再根據所蒐集的資料與家屬的想法來提出建議方案，這些方案包括了特定主題（例如音樂會或追思會）、法事規劃、音樂、花卉、布置風格等，使葬禮更具個性化。

圖4-22是治喪協調時，逝者的父母提到女兒非常喜愛史迪奇，家裏臥室除了史迪奇布偶外，使用的袋子、飾品也都是史迪奇周邊商品，在初步蒐集到資訊後，禮儀師即向公司回報此資訊，公司在經過

圖4-22　追思會場以史迪奇風格為主題

開會討論後，定調將奠禮會場布置爲史迪奇風格，並建議家屬將回禮的毛巾改爲史迪奇周邊商品，同時父母也提到，由於女兒房間有好幾十個史迪奇布偶，不知道該如何處理，禮儀師也建議可以留下幾隻作爲紀念，其餘的帶來會場與布置結合，奠禮結束後讓來參與的親友帶回。

治喪協調時，子女提到父親身爲企業家，個性海派豪爽，尤其酒量特別好，在住院時，竟然告訴女兒，好久沒喝酒了，可不可以幫他買一瓶啤酒解解饞。女兒拗不過父親的要求，買了一瓶啤酒回來讓父親享用，女兒回憶道，「當父親喝下第一口酒時，臉上露出久違的笑容」，於是禮儀師的客製化方案建議爲：請家屬準備一張父親喝酒時的相片做爲會場布置的主要大圖，另外也建議可以安排一個橋段，在致謝詞時，由子女代替父親舉杯向來參加奠禮的親友敬酒並道別，家屬後來接受了建議，禮儀師也透過酒商準備了五十瓶的小罐裝威士忌（**圖4-23**），提供給奠禮當日的親友，敬酒的流程讓許多親友來賓掉淚

圖4-23　奠禮當日禮儀師幫家屬準備的小罐裝威士忌

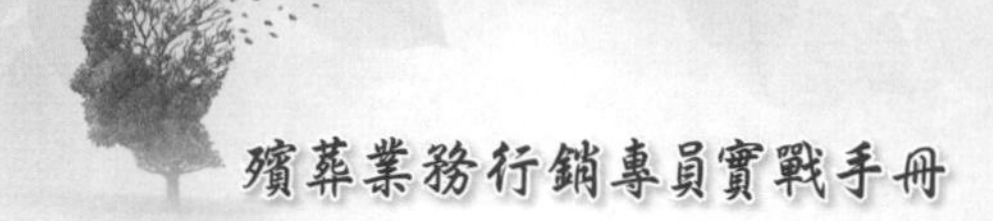

感動不已。

客製化的奠禮流程經常需要禮儀師與家屬的腦力激盪，目的在於呈現不同於傳統告別式的家公奠流程。以下的案例即是家屬提到由於逝者年輕，平時熱衷從事社會運動，交遊廣闊，希望奠禮流程不要太過制式，禮儀師除了提供相關資料外，還特別提醒家屬既然想選擇跳脫傳統的流程，就需要在親屬間取得共識，尤其父母還在，要經過長輩的同意再進行。在取得所有家人及長輩的同意後，花了不少時間在規劃以追思會的形式來進行告別式，**圖4-24**即是告別式當天的流程，由逝者所屬的合唱團獻唱，再分別由逝者的師長、同學上臺述說與其相處的點滴，最後，家屬上臺致謝後圓滿整場追思會。

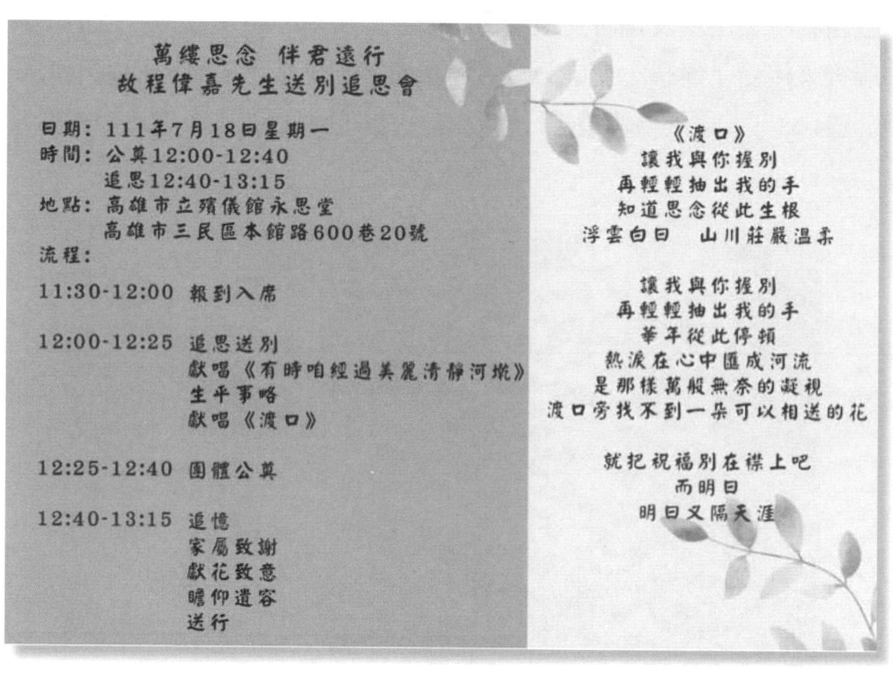

萬縷思念　伴君遠行
故程偉嘉先生送別追思會

日期：111年7月18日星期一
時間：公奠12:00-12:40
追思12:40-13:15
地點：高雄市立殯儀館永思堂
高雄市三民區本館路600巷20號
流程：

11:30-12:00　報到入席

12:00-12:25　追思送別
獻唱《有時咱經過美麗清靜河墘》
生平事略
獻唱《渡口》

12:25-12:40　團體公奠

12:40-13:15　追憶
家屬致謝
獻花致意
瞻仰遺容
送行

《渡口》
讓我與你握別
再輕輕抽出我的手
知道思念從此生根
浮雲白日　山川莊嚴溫柔

讓我與你握別
再輕輕抽出我的手
華年從此停頓
熱淚在心中匯成河流
是那樣萬般無奈的凝視
渡口旁找不到一朵可以相送的花

就把祝福別在襟上吧
而明日
明日又隔天涯

圖4-24　客製化的追思流程

二、客製化紀念品

個人化紀念商品是指根據個人需求和偏好設計製作的紀念品，用於紀念逝者或其事蹟。這些商品通常具有獨特的設計和個性化的元素，讓家屬及親友能夠以特殊的方式紀念逝者或珍藏重要時刻，這些個人化紀念商品可以幫助家屬和親友在悲傷時期找到安慰和支持，同時也能夠紀念逝者的生命和價值。通過設計和客製化這些紀念商品，人們可以以獨特而有意義的方式表達對逝者的思念。提供製作個人化紀念品的服務，如人偶、照片冊、紀念小物等。

治喪協調時，家屬提到父親在母親49歲時過世，整整兩年母親以淚洗面，原本經營紡織貿易的公司也因而停業，51歲時，因緣際會開始習畫，陸續在國內外辦過多次個展，獲獎無數，並投身公益文化。近幾年來都與政府單位合作，陸續捐贈了數千件自己彩繪的衣物，以及絲巾與抱枕等飾品，提供愛心義賣，爲獨居老人圍爐活動募款。家屬表示爲了讓親友都可以擁有母親的畫作，希望在奠禮會場提供以母親的牡丹畫作所製作的資料冊供親友索取（**圖4-25**）。當禮儀師接收到逝者的背景時，也提出讓家屬挑選幾副作品懸掛於奠禮會場的建議（**圖4-26**），家屬表示非常贊同。

圖4-25　家屬將母親的畫作製作成資料冊供親友索取

另外一個案例，逝者爲大學教授，不但治學嚴謹，教學認眞，同時寫得一手好

圖4-26　將逝者的畫作懸掛於告別式會場

書法，家屬也將父親的每一幅墨寶都掃描成電子檔存放於電腦中，治喪協調時，禮儀師便建議家屬可以選幾幅墨寶製作成明信片或書卡，供親友索取，不但非常有紀念價值，同時又可以達成一場簡單隆重又充滿文青氣息的告別儀式。後來家屬除了製作成明信片外，又將墨寶製作成扇子（**圖4-27**），告別式當天，親友看到逝者的墨寶皆愛不釋手，將其索取一空。

三、個性化奠禮會場布置

現代社會多數人受到多元文化刺激，無論各行各業，皆發展出衆多且獨特的個人化商品，喪葬禮俗亦無法避免，個性化告別式之應用是需要營造逝者生前特質、職業背景、興趣愛好之意象事物，讓與會親友達到追思的效果。廖明昭（2008）指出，現代社會的喪禮講究個人化特色，告別式的呈現是以展現個人獨特風格的方式，講究個人化的特色，表現出不同於一般傳統喪禮的差異化現象，爲的就是替逝者

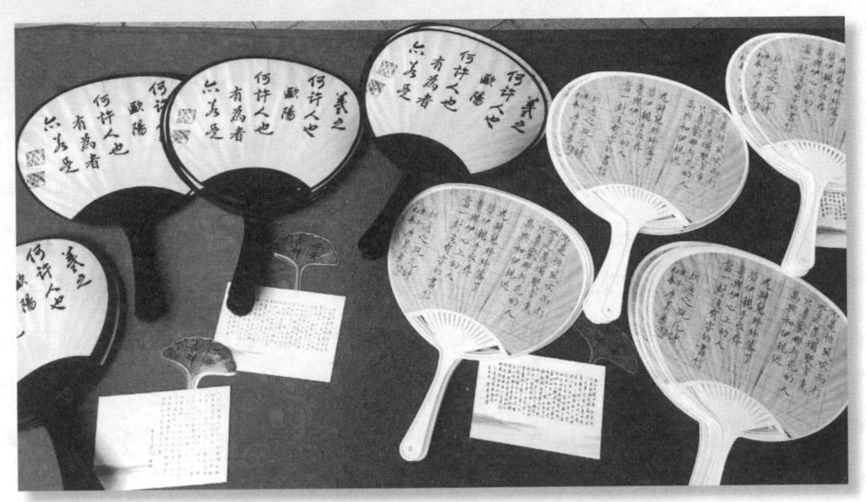

圖4-27　將逝者的墨寶製作成扇子及明信片

在生命的盡頭刻劃下不一樣的句點，這就是「個性化告別式」。

個性化告別式設計的內容，需要與家屬不斷地溝通協調，透過蒐集亡者的背景資料，再由設計者運用生動感性的說故事方式，深入淺出地敘說亡者的生命故事，讓家屬從中深入理解往生者的一生，會場設計的理念在於帶動家屬更深層的情感，及回憶與亡者相處的重要時刻。規劃與設計一場讓客戶滿意的個性化告別式，便能在心靈上獲得滿足，悲傷便得以獲得撫慰（何冠妤，2022）。

會場布置向來是家屬與殯葬業者最重視的環節，如果以大型禮廳（甲級廳以上）爲例，甚至需要兩天以上的布置時間，其所耗費的人力物力極爲龐大，動用到大型吊車、發電機、十幾位插花老師及幾十位的硬體布置人員都是常見的狀況。殯葬服務的趨勢，逐步轉移到以治喪者爲中心，使得殯葬服務態度與流程更應關注治喪者的體驗與需求。殯葬服務內容趨向豐富多元，並且通過發現需求、創造需求、滿足需求，在做好殯葬基本服務的同時，努力向基本服務產品的兩頭延伸，拉長產品線，更進而注入美學專業，提供出色服務及超越客戶期望之外產品的魅力服務。

下列例子是高雄某企業家的追思會場，逝者事業經營有成，平時最喜愛的興趣便是攝影，由於事業體龐大、人脈豐沛，因此會場的布置及流程便成爲家屬的重點。在幾次的協調會後，將奠禮的主軸訂爲音樂追思會，同時禮儀公司協助設計及製作邀請函（**圖4-28**），會場採用簡約素雅的設計，將主題回歸到逝者身上（**圖4-29**），同時簽到處也運用現代科技，來賓掃描QR Code方式來進行報到（**圖4-30**），以方便統計人數，會場中展示了逝者的攝影作品及器材（**圖4-31**），並且提供參與的來賓索取，不但完成先人的願望，讓更多人欣賞其作品，也佩服他在經營企業外的攝影專業。

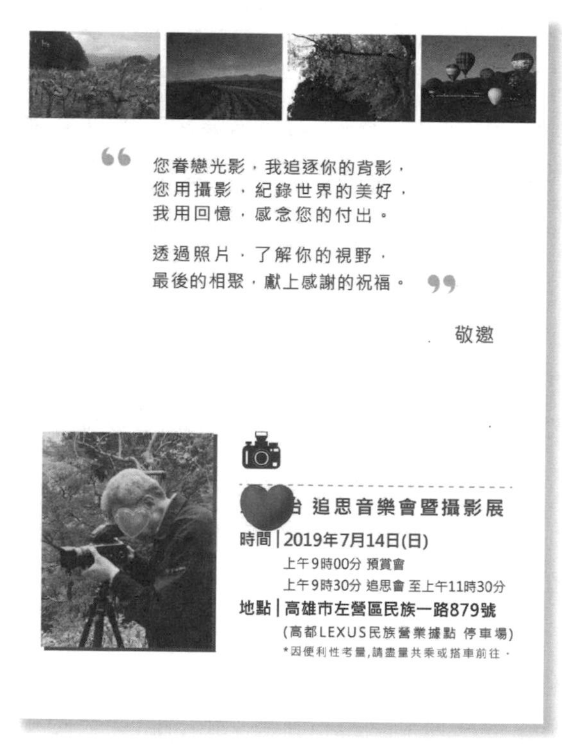

圖4-28 禮儀公司設計的追思會邀請卡

圖4-29　採用簡約素雅的布置，將主題回到逝者身上

圖4-30　運用QR Code作為追思會的線上報到

圖4-31　會場展出逝者攝影作品，並提供親友來賓索取

客製化需求在殯葬業中越來越常見，這種趨勢反映了消費者對個性化和獨特性的追求，而個性化最常表現在告別式的會場布置及殯葬流程。過去到殯儀館參加告別式經常看到的15吋放大照，如今已開始被生活照、人形立牌及合成大圖所取代，這些做法都是希望在喪葬禮儀中展現逝者的特色。另外我們提到的客製化流程，即代表在某種程度需要跳脫傳統框架，例如逝者沒有任何宗教信仰時，過去的禮儀人員總會要家屬在佛教或道教中擇一，導致家屬感到莫名其妙，現代的家屬提出不需要宗教時，禮儀師則會請家屬說明想法，再給予分析建議，最後協助家屬來圓滿。

客製化顯示了傳統的殯葬習俗不再能限制家屬及殯葬業者，家屬如何透過喪禮來表達對親人的思念與呈現逝者希望的告別方式，而殯葬業者如何迎合體驗經濟的消費時代，規劃設計一場能撫慰人心的奠禮，以達到生死兩相安，將是未來創新服務的主軸。

參考文獻

書籍

徐福全，《臺灣民間傳統喪葬儀節研究》，臺北：徐福全，1999年。

尉遲淦，《禮儀師與生死尊嚴》，臺北：五南圖書出版股份有限公司，2003年。

鄭志明，《殯葬文化學》，臺北：國立空中大學，2007年。

鄭志明、鄧文龍、萬金川，《殯葬歷史與禮俗》，臺北：國立空中大學，2008年。

Van Gennep, A. (1960 [1909]). *The Rites of Passage* (trans. Vizedom MB, Caffee GL). London: Routledge.

學位論文

何冠妤，《創意告別美學在臺灣奠禮會場的應用研究》，屏東縣：大仁科技大學多媒體設計系碩士論文，2022年。

廖明昭，《個性化告別式之研究——以大臺北地區為例》，嘉義縣：南華大學生死學研究所碩士論文，2008年。

網路資料

力人心理治療所，〈如何面對哀傷失落情緒？〉，取自：https://www.lijen.net/post/grief011。

臺南市殯葬服務資訊網，https://mort.tainan.gov.tw/Document_Content.aspx?pid=12&id=5。

內政部統計處，「112年12月戶口統計」，2024年，取自：https://www.moi.gov.tw/News_Content.aspx?n=9&s=312388。

其他

內政部統計處，「110年第14週內政統計通報」，臺北市：內政部，2021年。

徐福全，〈殯葬服務趨勢及發展(一)——時空壓縮下的喪葬習俗〉，內政部108年禮儀師專業教育訓練講義，2019年。

5.

殯葬服務定型化契約

許博雄

- 導論
- 殯葬服務定型化契約出現背景
- 殯葬服務定型化契約功能
- 殯葬服務定型化契約法律規範（實務說明）
- 結論與建議

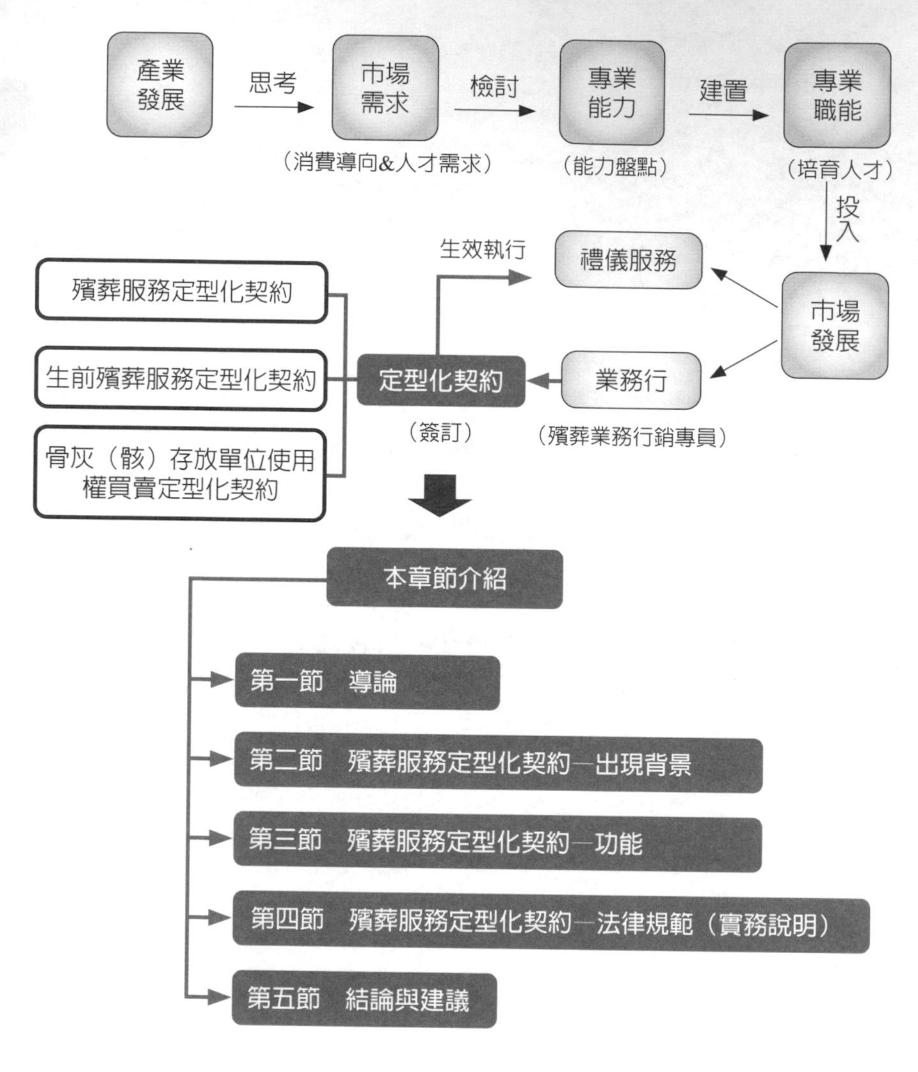

圖5-1　本章節發展流程圖

資料來源：筆者自行研究彙整[1]。

---

[1] 因本書定名爲《殯葬業務行銷專員實戰手冊》，故筆者以產業發展角度，繪製本章節發展流程，讓讀者瞭解擔任「殯葬業務行銷專員」必須熟知「定型化契約」相關知識後，才能應用於實務發展，更明確該「角色扮演」應備之相關專業職能。

第一節　導論

臺灣社會歷經傳統化、現代化、多元化，直到目前面對科技網絡時代（**圖5-2**）。期間，就社會大眾面對死亡的態度而言，從早期的忌諱到後來的面對，從面對到參與討論，從討論到自有想法等過程，顯示社會大眾思想，係隨環境改變而能自我調整，包含如何看待別人死亡的議題，也能思考自己如何規劃與安排未來死亡的喪葬處理[2]。這在在顯示我們國人隨時代趨勢發展，不但追求生活品質，也關切家人與

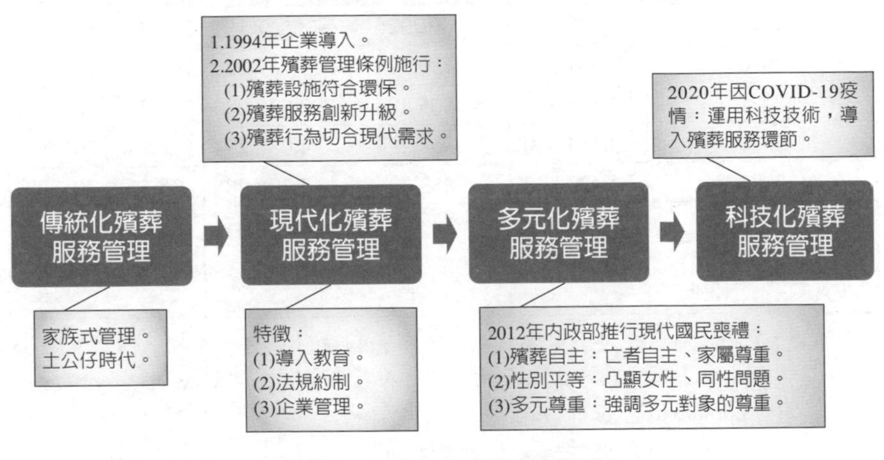

圖5-2　臺灣殯葬服務發展軌跡

資料來源：參考哥斯大黎加聖荷西大學殯葬管理研究所講義[3]。

---

[2] 從內政部公布：「截至2023年底，全國環保葬已服務超過14萬名，及全國有12市縣自2001年至2023年底止，已辦理海葬服務3,815位」等資訊，其數據已呈現國人對喪葬禮俗看法的改變。https://mort.moi.gov.tw/#/News/?id=3589，最後瀏覽日期：2024年3月26日。

[3] 許博雄，〈殯葬管理專題〉，碩士班課程講義（哥斯大黎加聖荷西大學殯葬事業管理學系研究所，2023年11月），頁7。

自身未來對死亡及後事處理品質的期待[4]。這證明國人在思想上的突破，而將其實踐在實際需求中。所以，殯葬主管機關也隨時代趨勢發展，將「殯葬自主」列為我國發展現代國民喪禮的主軸之一[5]。而「生前契約」是目前國人呈現「殯葬自主」最簡單的方式之一。

觀察當前國內「生前契約」得以發展之理由如下（**表5-1**）：

表5-1　我國近五年全國人口總數、國民平均所得、65歲以上人口數、出生人數、死亡人數統計表

製表日期：2024年3月27日

區分／數據／年度	全國人口總數	國民平均所得（新臺幣：元）	65歲以上人口數	出生人數	死亡人數
2019	23,603,121	691,326	3,607,127	177,767	176,296
2020	23,561,236	730,744	3,787,315	165,249	173,156
2021	23,375,314	805,883	3,939,033	153,820	183,732
2022	23,264,640	838,294	4,085,793	138,986	207,230
2023	24,420,442	853,306	4,296,985	135,571	205,368
平均	23,644,951	783,911	3,943,251	154,279	189,156
平均數占全國人口總數比例			16.68%	0.65%	0.8%

資料來源：1.內政部户政司全球資訊網，歷年全國統計資料（全國人口總數、65歲以上人口數、出生人數、死亡人數），https://www.ris.gov.tw/app/portal/346。

2.中華民國統計資訊網，國民平均所得，https://www.stat.gov.tw/cp.aspx?n=2674。

3.最後瀏覽日期：2024年3月27日。

---

[4] 從內政部公布：「截至2023年8月底，全國銷售合法生前契約達40萬餘件」之數據，瞭解國人對殯葬事務主動安排的期待，有別於早期對喪葬的忌諱。https://mort.moi.gov. tw/d_upload_dca/cms/file/58844f2c-7a97-4ac6-a5e2-11bc5ec794e8.pdf，最後瀏覽日期：2024年3月26日。

[5] 內政部，〈平等自主 慎終追遠—現代國民喪禮〉（臺北市：內政部，2016年6月修訂版），頁3-5。

1.減緩消費者經濟壓力：我國目前死亡人口數及老年人口數均逐年攀升，平均餘命延長；另外，出生人數則逐年下降，也因此造成勞動人口正面對扶老扶幼之經濟壓力負擔過重[6]。如能提早規劃購買「生前契約」，或許對經濟所得不高的家庭而言，未來將不受通膨所造成突然事件產生之經濟負擔影響。

2.面對防不勝防之意外：臺灣近二十年發生多起重大意外事故，包含震災、土石流掩埋、空難、火車出軌、病毒感染等集體罹難事件，及個別交通意外事故等不幸死亡事件，讓罹難者家屬無法面對，更不能接受突如其來之打擊。所以生命可能隨時終止，我們都必須隨時做好準備[7]，這也是對家（親）人負責任的態度。

3.市場對生前契約好感：經內政部委託調查：「考慮購買生前契約者，從2006年的17.5%上升到2017年的52.5%，增加35%」[8]。既然消費者對生前契約具高度好感，則對市場行銷「生前契約」相對是莫大助力。

4.業務人員行銷空間大：截至2023年8月底，全國銷售「合法生前

---

[6] 根據國家發展委員會人口推估查詢系統2022年8月公布「中華民國2022年至2070年人口推估」報告中指出：「2020年至2070年相關數據：(1)「死亡人數」從17萬餘人逐年攀升逾31萬人。(2)「勞動人口數（15-64歲）」從1,600萬餘人逐年遞減至776萬餘人。(3)「老年人口數（65歲以上）」從379萬餘人逐年攀升至708萬餘人，其男性平均餘命從78.1歲延長到84.7歲，女性則從84.7歲延長到91.4歲。(4)「扶養比」過重，從2022年每百位勞動人口數扶養42.2人（0-14歲、65歲以上），攀升至2070年扶養109.1人。https://pop-proj.ndc.gov.tw/Custom_Fast_Search. aspx ?n=7&sms=0，最後瀏覽日期：2024年3月28日。

[7] 劉翔平，〈尋找生命的意義——弗蘭克的意義治療學說〉（臺北市：貓頭鷹出版，2001年1月初版），頁84。

[8] 內政部委託研究報告，《我國殯葬消費行爲調查研究》（臺北市：內政部，2017年11月），頁265。

契約」達四十萬餘件[9]，其數量概等於我國近二年（2022、2023年）死亡人數總和，僅約占近五年全國人口均數比達1.7%；然就近五年65歲以上高齡人口均數而言，卻只占其10.14%，顯見現行生前契約發展空間極大。

5.所得足購該生前契約：經內政部委託調查：「2017年國人治喪總費用約近25萬元」[10]。因此，從國人近五年平均所得達783,911元來看，購買生前契約應不影響家庭經濟負擔。

綜合以上觀察，「生前契約」行銷空間確實極大，而行銷人員如何能掌握銷售契機，其重點之一便是檢視自身所具備之專業能力是否能滿足市場需求（**圖5-1**）。因此，本章談論重點，主要以發展「生前殯葬服務定型化契約」（簡稱「生前契約」）爲主，也是符合目前「生前契約」市場發展需求；而以「殯葬服務定型化契約」（簡稱「即用型契約」）、「骨灰（骸）存放單位使用權買賣定型化契約」（簡稱「塔位契約」）爲輔[11]，但三種契約在行銷過程密不可分，例如：業務行銷專員與消費者洽談殯葬禮儀服務內容時，雖然所持生前殯葬服務定型化契約之內容已是公司制（固）定，但業務行銷專員是否已完全瞭解該分契約內容之規劃設計意義爲何？該契約內容所涉及使用之殯葬設施是否適切？如不符當下消費者需求（可能是禮儀部分，也可能是設施部分），則業務行銷專員該如何應對？再則，「生前殯葬服務定型化契約」係屬非立即使用之契約，無法明確契約何時生效啓用，如何能排除消費者質疑發行契約之公司能穩定經營發展，

---

[9] 同註3。

[10] 同註8，266頁。

[11] 「生前殯葬服務定型化契約」及「殯葬服務定型化契約」是官方統一規範名稱，而在市場上分別簡稱「生前契約」及「現貨件」。但「現貨件」形同貨品交易，不適合用於殯葬服務稱之，故輔英科技大學從2020年起，在殯葬課程教學上，將「現貨件」改稱爲「即用型契約」較爲貼切。

確保消費者權益？這都是在考驗業務行銷專員之專業能力。故今藉此章節內容介紹，讓從事殯葬業務之行銷專員，瞭解在與消費者溝通前，檢視本身是否已具備「熟知且能運用」該定型化契約之專業能力（**圖5-3**），並能滿足消費者在當下瞭解該定型化契約的適法性與其自身權益保障，並能隨時檢討及自我充實。

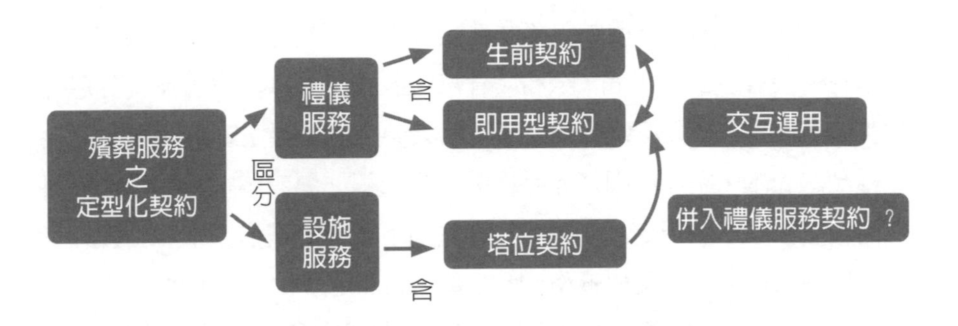

圖5-3 殯葬服務之定型化契約運用流程概念圖

資料來源：筆者自行研究繪製。

第二節　殯葬服務定型化契約出現背景

我國早期「生前契約」是由大型殯葬服務企業約於1994年間導入[12]，原本是項善意的「預占市場」商業發展服務模式，然因發展初期未有專法管理，導致其他不肖業者趁虛詐騙；另外，殯葬設施業建造靈骨塔初期，對外採以預購方式得以價購便宜塔位，或以招募幹部為由，要求應徵者必須先行銷或自購數個塔位以達定額後，方得任職

12 尉遲淦，〈殯葬創新比較專題〉，博士班課程講義（哥斯大黎加聖荷西大學殯葬事業管理學系研究所，2023年7月）。

該職務。當時類此種種殯葬預占市場的詐騙行為，層出不窮，擾亂社會經濟秩序，也影響社會大眾對整體殯葬服務業抱持負面觀感。

殯葬主管機關為提倡殯葬自主，同時也遏止前揭不肖殯葬服務行銷業者詐騙行為，遂於2002年間，將生前預劃後事安排，納入《殯葬管理條例》規範管理[13]，而後於2006年間，公布「殯葬服務定型化契約」、「生前殯葬服務定型化契約（家用型、自用型）」等三種禮儀服務契約範本[14]，供殯葬禮儀服務業執業參考，並依《殯葬管理條例》規範執行。接著於2012年間，公布「骨灰（骸）存放單位使用權買賣定型化契約」範本[15]，供殯葬設施經營業執業參考。殯葬主管機關規範以上四種契約範本，主要係因殯葬服務業服務過程亦屬商業行為，必須依照《消費者保護法》規定，在平等互惠原則下，遵守誠信原則，並簽訂契約，以確保買賣雙方權利義務，因此產生該「定型化契約」[16]。

由於以上四種殯葬服務相關之定型化契約兼具「服務保障」及「預占市場」功能，因此先期公開預購之相關資訊，即顯得特別重要，殯葬主管機關必須防堵不肖業者因詐騙行為，而影響殯葬服務管理秩序。所以，殯葬主管機關除將合法業者公開於政府網站外，亦將違規違法之案例臚列於官網[17]，提供社會大眾隨時查閱。故歷經幾次

---

[13] 全國法規資料庫，《殯葬管理條例》第49條，https://law.moj.gov.tw/LawClass/LawAll. aspx? pcode=D0020040，最後瀏覽日期：2024年3月27日。

[14] 內政部全國殯葬資訊網，「殯葬服務定型化契約」、「生前殯葬服務定型化契約（家用型、自用型）」等三種契約之應記載及不得記載事項與範本，https://mort.moi.gov.tw/?mibextid=Zxz2cZ#/Regulations/?type=1&typeDetail=2，最後瀏覽日期：2024年3月27日。

[15] 同註14，內政部全國殯葬資訊網，「骨灰（骸）存放單位使用權買賣定型化契約」之應記載及不得記載事項與範本。

[16] 全國法規資料庫，《消保法》第11、12條，https://law.moj.gov.tw/Law/LawSearchLaw.aspx? TY=04001004，最後瀏覽日期：2024年3月27日。

[17] 內政部全國殯葬資訊入口網，生前契約業者查詢，https://mort.moi.gov.tw/?mibextid= Zxz2cZ#/Operators/?type=3，最後瀏覽日期：2024年3月27日。

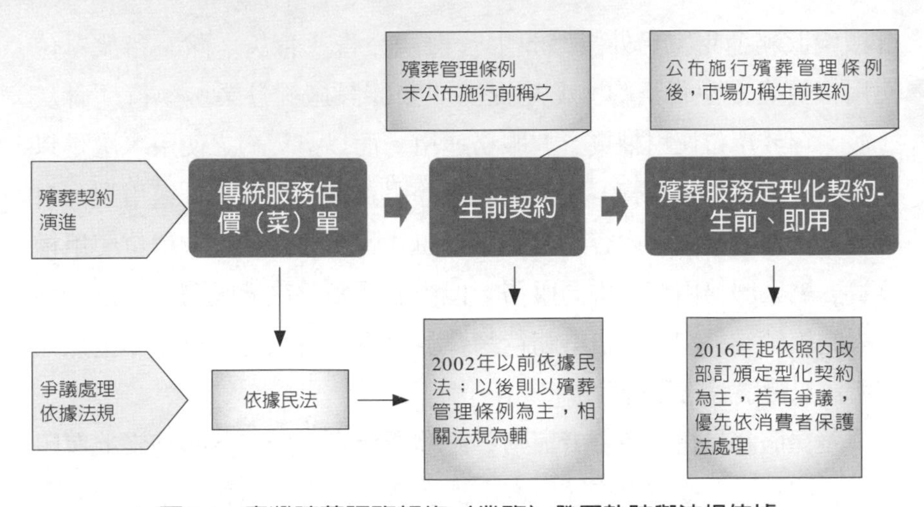

圖5-4　臺灣殯葬服務契約（業務）發展軌跡與法規依據

資料來源：參考哥斯大黎加聖荷西大學殯葬管理研究所講義[18]。

修法，也讓生前契約保障較完善（**圖5-4**）。

第三節　殯葬服務定型化契約功能

一、基本認知──殯葬服務之定型化契約區分與定義

殯葬服務業包含「殯葬禮儀服務業」及「殯葬設施經營業」[19]。而殯葬主管機關公告「殯葬服務定型化契約」及「生前殯葬服務定型化契約（家用型、自用型）」等契約，是提供「殯葬禮儀服務業」執

---

18 同註5，頁8。

19 同註13，第2條。

行禮儀服務運用；另外，殯葬主管機關公告「骨灰（骸）存放單位使用權買賣定型化契約」，是提供「殯葬設施經營業」執行「骨灰（骸）存放單位使用權買賣」服務運用。而以上契約之使用，應是以「殯葬服務定型化契約」及「生前殯葬服務定型化契約（家用型、自用型）」等契約服務內容爲主，並得將「骨灰（骸）存放單位使用權買賣」納入服務內容，併同服務。但由於「殯葬禮儀服務業」及「殯葬設施經營業」均有各自業務行銷專員之發展目標，所以並非全然如前所述以禮儀服務契約爲主。

殯葬服務是指「消費者與殯葬服務業商定所擬殯葬服務條款與服務內容確定後，雙方立約（甲方：消費者、乙方：殯葬服務業者），待指定對象將來死亡後，殯葬服務業則依契約內容對其逕行身後事服務。」[20]所以，凡是簽訂契約均有其服務標的，而殯葬服務的定型化契約之服務標的，當然就是指簽訂契約之雙方所指定之亡者。前述契約之服務標的如下（**表5-2**）：

1.殯葬禮儀服務業：

(1)「殯葬服務定型化契約（即用型）」：本契約係由甲、乙雙方訂定，由乙方提供被服務人之殯葬服務。

(2)「生前殯葬服務定型化契約」：A.家用型：本契約係由甲、乙雙方訂定，於甲方之親屬死亡後，由乙方提供殯葬服務。B.自用型：本契約係由甲、乙雙方訂定，由乙方提供甲方本人死亡後之殯葬服務。

2.殯葬設施經營業：「骨灰（骸）存放單位使用權買賣定型化契約」：本契約之骨灰（骸）存放單位使用權，由乙方出售予甲

---

[20] 同註13。第2條第16款雖指「生前殯葬服務契約」，但筆者從其定義「指當事人約定於一方或其約定之人死亡後，由他方提供殯葬服務之契約」認爲，已含括殯葬服務定型化契約（即用型）。

方，供甲方供奉、存放其所指定人士之骨灰（骸）使用，其契約標的應書明「殯葬主管機關核准該設施啓用文號、該設施座落地點（址）、骨灰（骸）詳細存放位置牌號（樓、區、排、層、號）」等。

以上定義，均屬官方明載於各定型化契約之首條[21]，但殯葬服務公司立於經營面考量，可能大部分殯葬禮儀公司在殯葬禮儀服務之契約設計上，僅運用「即用型及家用型」二種契約件，其中，「家用型」可採轉讓方式提供任何亡者使用，其運用較爲便利，而「即用型」使用上較普遍（附錄：即用型契約）。

表5-2　殯葬服務之定型化契約區分與定義

類別	區分	定義
殯葬禮儀服務業	生前契約（家用型）	本契約係由甲、乙雙方訂定，於甲方之親屬死亡後，由乙方提供殯葬服務。
	生前契約（自用型）	本契約係由甲、乙雙方訂定，由乙方提供甲方本人死亡後之殯葬服務。
	即用型	本契約係由甲、乙雙方訂定，由乙方提供被服務人之殯葬服務。
殯葬設施經營業	塔位契約	本契約之骨灰（骸）存放單位使用權，由乙方出售予甲方，供甲方供奉、存放其所指定人士之骨灰（骸）使用，其契約標的應書明「殯葬主管機關核准該設施啓用文號、該設施座落地點（址）、骨灰（骸）詳細存放位置牌號（樓、區、排、層、號）」等。

21 同註14。

二、殯葬服務定型化契約功能

國人對於死亡禁忌雖較以往改善，但仍有努力空間，因此不論各級學校、民間社團組織及宗教團體等，均運用各種不同方式，嘗試讓國人接受生死問題且有一定程度認知，漸而能規劃自我生死管理，以調整面對自己或親人未來死亡的態度。所以就殯葬業服務立場而言，殯葬服務定型化契約服務內容在規劃設計上，當然就必須存在其一定功能，而契約文字敘述無法完全呈現服務意義，則必須靠「殯葬業務行銷專員」與亡者生前或家屬當面解說，才能有效具體呈現該產品服務價值與意義。其契約功能如下：

(一)安頓亡者、安撫生者[22]

當家人面對親人死亡時，除彼此內心情感受到相當程度之衝擊外，其外在的相關事務突然之間顯得紊亂無序，例如：喪葬處理、遺產問題、家庭生活……等。因此，先期簽訂「生前契約」或「即用型契約」，則禮儀服務專業團隊便能迅速投入，協助家屬處理親人喪葬事宜（**圖5-5**）。因爲在喪禮服務上，家屬得先期與殯葬服務業者商談「喪禮服務客製化設計」問題，讓整場殯葬服務呈現亡者生前風格；另外，該契約提供「殯葬一元化服務」[23]，也就是殯葬禮儀服務業者在喪禮過程，除執行禮儀服務外，也將「葬」的部分納入服務階段（前揭所述「塔位契約」），計劃性地協助家屬安排服務流程，以分擔家屬煩憂之心；同時服務過程所涉及相關費用，也都書明在契

---

[22] 王士峯，《殯葬服務與管理》（新北市：新文京開發出版（股）公司，2011年6月初版），頁201-245。

[23] 同註22，頁186。

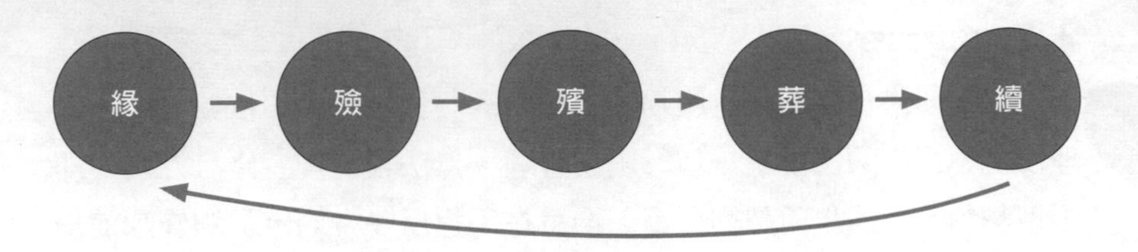

圖5-5　殯葬產業價值鏈

資料來源：王士峯（2011），《殯葬服務與管理》[24]。

約內容，使價格完全透明。如此讓家屬在面對親人死亡當下，透過殯葬服務業者計畫性的協助，讓家屬在治喪期間盡可能有效地減緩因親人死亡所帶給的身心壓力衝擊，也讓亡者遺體得以適處，及其與親人情感得以延續，讓殯葬服務確實達到「安頓亡者、安撫生者」之目的。

(二)服務保障

定型化契約是依據《消費者保護法》擬定契約條款，而且嚴格要求書面之服務內容必須遵照「應記載及不得記載事項」[25]，方便家屬於治喪過程驗證契約內容眞實性，因此當有消費爭議時，很容易辨明錯誤一方，所以簽具定型化契約得明確服務保障。相關保障內容列舉如下：

◆契約轉讓

除了禮儀服務之「即用型契約」因確定短期內將啓動服務而不得轉讓外，另「生前契約」及「塔位契約」均可辦理轉讓，讓簽約之消費者有較大空間運用該契約。

---

[24] 同註22，頁14。

[25] 同註14。

◆修訂服務內容

除了「塔位契約」之服務內容是殯葬設施經營者，依據《殯葬管理條例》及相關法規統一執行服務管理，無法讓消費者修訂外，「即用型契約」、「生前契約」等，均可在不違反雙方約定契約條款前提下，修訂服務內容，例如：

1.「即用型契約」：服務前已簽訂服務內容，得於未啓動服務前增、刪服務內容；如於服務中增加服務項目，經雙方簽字確認後，禮儀服務人員將納入處理；但如果是刪減原訂契約服務項目，雖經雙方簽字確認後，恐會影響原先服務價格，如同飲食套餐與其單點價格差異。
2.「生前契約」：條款明訂定期讓消費者修訂服務內容，但必須在契約總價款不變原則下修訂，因此消費者得隨自己對殯葬服務內容的期待規劃設計，藉由修訂機會導入服務內容；另外如果修訂後總價格超出原訂總價格，則可與契約發行商商討處理方式，滿足消費者殯葬自主期待。

◆退、換貨與退款機制[26]

有關「塔位契約」方面，除了在使用「塔位」前，有發現該櫃位明顯損害問題，與之前簽約時產生明顯差異，則可反映協調處理方式，例如調整櫃位或解除合約；但如果已使用塔位後，始發現問題，則依照原訂契約內容處理。另外，就禮儀服務之契約有關「退、換貨」與「退款」機制，除如下二項共同點外：

1.殯葬禮儀服務公司應於接獲消費者通知被服務人死亡時起，開始提供服務，經消費者催告仍未開始提供服務，或逾四小時未

---

[26] 同註14。

開始提供服務者，消費者得通知殯葬禮儀服務公司解除契約，並要求殯葬禮儀服務公司無條件返還已繳付之全部價款，殯葬禮儀服務公司不得異議。消費者並得向殯葬禮儀服務公司要求契約總價款至少二倍之懲罰性賠償。但無法提供服務之原因非可歸責於殯葬禮儀服務公司者，不在此限。

2.啓動契約服務過程，如有牴觸契約而影響消費權益，消費者得依《消費者保護法》及《民法》規範，終止服務，則殯葬禮儀服務公司或生前契約發行商應在扣除已服務之費用後，退還餘款予消費者。

其餘個別「退、換貨」與「退款」機制說明如後：

1.「即用型契約」：

(1)殯葬禮儀服務公司於提供殯葬服務時，因不可抗力或不可歸責於該公司之事由，導致服務內容所載之殯葬服務項目或商品無法提供時，則可與消費者協調，同意殯葬禮儀服務公司採以同級或等值之商品或服務替代之，或退還消費者扣除相當於該項服務或商品之價款。

(2)契約服務內容所載之服務項目或物品數量，於服務完成後，如有未經使用者，消費者得退還殯葬禮儀服務公司，殯葬禮儀服務公司並扣除相當於該項服務或商品之價款後，「退還餘款」。

(3)前二項退款如有總價與分項總和不符者，該分項退款計算方式應以兩者比例爲之。

2.「生前契約」：

由於生前契約存在通膨風險由發行商自行承擔，及相關行政管理費用等，因此除了「因不可抗力或不可歸責於殯葬禮儀服務公司之事由，致原服務內容所提供之殯葬服務項目或商品無法提供時，殯葬禮儀服務公司應經消費者同意，以同級或等值以上之商品或服務替代」外，非以下特殊狀況，似乎不存在「退、換貨與退款」問題：

(1)該契約自簽訂日起十四日內，消費者得要求解約，生前契約發行商並退還已繳付之全部價款。相反地，逾十四日後，消費者始要求解約，則生前契約發行商得依約定條款處理退款事宜。

(2)消費者應依約分期繳付，惟未按時繳款，經催繳仍未繳，則生前契約發行商得依約定條款處理解約，並退還剩餘款。

(3)契約所指定被服務人如因空難、海難、戰爭或其他不可抗力事件死亡，致殯葬禮儀服務公司無法依本契約提供服務時，生前契約發行商同意無條件終止本契約，並退還消費者已繳付之全部價款。

(4)生前契約發行商經營權移轉時，應通知消費者，消費者得選擇繼續或終止本契約，如消費者選擇終止本契約，生前契約發行商應退還消費者已繳付之全部價款。

(三)小結

臺灣「生前契約」與「塔位契約」的產生，源自於殯葬服務業者之經營考量，欲透過「預占市場」機制，獲取商業利益，而導入殯葬市場發展；另一方面，學界與殯葬主管機關是結合「殯葬自主」與防杜詐騙而影響「殯葬經濟發展」之觀點，將其納入《殯葬管理條例》把關，使市場經濟正向發展。因此歷經幾次修法，其重點仍落在「保障消費權益」外，也重視殯葬服務業者之合法經營權以發展殯葬經濟。

至於「即用型契約」的發展，係因臺灣每年死亡人數中，絕大多數仍是處於事發後，才重視殯葬處理。所以為避免殯葬禮儀服務業者漫天開價而影響消費權益，故殯葬主管機關導入「即用型契約」供市場服務運用。

就整體而言，殯葬消費行為攸關臺灣殯葬產業發展之形象建立，更涉及整體經濟發展秩序，因為殯葬產業必須納入相關周邊產業協助，例如：花卉業、木材業、玉石業、人力仲介業、資訊業、各類設計業、電子音響業、印製業、人工智慧……等百工百業，只要減少消費爭議，讓產業穩定發展，必能減少、甚至消除以往社會大眾對殯葬服務業負面觀感。因此，殯葬服務業只要落實「保障消費權益」，也就能達到「慰亡靈、安生心」目的。

第四節　殯葬服務定型化契約法律規範（實務說明）

殯葬服務定型化之契約主要依據《殯葬管理條例》、《消費者保護法》及相關法規規範，以維持殯葬服務管理之秩序。以下援引二類經常發生之實務現況所涉及法律規範說明之。

一、簽具定型化契約的重要性

殯葬服務的定型化契約是依據《消費者保護法》的立法目的而訂定，因此不論履行殯葬服務之雙方是否簽具定型化契約，均須本著「平等互惠及誠信」原則，凡是服務過程所產生之消費爭議，都將以消費者保護法為依據，優先處理。況且依據《殯葬管理條例》規定，殯葬服務業本應在提供殯葬服務前，即應依法與消費者簽具定型化契約，如若未依法執行，即牴觸法規，殯葬主管機關得依法處理後，再視其無法處理之消費爭議，由消保單位介入處理。另外依據《殯葬管理條例》規定，「殯葬禮儀服務業」是屬「承攬」處理殯葬事宜為業，因此服務過程若有損及消費者（亡者或家屬）權益，消費者得隨時要求終止契約。

(一)相關法規

◆《消費者保護法》

第1條（立法目的）

保護消費者權益，促進國民消費生活安全，提昇國民消費生活品質，特制定本法。

第2條第1項（名詞定義）

第7款　定型化契約條款：指企業經營者為與多數消費者訂立同類契約之用，所提出預先擬定之契約條款。定型化契約條款不限於書面，其以放映字幕、張貼、牌示、網際網路，或其他方法表示者，亦屬之。

第9款　定型化契約：指以企業經營者提出之定型化契約條款作為契約內容之全部或一部而訂立之契約。

第11條（權益保障）

企業經營者在定型化契約中所用之條款，應本平等互惠之原則。定型化契約條款如有疑義時，應為有利於消費者之解釋。

第12條第1項（誠信原則）

定型化契約中之條款違反誠信原則，對消費者顯失公平者，無效。

◆《殯葬管理條例》

第2條第1項（名詞定義）

第15款　殯葬禮儀服務業：指以承攬處理殯葬事宜爲業者。

第49條

1.殯葬服務業就其提供之商品或服務，應與消費者訂定書面契約。書面契約未載明之費用，無請求權；並不得於契約簽訂後，巧立名目，強索增加費用。

2.前項書面契約之格式、內容，中央主管機關應訂定定型化契約範本及其應記載及不得記載事項。

3.殯葬服務業應將中央主管機關訂定之定型化契約書範本公開並印製於收據憑證或交付消費者，除另有約定外，視爲已依第一項規定與消費者訂約。

第88條（罰則）

殯葬服務業違反第49條第1項或第3項規定者，應限期改善；屆期仍未改善者，處新臺幣三萬元以上十五萬元以下罰鍰，並得按次處罰。

◆《民法》

第490條

稱承攬者，謂當事人約定，一方爲他方完成一定之工作，他方俟工作完成，給付報酬之契約。

第492條

承攬人完成工作，應使其具備約定之品質及無減少或滅失價值或不適於通常或約定使用之瑕疵。

第495條

因可歸責於承攬人之事由，致工作發生瑕疵者，定作人除依本法第493、494條之規定，請求修補或解除契約，或請求減少報酬外，並得請求損害賠償。

(二)案例列舉

◆案由

甲方（消費者）委託乙方（殯葬禮儀服務業）辦理殯葬服務，雙方並未依《殯葬管理條例》第49條規定先期簽具定型化契約，僅以乙方備妥之估價單勾選服務品項明細後，雙方簽名確認，乙方即憑該據執行服務。在完成殮、殯階段後，家屬要求骨灰罐暫厝於殯儀館，預備翌日由家屬請回，未料乙方翌日早上巡視發現骨灰罐遺失，經調閱監視器發現係家屬在前晚所爲，原因是逃避殯儀服務費用。經乙方多次聯繫，甲方均不予理會，後來乙方接獲殯儀館通知，指其（乙方）違反法規（未簽具殯葬服務定型化契約），令乙方錯愕、感覺委曲。

◆申訴處理

本案是因甲方刻意逃避殯儀費用，所惡意製造之消費爭議。

案件處理過程：先由殯葬主管機關從中瞭解並協調和解未果，再由消保單位介入處理，最後進入司法程序。期間經官方逐次瞭解結果，係甲方（消費者）惡意所爲。所幸乙方（殯葬禮儀服務業）備妥服務過程之所有資料（如下相關佐證），方使本案維護該業者聲譽，且並未觸法。乙方備妥相關佐證：

1.雙方簽名確認服務品項明細（市場俗稱菜單或估價單）。
2.雙方在服務過程以Line互通之所有訊息截圖（證明雙方意思表達）。
3存證信函（告知甲方觸法行爲並要求出面處理費用佐證）。
4支付命令（乙方請求法院對甲方發出）。

◆涉法說明

乙方雖未依法主動與甲方簽具殯葬服務定型化契約，但依據乙方所提「估價單、通聯記錄之截圖」等資料，證明乙方對甲方在「平等互惠」前提下，完全表示誠信之態度，而甲方在殯葬服務末端，惡意逃避並詆毀乙方服務瑕疵，故乙方於本案結果獲官方支持。

◆建議

臺灣目前有4,883家殯葬禮儀服務業[27]，其中至少70%以上是屬小型企業（俗稱個體戶），而渠等小型企業較習慣採用估價單確認服務，卻疏忽依法完成「簽具定型化契約」之書面文件，也因此常有消費爭議。所以當有消費爭議時，《消費者保護法》第11、12條規定，是判斷雙方問題的首要。

二、生前意願或預囑必須得到尊重？

當臺灣的社團組織廣爲宣導生命（死）教育並落實於學校通識教育時，漸漸地，預立遺囑或捐贈器官、捐贈大體、放棄生命末期之急救意願等，陸續爲社會大眾支持。當然必須依法有據，方能執行後續，否則生命的可貴，將因法源不足而影響社會和諧。最終委由殯葬禮儀服務事業處理殯葬事宜。

(一)相關法規

◆《殯葬管理條例》

第61條

[27] 同註14，最後瀏覽日期：2024年3月30日。

1.成年人且有行為能力者，得於生前就其死亡後之殯葬事宜，預立遺囑或以填具意願書之形式表示之。

2.死者生前曾為前項之遺囑或意願書者，其家屬或承辦其殯葬事宜者應予尊重。

◆生前殯葬服務定型化契約（自用型）

第9條（甲方親友對本契約應予尊重）

為確保本契約之履行，甲方親友對本契約內容應予尊重並應協助配合。契約執行人與甲方親友就本契約履行意見不一致時，以本契約之內容及契約執行人之意見為準。

◆其他法規

成年人、有行為能力、遺囑：《民法》[28]。

意願書：捐贈器官或大體、《安寧緩和醫療條例》、《病人自主權力法》[29]。

(二)案例列舉

◆案由

年逾80歲老翁（甲方）電聯生前契約發行商（乙方），約定日期談妥購買生前契約後，擇日，乙方備妥契約前往，讓甲方在契約上親自填寫個人基本資料，並收取頭期款後，乙方遞給甲方個人名片，即返回公司續辦。數日後，乙方業務行銷人員接獲甲方家屬怒氣來電，

---

[28] 同註16，全國法規資料庫，《民法》所謂「成年人、有行為能力、遺囑」之法規，https://law.moj.gov.tw/LawClass/LawAll.aspx?pcode=B0000001，2024年3月30日。

[29] 同註16，全國法規資料庫，中央法規，行政，衛生福利部，醫事目，https://law.moj.gov.tw/Law/LawSearchLaw.aspx?TY=04012007，2024年3月30日。

要求退費，惟已超過14日，且該契約仍處於公司內部行政作業流程中。

◆乙方處理

由該乙方行銷部門主管偕同該名業務行銷人員，攜帶甲方已繳全部價款及水果禮盒，登門拜訪甲方，並退回全部費用及代表公司致歉。而後過程，雙方相談甚歡，甲方改由80歲老翁之50餘歲兒子簽具契約。

◆案情說明

初期，80歲老翁單獨約見乙方業務人員後，立即簽約。而乙方業務人員未要求年邁老翁讓其子女參與討論簽約事宜。事隔多日，子女發現業務人員名片，似覺詐騙可能，便電聯該公司瞭解，並責怪業務人員怎能與思考能力欠佳的老翁簽約，要求退費。公司主管瞭解全般事情後，教育業務人員警覺性不佳缺失，並立即前往致歉及退回已繳價款。老翁兒子原在氣頭上，因受該公司主管來訪誠意感動，遂主動要求簽具契約。

◆建議

《民法》雖有明確區分「有行爲能力」、「無行爲能力」、「限制行爲能力」等對象，而依據《殯葬管理條例》規定，凡成年人且有行爲能力者，即可爲自己身後事預立遺囑，生前契約亦可視其預囑之一。不過法規雖有明確規範，若從外界角度看，本案老翁應屬具行爲能力者，但從長期生活在一起的子女，看法卻相反。本案乙方若因甲方家屬提出退款要求，而堅持照法規執行收取甲方行政管銷費用（低於總價款的20%），則負面問題將不利乙方，或許持續發酵。畢竟社會是關懷老人家，且立約不到一個月，行政流程尚未完備。因此本案如此處理較圓滿，也算是小小的危機處理、應變得宜。所以業務行銷

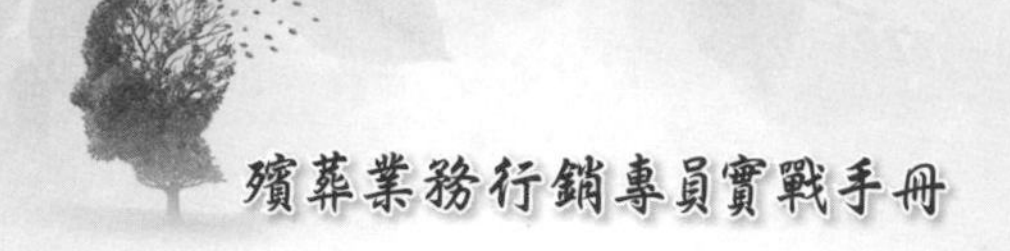

人員面對形形色色各方面人物，其敏感度、警覺性應要強化，才能避免本案情況發生。

三、小結

每一產業發展都有其主要法規依據，殯葬服務產業的首要法規，當然就是《殯葬管理條例》，而殯葬服務產業發展是屬商業行爲，也必然受到《公平交易法》及《消費者保護法》之監督。因此，熟悉該三項法規後，則發展「殯葬服務之定型化契約」是有絕對助益的。

第五節　結論與建議

臺灣早期「殯葬定型化契約」的發展，是以生前契約爲主，陸續也出現塔位預售，卻因不肖業者違法行徑，破壞「產品預占市場」機制，使社會大衆對殯葬服務業產生質疑。所以當政府將殯葬產品預售制度納入管理規範後，迄今已逾二十年，成效卻有待商榷！究其原因之一，當然是「不信任」所致。而此「不信任」是多面向，首當其衝的是行銷人員無法明確說明法律給予的保障！當行銷人員本身不諳法律，就無法說服消費者，而只會列舉服務成功的案件，希獲消費者認同而簽具契約。當前已是「消費者導向」的社會，當然也含殯葬服務業。特別是一件殯葬服務案件，從數萬到數十萬元不等的消費額度，約十天即消費完畢，結果留下什麼？不論消費者是否認同喪葬過程帶給他的價值意義。所以，法律保障問題是消費者在任何產業都重視的問題。

從事「殯葬業務行銷」工作者是殯葬服務業的先鋒部隊，負有開疆闢土之重責大任。因此，業務行銷發展得宜之行銷人員，其獎金屢創新高，比比皆是，雖無保障底薪，光靠業務獎金就讓人稱羨；相對地，禮儀師及一般禮儀人員均有底薪，惟其年薪相較殯葬業務行銷專員年獎，恐差異甚大。此為薪獎結構設計之必然思考。因為沒有行銷組織的企業，是很難開拓客源的[30]，所以企業經營都相當重視行銷部門功能的發展。因此針對有心從事「殯葬業務行銷」工作者，爰提以下二點建議，供其思考與規劃未來發展：

一、瞭解殯葬產業現況，熟悉政府教育要求

「溝通技巧」是從事「殯葬業務行銷」工作者很重要的談話技能，而要發揮該項技能，更重要的，是必須能瞭解殯葬產業發展（**圖5-6**），及對相關殯葬教育的熟悉（**圖5-7**），讓自己透過教育學習，並能運用在分析產業發展，使所獲知識得以內化後，方能運用在「蒐集資料」、「分析資料」，才能有備無患地與消費者溝通、洽談案件，及導入相關法規說明，以取得消費者信任，始能有機會進一步「規劃設計實務案件」。

二、適時觀察趨勢發展，參考數據擬定方向

既然臺灣將「生前契約」納入《殯葬管理條例》管理已逾二十年，但迄今成效仍有限[31]；反觀，「即用型契約」成效最佳[32]。所以殯葬禮儀服務業者應思考建立「即用型契約」之業務行銷體制，培養是類專業行銷人才。

---

30 戴國良，〈行銷管理——策略、經營與本土實例〉（臺北市：五南圖書公司，2005年10月四版一刷），頁5。

31 同註3。

32 從每年逾二十萬的死亡人口數與目前生前契約累計四十萬餘件比較，得知目前以「即用型契約」發展成效較佳。

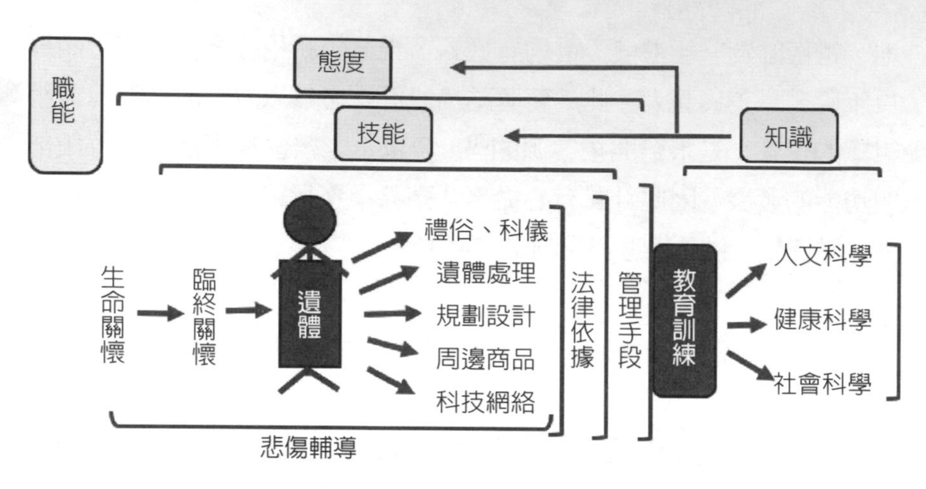

圖5-6　殯葬禮儀服務具備基本職能圖式[33]

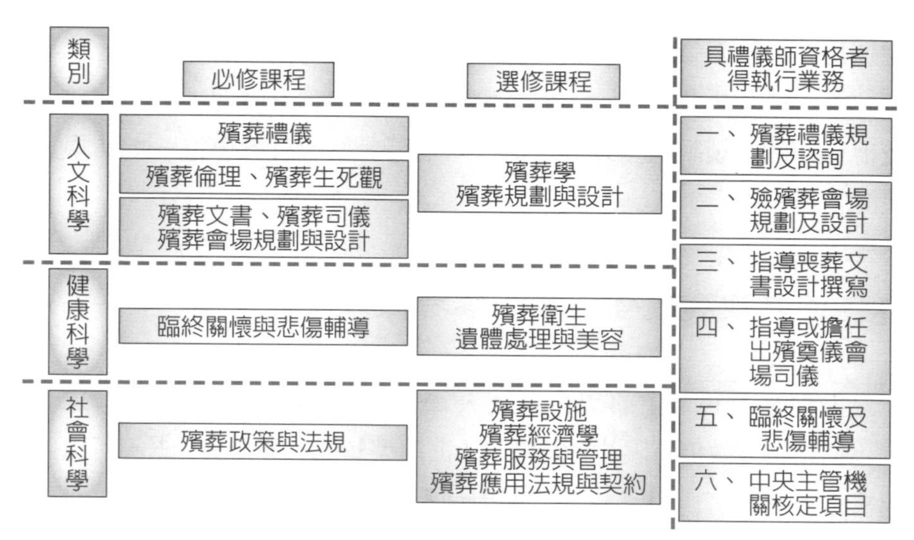

圖5-7　內政部規範「禮儀師」課程及職責對應圖

資料來源：筆者參考法規彙製[34]、[35]。

---

[33] 同註5，頁13。

[34] 同註17，禮儀師專區，https://mort.moi.gov.tw/#/Etiquette/?type=2&id=2987，最後瀏覽日期：2024年3月29日。

[35] 同註13，第46條。

參考文獻

書籍

王士峯，《殯葬服務與管理》，新北市：新文京開發出版（股）公司，2011年6月初版，頁201-245。

劉翔平，《尋找生命的意義——弗蘭克的意義治療學說》，臺北市：貓頭鷹出版，2001年1月初版，頁84。

戴國良，《行銷管理——策略、經營與本土實例》，臺北市：五南圖書公司，2005年10月四版一刷，頁5。

網路資料

中華民國統計資訊網，國民平均所得，https://www.stat.gov.tw/cp.aspx?n=2674。

內政部公布全國銷售合法生前契約達40萬餘件之數據，https://mort.moi.gov.tw/d_upload_dca/cms/file/58844f2c-7a97-4ac6-a5e2-11bc5ec794e8.pdf。

內政部公布全國環保葬數據，https://mort.moi.gov.tw/#/News/?id=3589。

內政部戶政司全球資訊網，歷年全國統計資料，https://www.ris.gov.tw/app/portal/346。

內政部全國殯葬資訊入口網，生前契約業者查詢，https://mort.moi.gov.tw/?mibextid= Zxz2cZ#/Operators/?type=3。

內政部全國殯葬資訊入口網，定型化契約範本及應記載與不得記載事項，https://mort.moi.gov.tw/?mibextid=Zxz2cZ#/Regulations/?type=1&typeDetail=2。

內政部全國殯葬資訊入口網，禮儀師專區，https://mort.moi.gov.tw/#/Etiquette/?type=2&id=2987。

全國法規資料庫，《民法》所謂「成年人、有行為能力、遺囑」之法規，https://law.moj.gov.tw /LawClass/LawAll.aspx?pcode=B0000001。

全國法規資料庫，《消費者保護法》第11、12條，https://law.moj.gov.tw/

Law/LawSearchLaw.aspx?TY=04001004。

全國法規資料庫，《殯葬管理條例》第49條，https://law.moj.gov.tw/LawClass/LawAll.aspx?pcode=D0020040。

全國法規資料庫，衛生福利部，醫事目，https://law.moj.gov.tw/Law/LawSearchLaw.aspx?TY=04012007。

國家發展委員會，https://pop-proj.ndc.gov.tw/Custom_Fast_Search.aspx?n=7&sms=0。

其他

內政部，〈平等自主 慎終追遠——現代國民喪禮〉，臺北市：內政部，2016年6月修訂版，頁3-5。

內政部委託研究報告，《我國殯葬消費行為調查研究》，臺北市：內政部，2017年11月，頁265-266。

尉遲淦，〈殯葬創新比較專題〉，博士班課程講義，哥斯大黎加聖荷西大學殯葬事業管理學系研究所，2023年7月，未出版。

許博雄，〈殯葬管理專題〉，碩士班課程講義，哥斯大黎加聖荷西大學殯葬事業管理學系研究所，2023年11月，未出版，頁7。

附錄　殯葬服務定型化契約範本（即用型）

中華民國95年6月27日臺內民字第09501049211號公告
本契約於中華民國__年__月__日經甲方攜回審閱__日（契約審閱期間至少三日）
甲方：＿＿＿＿＿（簽章）
乙方：＿＿＿＿＿（簽章）

注意事項：

一、本契約附件一所列服務項目，應以莊嚴、簡樸爲原則。

二、本契約附件一所列服務項目、規格及附件二所列實施程序與分工，因各殯葬服務業者實際提供服務而有不同，請消費者與殯葬服務業者謹慎決定。

立約人　（消費者姓名）＿＿＿＿＿＿（以下簡稱甲方）　茲爲殯葬服務，經
（殯葬服務業者名稱）＿＿＿＿（以下簡稱乙方）　雙方合意訂立契約

第一條（契約標的）

本契約係由甲乙雙方訂定，由乙方提供○○○（以下稱被服務人）之殯葬服務。

第二條（廣告責任與自訂服務規範不得牴觸本契約）

乙方應確保廣告內容之眞實，對甲方所負之義務不得低於廣告之內容。文宣與廣告均視爲契約內容之一部分。

乙方自訂之殯葬服務相關規範，不得牴觸本契約。

第三條（服務內容、程序與分工）

乙方依本契約所提供之殯葬服務項目、規格與價格，如附件一。

本契約提供之殯葬服務實施程序與分工如附件二。

第四條（對價與付款方式）

本契約總價款爲新臺幣____元整，甲方應支付予乙方，作爲提供殯葬服務之對價。

甲乙雙方議定簽約時，甲方繳付新臺幣____元，餘款新臺幣____

元，經雙方議定於全部服務完成時繳納。

甲乙雙方議定付款方式如下：以□現金□刷卡□其他方式：____。

乙方對甲方所繳納之款項，應開立發票。

第五條（規費負擔與外加費用）

本契約總價款不包含下列行政規費：

1.________________________。

2.________________________。

3.________________________。

第六條（提供服務之通知與切結）

乙方於接獲甲方通知時起，應即依本契約提供殯葬服務。

乙方提供接體服務者，應塡具遺體接運切結書（如附件三）予甲方。

第七條（同級品之替換）

乙方於提供殯葬服務時，因不可抗力或不可歸責於乙方之事由，導致附件一所載之殯葬服務項目或商品無法提供時：

□甲方得依乙方提供之選項，選擇以同級或等值之商品或服務替代之。

□甲方得要求乙方扣除相當於該項服務或商品之價款。退款時，如有總價與分項總和不符者，該分項退款計算方式應以兩者比例爲之。

第八條（契約之效力）

本契約有效期間自簽約日起至契約履行完成時止。

第九條（契約之完成）

本契約於乙方履行全部約定之服務內容，並經甲方於殯葬服務完成確認書（如附件四）上簽字確認後完成。

第十條（未經使用部分之購回）

附件一所載之服務項目或物品數量，於服務完成後，如有未經使用者，甲方得退還乙方，並扣除相當於該項服務或商品之價款。

前項退款如有總價與分項總和不符者，該分項退款計算方式應以兩者比例爲之。

第十一條（違約及終止契約之處理）

乙方違反第六條第一項規定，經甲方催告仍未開始提供服務，或逾四小時未開始提供服務者，甲方得通知乙方解除契約，並要求乙方無條件返還已繳付之全部價款，乙方不得異議。甲方並得向乙方要求契約總價款○倍（不得低於二倍）之懲罰性賠償。但無法提供服務之原因非可歸責於乙方者，不在此限。

乙方依本契約提供服務後，甲方終止契約者，乙方得將甲方已繳納之價款扣除已實際提供服務之費用，剩餘價款應於契約終止後七日內退還甲方。

第十二條（資料保密義務）

乙方因簽訂本契約所獲得有關甲方及被服務人之個人必要資料，負有保密義務。

第十三條（管轄法院）

雙方因消費爭議發生訴訟時，同意○○地方法院爲管轄法院。但不得排除消費者保護法第四十七條及民事訴訟法第四百三十六條之九小額訴訟管轄法院之適用。

第十四條（契約分存）

本契約一式兩份，甲乙雙方各收執乙份，乙方不得藉故將應交甲方收執之契約收回或留存。

立契約書人：

甲方：（消費者姓名）
國民身分證統一編號：
住址：
電話：

乙方：（殯葬服務業者名稱）
營利事業統一編號：
代表人：
地址：
電話：

中華民國　　　　年　　　　月　　　　日

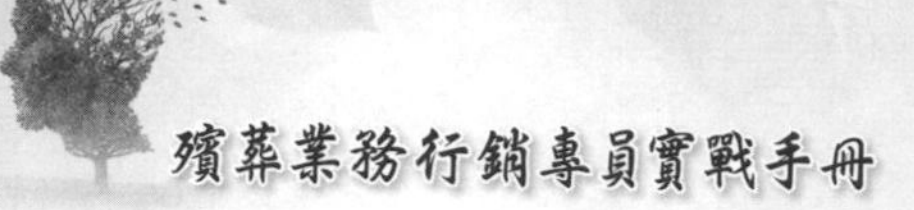

附件一 （中式）○○殯葬服務契約服務項目、規格及價格

流程	服務項目	選項（依需要勾選）	規格說明	備註	價格
遺體接運	接運遺體	□至殯儀館	接體車、接體人員○人、遺體袋	（依契約第十條，請將可退還之品項於本欄註記）	
		□在宅	接體車、接體人員○人、遺體袋		
	遺體修補、防腐	□有 □無	專人防腐藥劑處理		
	遺體冰存	□殯儀館內冰存	○天		
		□移動式冰櫃在宅租用	○天		
安靈服務	靈位布置、拜飯	□殯儀館內	靈位布置、祭品代辦、代為祭拜○次		
		□在宅	靈位布置、祭品代辦		
治喪協調	禮儀諮詢		禮儀師或專任禮儀人員○名		
	擇日、祭文撰擬	擇定出殯日期、撰寫祭文	禮儀師或專任禮儀人員○名		
	代辦申請事項		指派專人代辦死亡證明○份、除戶手續、火化（埋葬）許可		
	報備出殯路線		指派專人代辦		
	申請搭棚許可	□搭棚者適用	指派專人代辦		
發喪	訃聞印製		訃聞○份（規格請詳述）		
奠禮場地準備	場地租借	□殯儀館 □其他＿＿＿＿	○級禮廳（請說明空間大小與設備）		
		□戶外搭棚	棚架（規格、尺寸、素材請詳述）		
	花牌、鮮花布置	花瓶、像框、花圈、保力龍字	○樣花，花牌規格、尺寸、素材請詳述、高腳花籃○對		

流程	服務項目	選項（依需要勾選）	規格說明	備註	價格
奠禮場地準備	禮堂布置		○色布縵、○尺花山（或三寶架、祭壇）、地毯、指路牌○組、觀禮座椅○張、燈光、講臺		
	遺像	□彩色 □黑白	○吋照片（含框）		
	音響設備		音響主機○套、擴音喇叭○支、麥克風○支、控制人員○人		
	禮品		胸花○枚、簽名簿○本、禮簿○本、謝簿○本、公祭單○本、簽字筆○枝、奠儀袋、毛巾○份、香燭○份、紙錢（種類與數量）		
	運輸車輛、車位		靈車○部（規格請詳述）、家屬車輛○人座○部（規格請詳述）		
入殮移柩	壽衣		標準壽衣乙套（詳述規格、男女）		
	棺木	□土葬	棺木規格、材質、尺寸、顏色（請詳述）		
		□火化	環保火化棺木、套棺		
	棺內用品		蓮花被、蓮花枕、庫錢（數量）		
	孝服		黑長袍或麻孝服○套		
	祭品		牲禮○付、水果○樣、水酒、菜碗○碗		
	儀式主持人	移靈、入殮、火化	佛教或道教師父○人		
奠禮儀式	司儀、宣讀祭文		專任禮儀人員○名		
	襄儀人員	引導公祭、襄助儀式進行	專任禮儀人員○名		
	誦經人員、樂師	（在家修師姐）	宗教人員○名、樂師○人		

流程	服務項目	選項（依需要勾選）	規格說明	備註	價格
發引安葬		□火化	代為預訂火化日期、火化爐，交通車輛安排靈車○部（規格請詳述）、家屬車輛○人座○部（規格請詳述）		
		□火化後晉塔	扶棺人員○人、骨灰罐（材質、大小、樣式）、刻字、磁像、包巾		
		□土葬	扶棺人員○人、神職人員○人、靈車○部、車輛○人座○部（規格請詳述）		
		□火化後以其他方式處理	請自行填列		
埋葬或存放設施	埋葬或骨灰（骸）存放安排	□甲方自備			
		□乙方代訂 □墓基 □塔位	代訂設施之標的、位置、面積、規格等請詳述	包含管理費在內	
		□乙方提供	請就提供墓基、塔位或其他骨灰（骸）存放設施之標的、規格詳述	包含管理費在內	
後續處理	關懷輔導		指派禮儀師或專人慰問		
	紀念日提醒		書面提醒單乙張		
其他			（請依個別需求，就本表未記載之項目詳列）		

※本契約總價款不包含下列行政規費：______、______、______。

契約總價：新臺幣____________元整（含稅）

附件一　（西式）○○殯葬服務契約服務項目、規格及價格

流程	服務項目	選項（依需要勾選）	規格說明	備註	價格
遺體接運	接運遺體	□至殯儀館	接體車、接體人員○人、遺體袋	（依契約第十條，請將可退還之品項於本欄註記）	
		□在宅	接體車、接體人員○人、遺體袋		
	遺體修補、防腐	□有□無	專人防腐藥劑處理		
	遺體冰存	□殯儀館內冰存	○天		
		□移動式冰櫃在宅租用	○天		
安靈服務	靈位布置	□殯儀館內	靈位布置、祭品代辦、代為祭拜○次		
		□在宅	靈位布置、祭品代辦		
治喪協調	禮儀諮詢		禮儀師或專任禮儀人員一名		
	擇日、祭文撰擬	擇定出殯日期、撰寫祭文	禮儀師或專任禮儀人員一名		
	代辦申請事項		指派專人代辦死亡證明○份、除戶手續、火化（埋葬）許可		
	報備出殯路線		指派專人代辦		
	申請搭棚許可	□搭棚者適用	指派專人代辦		
發喪	訃聞印製		訃聞○份（規格請詳述）		
奠禮場地準備	場地租借	□殯儀館□其他	○級禮廳（請說明空間大小與設備）		
		□戶外搭棚	棚架（規格、尺寸、素材請詳述）		

流程	服務項目	選項（依需要勾選）	規格說明	備註	價格
奠禮場地準備	花牌、鮮花布置	花瓶、像框、花圈、刻字	○樣花，花牌規格、尺寸、素材請詳述、高腳花籃○對		
	禮堂布置	□中式	○色布縵、○尺花山（或三寶架、祭壇）、地毯、指路牌○組、觀禮座椅○張、燈光		
		□西式	布縵、○尺鮮花十字架、地毯、指路牌○組、觀禮座椅○張、燈光、講臺、鋼琴或電子琴		
	遺像		○吋彩色（黑白）照片（含框）		
	音響設備		音響主機○套、擴音喇叭○支、麥克風○支、控制人員○人		
	禮品	□中式	胸花○枚、簽名簿○本、禮簿○本、謝簿○本、公祭單○本、簽字筆○枝、奠儀袋、毛巾○份、香燭○份、紙錢（種類與數量）		
		□西式	十字胸花○枚、簽名簿○本、禮簿○本、謝簿○本、公祭單○本、簽字筆○枝、程序單○份		
	運輸車輛、車位	□在宅適用	靈車○部（規格請詳述）、家屬車輛○人座○部（規格請詳述）		
入殮移柩	壽衣	□中式	標準壽衣乙套（詳述規格、男女）		
		□西式	教友專用綢質壽衣乙套		

流程	服務項目	選項（依需要勾選）	規格說明	備註	價格
入殮移柩	棺木	□土葬	棺木規格、材質、尺寸、顏色請詳述		
		□火化	環保火化棺木、套棺		
	棺內用品	□中式	蓮花被、蓮花枕、庫錢（數量）		
		□西式	十字被、十字枕、棉紙		
	孝服	□中式	黑長袍或麻孝服○套		
		□西式	黑長袍○套		
	祭品	中式適用	牲禮○付、水果○樣、水酒		
	儀式主持人	中式（移靈、入殮、火化）	佛教或道教師父○人		
奠禮儀式	司儀、宣讀祭文		專任禮儀人員○名		
	襄儀人員	引導公祭、襄助儀式進行	專任禮儀人員○名		
	誦經人員、樂師		宗教人員○名、樂師○人		
發引安葬		□火化	代為預訂火化日期、火化爐，交通車輛安排靈車○部（規格請詳述）、家屬車輛○人座○部（規格請詳述）		
		□火化後進塔	扶棺人員○人、骨灰罐（材質、大小、樣式）、刻字、磁像、包巾		
		□土葬	扶棺人員○人、神職人員○人、靈車○部、車輛○人座○部（規格請詳述）		
		□火化後以其他方式處理	請自行填列		

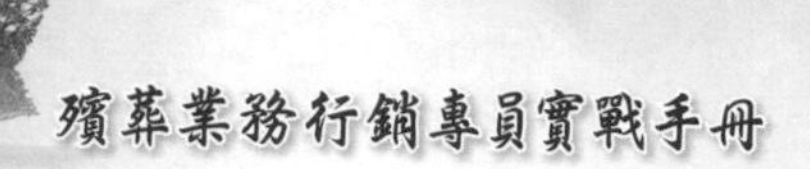

<table>
<tr><th>流程</th><th>服務項目</th><th>選項
（依需要勾選）</th><th>規格說明</th><th>備註</th><th>價格</th></tr>
<tr><td rowspan="3">埋葬或存放設施</td><td rowspan="3">埋葬或骨灰（骸）存放安排</td><td>□甲方自備</td><td></td><td></td><td></td></tr>
<tr><td>□乙方代訂
□墓基
□塔位</td><td>代訂設施之標的、位置、面積、規格等請詳述</td><td>包含管理費在內</td><td></td></tr>
<tr><td>□乙方提供</td><td>請就提供墓基、塔位或其他骨灰（骸）存放設施之標的、規格詳述</td><td>包含管理費在內</td><td></td></tr>
<tr><td rowspan="2">後續處理</td><td>關懷輔導</td><td></td><td>指派禮儀師或專人慰問</td><td></td><td></td></tr>
<tr><td>紀念日提醒</td><td></td><td>書面提醒單乙張</td><td></td><td></td></tr>
<tr><td>其他</td><td></td><td></td><td>（請依個別需求，就本表未記載之項目詳列）</td><td></td><td></td></tr>
<tr><td colspan="6">※本契約總價款不包含下列行政規費：＿＿＿、＿＿＿、＿＿＿。</td></tr>
<tr><td colspan="6">契約總價：新臺幣＿＿＿＿＿＿元整（含稅）</td></tr>
</table>

附件二　○○殯葬服務契約實施程序與分工

流程	活動事項	分工情形		備註
		殯葬公司負責	家屬或契約執行人配合	
臨終諮詢	關懷輔導	指派專人服務 服務專線：	隨侍在側、通知親友	
	殯葬禮儀諮詢		家屬參與	
	成立治喪委員會	治喪計畫聯繫、協調	擬妥治喪委員名單	
	安排治喪場地	場地聯繫、代訂	參與決定	
	申辦死亡證明	指派專人代辦	準備身分證、健保卡	
遺體接運	接運遺體至殯儀館	指派專人、專車接運	準備乾淨衣服、陪同	
	遺體修補、防腐	委請專人服務		
	遺體冰存	代訂或提供冰櫃	在宅者負責提供場地	
安靈服務	□殯儀館內	靈位布置、代為祭拜		
	□在宅	靈位布置、祭品代辦	按時祭拜	
治喪協調	擇定公祭、出殯日期	委請專人擇日、代訂火化時間	提供○○○生辰、決定日期	
	遺像準備	指派專人代辦	選定相片	
	撰寫祭文	指派禮儀師或專業人員代筆	參與討論	
	辦理除戶手續	指派專人代辦	提供所需文件、資料	
	申請火化（埋葬）許可	指派專人代辦	提供所需文件、資料	
發喪	訃聞印製與發送	代為撰擬、印製	提供名單、自行寄送	
奠禮場地準備	禮堂布置	指派專人辦理	參與決定	
	觀禮者席位安排	指派專人辦理	參與決定	
	公祭用品準備	指派專人籌辦		
	運輸工具、車位安排	指派專人辦理	詢問親友出席意願	
入殮移柩	遺體清洗、著裝、化妝	委請專人服務		
	遺體移至禮堂	指派專人服務		
	入殮用品準備	提供棺木、相關用品	陪葬用品（環保、簡樸為宜）	
	入殮	指派禮儀師或專業禮儀人員服務	全程參與	
	家奠法事	委請法師服務	全程參與	

流程	活動事項	分工情形		備註
		殯葬公司負責	家屬或契約執行人配合	
奠禮儀式	工作人員分派	司儀、襄儀、祭文宣讀、服務引導等人員安排	指派奠儀收付人員、指定親友擔任接待	
	喪葬禮儀、服制穿戴指導	指派禮儀師或專業禮儀人員服務	配合穿戴及禮儀指導	
	典禮進行	依儀式進行	排定公祭單位順序、致謝	
	場地善後	指派專人辦理	指定數位親友協助監督	
發引安葬	□火化	指派專人代為安排	全程參與	
	□火化後進塔	指派專人扶棺護送、法事、交通安排、骨灰罐、祭品等提供	全程參與	
	□土葬	指派專人扶棺護送、交通安排、法事、祭品等提供	全程參與	
	□火化後其他方式處理	自行填列	自行填列	
埋葬或存放設施	□甲方自備		自行安排	
	□乙方代訂	設施代訂、帶看、協助訂約	（與第三者另訂契約）	
	□乙方提供	設施介紹、權利義務說明、訂約	（與乙方另訂契約）	
後續事宜	悲傷輔導	指派禮儀師或專人慰問		
	紀念日提醒	印製書面提醒單		
結帳	款項結清、契約完成	檢據請款	付清本契約價款	

附件三　遺體接運切結書

本＿＿＿＿（乙方）依據與＿＿＿＿（甲方）所簽「＿＿＿＿殯葬服務契約」（契約編號：第＿＿＿＿號）約定，接運＿＿＿＿（丙方）遺體。切結事項如下：

一、接體人員姓名：　　　　　　國民身分證統一編號：

　　　　　　姓名：　　　　　　國民身分證統一編號：

二、該遺體經甲方確定＿＿＿＿（丙方）無訛。簽名：

　　此　致

＿＿＿＿（甲方）

切 結 人：　　　　　（乙方）

代表人：

通訊地址：

聯絡電話：

中華民國　　　　　　年　　　　　　月　　　　　　日

附件四　殯葬服務完成確認書

________（甲方）與________（乙方）簽定「________殯葬服務契約」（契約編號：第________號），今乙方已依約提供殯葬服務，且內容與品質均合乎約定，本契約之帳款業已結清，雙方同意本契約已完成無訛，特此確認。

甲方：　　　　　　（簽章）
國民身分證統一編號：
通訊地址：

乙方：　　　　　　（簽章）
代表人：
營利事業統一編號：
通訊地址：

中華民國　　　　年　　　　月　　　　日

第三篇

業務開發與銷售的藝術

6.

業務開發的關鍵

林佩蓉

- 殯葬業務人員具備條件
- 業務開發的切入點
- 客户名單的建立
- 客户關係的維護

第一節　殯葬業務人員具備條件

後疫情時代，全球產業產生結構性變化，有些工作職務因疫情後而消失，而有些因應疫情後產生；唯一不變的是，每個產業中依舊需要業務。很多新鮮人出社會均會選擇業務類型的工作；也有很多人爲了追求高報酬、時間自由等因素，故而選擇業務工作，但能不能留得下來，進而成爲一位專業且優秀的業務人員，是另一門課題！

如同上述，因爲時間的自由，能掌控時間及管理分配好，是一門重要的課題！有句話說：「時間花在哪裏，成就就在哪裏。」一個人的成就，決定他二十四小時做了哪些事情。一個業務若要績效好，一定懂得做好時間分配，並在對的時間做最有生產力的事情，然而什麼是最有生產力的事情，則見仁見智，一般來說，見客戶是最有生產力的事情！

一天二十四小時，是否常覺得要做的工作很多，但卻沒有足夠的時間去完成他們。其實很多人都有如此的感覺，有時我們爲一天擬定了許多需完成事項，卻無法如期達成目標，這令人感到煩躁，久了累積工作更顯無力。通常筆者會準備行事曆，將每週、每日既定行程填入，剩餘的空擋則是用來安排拜訪客戶、整理資料、搜集資訊及個人生活，並依照重要及優先順序安排。工作、家庭、朋友、健康每項對於每個人的價值觀認定，並不相同，但建議可以用工作八小時，家庭生活運動八小時，休息八小時的概念來分配。有良好品質的休息，在工作時間更有效率；適當的安排生活、休閒運動，提升自我視野，能與客戶互動中產生共鳴；而擁有健康的身體，更是成爲業務的基本條件之一。

以下提供幾個有效管理時間的關鍵：

1.預先規劃與確認：每個拜訪行程和工作事項皆要在前兩至三天完成確認。以拜訪客戶來說，倘若筆者預計下週每天約訪三位客戶，會預計在本週甚至提早預約，並於出發前一日再次確認好時間和地點。畢竟每個人的時間都是很寶貴的，客戶也不是天天有空，所以凡事早一步計劃就對了。
2.停止對自己毫無益處的工作或活動：工作時間若是拿來看影片、玩線上遊戲、聊一些與工作無關的話題，或與同事聊八卦是非，這些皆和工作無直接關係的事情都應該停止做。
3.對於每件事情盡量一次做對做好：每件事情想辦法一次做對做好，避免重複修正，造成不必要的時間浪費。
4.避開會使人無法專心的事情：如果一直有讓你無法專心工作的因素，就要設法不被干擾，以免影響自己的工作效率。
5.善用零碎時間：常覺得時間不夠用的人，或許是不知道一天之中，其實有許多零碎時間可以善加運用，比如說，可以在洗澡時思考目前所面臨的工作障礙，可以在運動時思考如何說服客戶購買。筆者個人常在慢跑時，思考著如何解決客戶拋出來的問題，甚至是想著如何說服客戶買單，獨處一人比較容易冷靜思考。
6.電腦檔案定期整理分類：對於每天需要用電腦的人來說，電腦桌面很凌亂，或是檔案沒有分類，這些都會導致要找某個檔案時浪費許多時間，甚至有時還找不著，所以平時就要養成確實分類的習慣，並做好備份。
7.把時間花在對的客戶和最有價值的事情上：為何有些人工作時間長但業績卻不如預期？因為厲害的業務員會專注於發現客戶的需求，並從事與銷售有關的活動上，所以厲害的業務員懂得把時間花在對的客戶和最有價值的事情上。
8.打電話之前先準備好相關的資料：撥電話之前，要先準備好名單，想好要說的話，甚至可以將說話的內容及有關資料放在面前提醒自己以免忘記，避免對方問了問題一時半會找不到資料，而無法當下回應，錯失機會。如果要聯絡十名客戶，可以將十名客戶名單列出來，從第一個開始撥打，其中聯絡不上或是電話中，可於名單上備註，直到全部聯絡完再回來聯絡還沒聯絡上的客人，而非衝動行事，想打給誰就打給誰。

9.做好行程路線規劃：業務常需要拜訪客戶，所以事前規劃好當天行程，比方：若是要進行溝通，可盡量約在同一定點不同時段，避免增加點到點之間的移動時間，進而有效增加客戶拜訪量。

10.前一晚做好隔日計畫：在今天工作結束前或晚上就寢前，要把明天的工作行程列出，並排出優先順序，這樣隔天一開始工作，便知道今天要做什麼事情，便能立即行動，而非一早時在想今天要做什麼，或是做好一項再想下一項事情。

當我們將上述十個提昇工作效率的關鍵，深植於行動及思想上，養成習慣，相信這將使工作效率大大提昇。有效管理時間分配和制訂優先順序，並澈底執行，乃爲自律，自律是一種能力或品質，是一個人有能力自我控制、管理和約束自己的行爲、情感、態度和習慣，以實現自己的目標和價值觀。自律也包括對自己的責任感，以及對誘惑和拖延的抵抗力，而這種能力使個人能夠維持健康的生活方式、達成工作目標、克服困難，並保持自己的承諾。所以自律通常與許多能力相牽絆，包括毅力、意志力、自制力和專注力。而恰巧從事業務的人員，自律是在業務這條路上，能否穩定且長久走下去的基本條件。

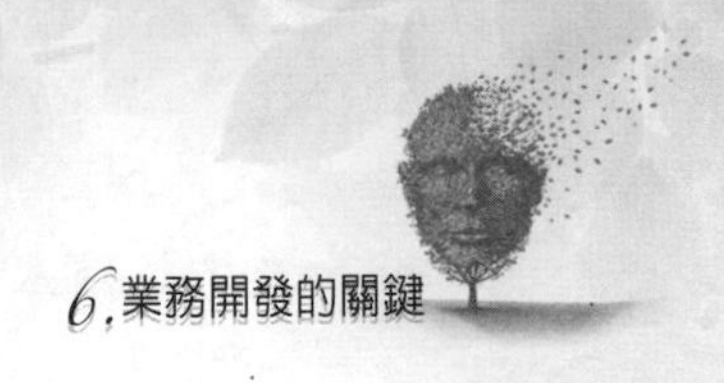

第二節　業務開發的切入點

死亡或許是很多人不願提起的話題，一直以來殯葬業充滿著神秘的色彩，更有幾分的忌諱，更何況要主動跟人開口進行銷售。殯葬服務業在民國八十年左右以前，傳統在地的服務業爲多，並無一定的規模、組織、人力，而是以家族成員服務方式從事殯葬服務工作。隨著社會發展，家族式的殯葬服務無法滿足消費者的需求，進而衍生出以企業經營型態的殯葬公司。企業化經營後的人力，從業人員約略可劃分爲喪禮服務人員及業務開發人員。一般他人詢問從事什麼工作時，回應殯葬業，對方第一個反應多半是：「你是禮儀師？」通常一般人知道你在做生前契約時，通常第一句會問的就是：「你爲什麼會去做這行？」不然，就是問：「你都怎麼跟客人開口啊？」過去筆者剛入行時，總是很認眞地去回答每一位的問題，但一段時間後，發現即使主動問，不代表他們眞正有興趣，只是反射性的好奇。因此，對方不見得會有耐性聽完自己整個人生際遇、對殯葬業的看法，甚至是職涯規劃。所以，通常會先準備多種1分鐘左右的版本，再因人而異地調整回應。

然而，回歸原點，爲何會踏入殯葬業？又爲何從事業務行銷的工作？最初心是什麼？因爲不知道還有什麼工作可以做，還是因爲認同產品，或單純想賺錢，抑或者有崇高理想、爲人服務，以上等等，有諸多理由，皆是踏入殯葬業務的起始。「業務」各行各業皆有，大多數人的印象想必都是又要來賣東西，又要被推銷……等負面印象。但殯葬產業與一般服務業不同，不同之處在於，我們服務的是「生命」！生命的珍貴，乃一句老生常談的心靈雞湯，但有多少人能體會出這句話裏頭眞正的涵義呢？沒有眞正與死神正面交鋒，會覺得擁有的這一切——自由呼吸、開心跑跳、做喜愛的事情是習以為常的。而當面臨走在人生最後一哩路，陪伴在側的至親、愛人、孩子，過程中的無助、難過、惶恐及不知所措等心情，又有誰能給予協助及安撫？從前神秘的殯葬業，隨著時代進步，不避諱論及生死，進而要求提供專業的服務及諮詢。隨著資訊的流通，民眾資訊取得容易，讓從事殯葬人員，工作職責劃分也隨之更加清晰。從事「殯葬業務」的人，需具備專業素養、服務熱誠，而成為一個優秀的殯葬業務人員，更需要具備一個信念，就是成交一切都是為了愛。而這個信念來自世界銷售大師喬吉拉德的分享，當你可以站在顧客的立場，來具備他所應該擁有的任何服務，沒有任何顧客可以抗拒得了你的！因為有成交，進而生存得下來。

第三節　客戶名單的建立

客戶在哪裏？相信是許多業務人員腦海中無時無刻浮現的問題，沒有客戶來源就沒有業績，沒有業績就沒有信心，沒有信心就無法在具有挑戰性的業務工作上生存，這似乎是一連串的影響，不論哪一種行業，只要是「業務員」就得面對這個問題。

殯葬業較常與保險業相類比，但保險產業與殯葬業不同的地方在於，消費者投保管道多，也較多人從事保險產業。而殯葬業從產品面，一般消費者對其陌生不瞭解，身邊從事殯葬業的人更是少之又少，加上過去產品不多元，也無預先準備概念的商品，如「生前契約」，消費者更不會主動去瞭解購買。然而殯葬自主權的覺醒，社會逐漸邁向高齡化、少子化的趨勢下，政府立法規範，更加速推動生前契約的普及。然有商品，消費者如何得知並取得產品，之間就得靠業務媒合。但於業務端，最令人感到頭痛的問題是：客戶到底在哪裏？

對剛入行的人來說，是需要主動出擊開發的，如果完全沒有客戶可以讓你去拜訪，自然無法想像生前契約要賣給誰，開發客戶能力的強弱，關係著是否可以在殯葬業生存及永續發展！

剛踏入殯葬業務的新人們，通常會有以下幾個問題：一是「我的客戶在哪裏？」，二是「跟親朋好友推銷生前契約是不是會讓人討厭呢？」，三是「是不是認識的人脈用完了，就無法繼續下去了呢？」這幾個問題，想必是多數新人的問題吧！

客戶來源有兩種，一種是本來就認識的親友，我們稱之爲「緣故市場」，占市場分配爲30%，另一種是來自原本不認識的人，我們稱之爲「陌生市場」，占市場分配爲70%（**圖6-1**）。親友緣故，因爲本來就認識，具有一定程度的信任感，有信任感的基礎，自然相較陌生人更容易成交。但筆者很常聽到，有些新人常說：「我不要找親朋好友，我要從陌生市場開始開發！」

過去的筆者並未有這樣的困擾，因爲一開始，瞭解生前契約的概念就認同它，也許是家中還有一個疼愛筆者的奶奶，想到也需要面對奶奶及父母的身後事，再想到自己身邊並無認識的人可以協助，故而想要自己從事；在瞭解殯葬產業結構正在改變，且適逢生前契約普及率不高，很適合投入，故沒有害怕去推薦給身邊的親友。

首先，要認清楚一件事：「親友如果因爲你的推銷而不喜歡你，並不是因爲你是業務，而是你讓他們感受你將他們看成數字。」

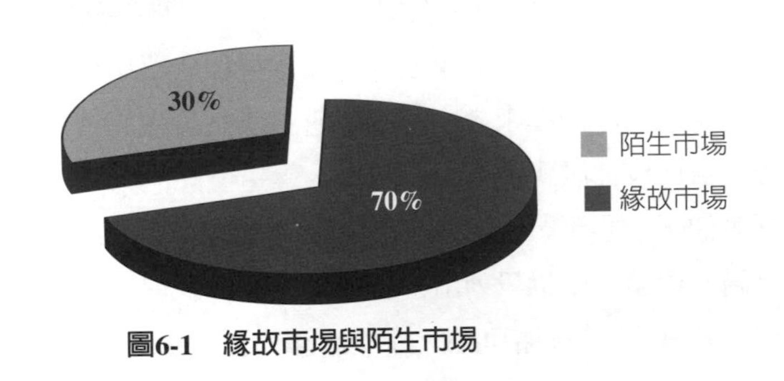

圖6-1　緣故市場與陌生市場

回首過去尚未投身殯葬業務前，是否有被推銷過的經驗呢？如果業務員一見面就拿出產品不斷推銷，並表現出急著成交的樣子，或是用人情壓力去做行銷，只在乎自己的業績，卻無顧及你的需求及感受，這樣的推銷員是不是讓人感到不舒服及排斥呢？將心比心換個立場，在經營緣故市場時，請勿將賺錢當作首要目的，以眞誠的心去關懷對方瞭解需求，透過專業的角度提供建議，懷著爲對方解決問題的心，縱使一開始被拒絕，也不要氣餒，持續努力，假以時日，對方必會感受到你的用心，轉而支持！

一、緣故與陌生市場

當然，做業務不是老靠親友，遲早坐吃山空，只是緣故與陌生市場間，選擇從何開始。但緣故市場終有一天會用完，因此拜訪緣故市場時，也要同時開發陌生市場。通常有信任度的朋友比較容易開口，也容易成交，所以開發陌生市場，也是從交新朋友開始，一步一腳印累積彼此信任度，在信任度不高的情況下，成交率自然無法提高，故面對陌生市場給的回饋與反應，要放下得失心。

二、不當算命仙

人脈等於錢脈，盤點人脈是第一步，把親友名單做一個整理與分類，並列在準客戶名單上，若沒有整理名單出來，單憑大腦記憶或生活中碰到才想起來，一定會有遺漏或是重複的情況。但有些人則會想，自己沒什麼親友可以列名單，會這麼想的人，多數都把自己當成算命仙了，心裏頭盤算罷了，根本沒有去拜訪，就覺得對方不會跟自己購買產品，所以只列出自己覺得有機會購買的對象，然而這樣列出來的名單，往往屈指可數，那麼會讓自己錯失很多潛在的客戶。

三、既有人脈是有限的，要會複製及延伸人脈！

「250定律」由世界銷售大師喬吉拉德提出，是指每一名顧客身後，大約有250名親朋好友，取得一名客戶的好感，意味著得到250個人的認同，反之，如果一名顧客不認可你，背後也代表著有250個人對你的否定。這個理論能套用於殯葬銷售的客戶關係經營上，面對每一個客戶或準客戶，都要謹愼眞誠地應對，因爲任何一名客戶，都有可能成爲影響力中心，進而開發出新客戶！而如何有效開發新客戶，筆者整理出幾個方式與大家分享。

(一)參與社團

臺灣大大小小社團很多，公益型、商業型、運動型等，可依照自己的興趣愛好去參與。因爲過去的筆者，剛踏入行銷業務產業，爲了迅速拓展客戶名單，參與了幾個社團，每次社團活動總是能拿到一堆名片。由於產業別特殊，加上當時年紀尚輕，並不是很清楚可以透過何種方式與名片的主人互動，最後總是不了了之，那些名片的下場，最後也都是進了垃圾桶。隨著年紀的增長、環境的調整，配合自己的個性及喜好，選擇與生活能結合的運動型社團參與，一方面隨時隨地增加自己的準客戶名單，一方面也增加生活的充實性。也許有些人會說，這樣彷彿是爲了銷售而參與社團，看起來的確是，但事實上，回歸初心。參與的過程中，若是帶有銷售目的性地去，這樣狀態的確無法長久。對筆者而言，參與社團是結交新朋友，因有共同喜好、目的，在一起參與活動時，產生共鳴。也從參與的過程中，透過每次的碰面及活動，更瞭解彼此爲人及處事態度，自然能從少數的殯葬業務中勝出。

(二)舉辦講座

過去殯葬知識不普及的經營環境中，找尋新客戶實屬不易，加上現代人人際關係漸趨淡薄，加上詐騙集團橫行，導致消費者對電話、廣告與人員銷售的不信任，因此透過舉辦講座的方式，變成爲殯葬行銷工具中的一個新選項。無論要普及法律、交通、金融、科技等相關知識，辦理講座是一個很好的方式。透過從圖書館辦理社區講座、由社團進入校園演講，透過演講中的影片互動、時事議題的結合，讓殯葬教育從小扎根，使殯葬觀念變成一種生活常識。通常在校園中辦理講座，吸引到的多數是想從事殯葬業的學子們，但也不乏想規劃及購買產品的老師們。在社區中辦理講座，便常聽見被詐騙民衆的實際案例分享，抑或者有著不愉快的禮儀服務經驗。透過講座讓民衆可以瞭解，如何爲自己或家人規劃挑選合適的產品，甚至如何選擇合法的殯葬業者。

(三)客户轉介紹

對客戶來說，把親朋好友介紹給業務員是一件不容易的事。原因是「客戶害怕業務員造成親友的壓力」，又或者「客戶不知道可以介紹給誰」等這些問題。但從這些問題，要先釐清幾件事，第一、客戶是眞心認同產品嗎？第二、客戶在不被勉強愉悅的情況下購買了產品嗎？第三、客戶百分百信任您所帶來的服務嗎？以上。在此之前想問一個問題，是否也曾推薦過別人好吃的餐廳，或者某部讓您欲罷不能的電影？爲什麼想推薦或分享？是不是因爲您眞的覺得「這個很好看」、「這家餐點眞的很好吃」？禮儀服務也是一樣，雖然是無形的商品，但是能透過業務員的服務讓客戶感到溫暖、在必要時發揮效用，並且使客戶覺得「你和禮儀服務」眞的很棒。

也因如此，因爲客戶相信業務員「眞的很好」。這個感受來自於業務人員所提供的服務，服務中包含眞誠、溫暖，以及商品帶來的保障；當業務員對自己所屬的公司、產品抱有信心，也才能對自己保有信心，此時就更相信自己能夠妥善服務客戶，爲客戶帶來各種問題的解決方案。客戶也會對這名業務員能帶給轉介紹的親友良好的服務而感到信心。

請求客戶爲自己做轉介紹時，初期常遭拒絕乃正常。因爲不常開口，導致不熟練，所以需要不斷開口練習，在客戶面前自然地表達轉介紹的需求，否則客戶很可能會因我們動作刻意、言語不自信而拒絕。

抓住每次與客戶面談的機會，向客戶索取轉介紹，將索取轉介紹變成習慣性動作。如此，可藉機練習與客戶溝通的技巧，也可能會累積更多拒絕處理的經驗。而隨著我們開口要轉介紹的次數越多，獲得的名單便越多，達成高件數的機會也就越大。

成交不僅是爲了獲得業績，更是爲了給客戶帶去保障及服務。開口要轉介紹亦如此。我們獲得的轉介紹越多，受保障的人也越多，自身的社會價值便越大。當明白這些道理，也就更勇於在每次面談時都向客戶開口要轉介紹。

其實要獲得轉介紹，我們必須學會深耕客戶。試想一下，若你的親友要買冷氣，同樣的品質，一家電器行可以提供保固服務，並承諾後續免費提供冷氣機拆洗等服務，但另一家卻在銀貨兩訖後不了了之，你會把哪一家推薦給身邊需要購買安裝冷氣的親友？毫無疑問，大部分人都會選擇第一家。同理，當客戶規劃購買禮儀服務後，若我們仍與客戶保持聯繫，定期送上問候，若是能與客戶成爲生活上的朋友，更多的互動，會讓客戶更瞭解我們的爲人及服務，進而願意轉介紹。有了轉介紹名單，我們就有了達成高件數的基礎。

(四)隨機開發

相對於陌生拜訪，隨機拜訪更具偶然性，更不容易讓客戶接受。既如此，隨機拜訪應注意哪一些細節，才能一舉成功？一個人留給他人的第一印象，往往是第一次見面時的儀容儀表來決定的。在第一次見面時，如果這個人衣著乾淨整齊有品味，且舉止得體，就會給人留下不錯的印象；反之，如果這個人蓬頭垢面，即便內在有再多優點，也會令人敬而遠之。因此，想要在隨機拜訪中給客戶留下良好印象，獲得認識客戶的機會，就必須要注重儀容與儀表。注重儀容儀表，不一定要穿戴名牌服飾、首飾，而是要講究乾淨、得體、整潔，這是對彼此的尊重。具體來說，從事業務的人員，需保持造型頭髮整潔乾淨，著適合正式場合的服裝，女性業務人員還需化淡妝，也可多配戴一到兩件精心挑選、吸睛的首飾以增加亮點，有時會因此與客戶產生交集。

隨機拜訪中，我們和準客戶處於陌生狀態，彼此陌生之間難免會有一道防線，因爲對方不清楚我們是什麼樣的人，接近他有沒有什麼目的等，此時，我們的言行舉止，也成爲準客戶判斷我們人品的標準。所以我們要從言行舉止中體現自己的眞誠和自身修養，讓準客戶覺得我們是一個有素質的人。

但隨機開發，要一次成功，機率爲零。過去的筆者擅長隨機開發，這與個人生活習慣有很大的關係。由於常外食，但又不愛變化自己飲食消費習慣，所以總是會有固定的店家常拜訪，久了自然也成了店家的老顧客。初期的筆者不太會主動攀談，多爲店家對自己的好奇心使然，對筆者提出疑問，自然而然開口要求提出想對我的產品瞭解。也曾有使用問卷調查的方式，引起店家的好奇，主動提出想瞭解的需求。

四、善用社群軟體

現今社會社群軟體使用頻繁，常用的社群軟體LINE、FB、IG都是很好的工具（**圖6-2**），透過這些軟體搜尋聯絡上，透過追蹤朋友的動態，關心他的近況，抑或是用軟體發起辦聚會，甚至揪團購，如此不管熟悉與否的朋友，自然而然就會圈在一起！當然，要分清楚每次聚會或是碰面的目的，千萬記得聚會時，若非他人主動問起，建議不要公開談起產品，淺聊即可！但由於新人易拿捏不好分寸，常高談闊論，導致人脈越做越窄。故建議於聚會時，與朋友們做情感交流，蒐集資料即可，若眞想瞭解，建議另外私下約訪，效果會比較好！

網路的盛行，許多人透過交友軟體，成爲自己開發客源的管道，由於網路乃虛擬世界，雖一段時日後也可碰面成爲實體朋友，但耗時費日，更有遇到詐騙的風險，故在此不建議採用網路交友作爲開發方式。但經營社群，做資訊分享交流，與上述所提辦理講座有異曲同工

圖6-2　各種社群軟體

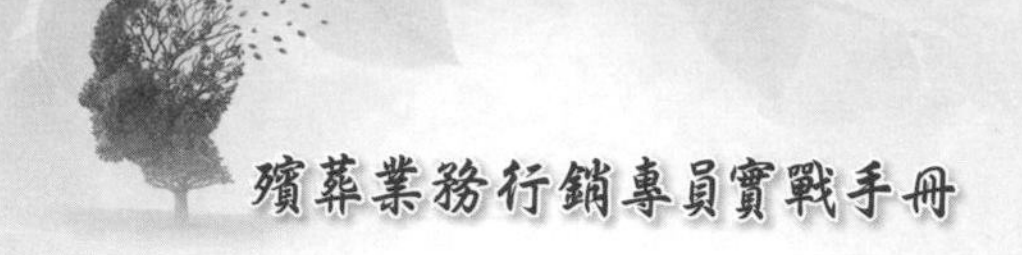

之處，將這些有價值的內容轉移到社群平臺上，無論是以文章、圖文的形式發布，都有助於「建立個人的品牌形象」，當所發布的內容足夠吸引用戶留言轉發，這些資訊在社群中的傳播速度會快速觸及更廣泛的用戶，實現「迅速傳達訊息、推廣產品或服務」的優勢；倘若在社群經營上，加以善用廣告投放，能「更精準鎖定目標客群」，因此，透過社群行銷能更有效地擴大個人影響力，並吸引更多潛在客戶。

第四節　客戶關係的維護

讓業務人員得以在產業中生存的是業績，但業績來自於客戶，所以用心經營客戶就是在讓自己能有源源不絕的客源，但是如何開始呢？

一、知己知彼才能百戰百勝

殯葬產業最常聽到一句玩笑話，但也是事實，是「遲早有天等到你」，人終將無法避免一死，但要如何讓身邊的親友們，願意開始聊生命的議題，到最後將人生的最後一里路交付予自己，那是來自於信任！從陌生到信任的交付，這之間業務人員又要做到哪些？

首先想一想，瞭解一個人越多，是不是越能投其所好？當越瞭解對方，相對地，彼此之間的距離就越近，越瞭解客戶，便知道客戶需要什麼，不需要什麼，才不會讓素食者吃牛排了，因此，我們需要將客戶的相關訊息一一建檔。對客戶有全面性的瞭解，在銷售過程中會變得更加順利！於是乎，我們通常會將列出來的準客戶名單寫在準客戶拜訪卡（如**表6-1**）上，再將自己已知的事項填入。未填入的代表是我們可以去瞭解的部分。

表6-1　準客戶拜訪卡

<table>
<tr><td colspan="6">準客戶拜訪卡——基本資料
原始評等：□A□B□C□D　調整後評等：□A□B□C□D</td></tr>
<tr><td>姓名</td><td></td><td>年齡</td><td></td><td>出生日期</td><td>/　/</td></tr>
<tr><td>住址</td><td colspan="3"></td><td>聯絡電話</td><td></td></tr>
<tr><td>服務機關</td><td colspan="3"></td><td>職稱</td><td></td></tr>
<tr><td rowspan="5">家屬</td><td>姓名</td><td>性別</td><td>年齡</td><td colspan="2">配偶任職公司／職稱
子女就讀學校／年級</td></tr>
<tr><td></td><td></td><td></td><td></td><td></td></tr>
<tr><td></td><td></td><td></td><td></td><td></td></tr>
<tr><td></td><td></td><td></td><td></td><td></td></tr>
<tr><td></td><td></td><td></td><td></td><td></td></tr>
<tr><td>・個性及嗜好
・對身後事的看法</td><td colspan="5"></td></tr>
</table>

只是要如何知己知彼，要透過相處和聊天。只是要聊什麼，才不是瞎聊！既能建立良好關係，還能贏得信賴及業績。許多初入行的新人們，往往都會犯了一個失誤，不論是跟朋友或是剛認識的客戶第一次見面，就急著想要介紹自己的產品。除非是剛好出門撿到黃金，運氣好到爆棚，遇到一個有需求也急著想要購買相同產品的人，這機會不是沒有，只是機率非常的低。一見面就急著介紹產品，這麼做就只會促發顧客對業務員的心理防禦機制。

過去筆者母親有位交情很不錯的朋友，阿姨常來家裏為母親處理社團的財務事務，平日裏自己不常遇見更不曾有機會交談。有次因為自己有些財務事情不瞭解，便跟阿姨請教，殊不知阿姨如同水龍頭一開，嘩啦啦地一直聊，其中僅是耐心地傾聽，最後阿姨不單解決了我的疑惑，更購買了產品。

其實跟客戶聊天很簡單，得讓他感受到「你懂他、理解他」，甚至「在乎他」。不只是在乎有沒有跟你規劃購買產品，而是眞的在乎他的想法與需求。

(一)聊顧客感興趣的話題

有成就的人，特別喜歡談到他們豐功偉業的事情。若能讓他們跟你聊自己的豐功偉業，會使他們覺得和你聊天是一件愉快的事。每個人對於自己的事情較感興趣，所以聊他們自己的事情會比聊自己的回應，更來得積極或有興趣。只是前提是得「問對問題」，問他們成功的經驗，或者是他們的成就。

(二)聊彼此類似的經驗或背景

當客戶跟你分享了他的事情後，可再多問一些深入的問題，亦可以分享自己的類似經驗，主要還是產生彼此的關聯共鳴，但要避免自己講個不停，勿相互比較。盡量透過問問題讓客戶多聊聊他自己，聊天的重點都還是要放在與客戶相關的話題上面。透過聊天，可以讓彼此更互相瞭解，且透過互動的過程，去發現顧客眞正的問題是什麼？想要避免什麼痛苦？內心還有那些擔憂？若是你能夠提供解決方法，也幫助客戶得到解決方案，否則再開心地聊天，就只會是聊天，不會是成交的合約。

最後我們會將訪談的內容，記錄在拜訪卡的訪談記錄（如**表6-2**）內。

常言道：親情五十，朋友六十，這麼多親友的狀況下，也會有親疏遠離之分，更別說是客戶了。所以開始銷售之前，會先將客戶做分類，分類的原則沒有特別原則，筆者通常會將其分成四類，分成A、B、C、D級（如**圖6-3**）。

A級客戶：信任度及能力都極佳的狀況下，優先開始銷售。

表6-2　準客戶拜訪卡——訪談記錄

準客户拜訪卡——訪談記錄		
拜訪日期	內容	預定下次拜訪日期
可能購買之因素		

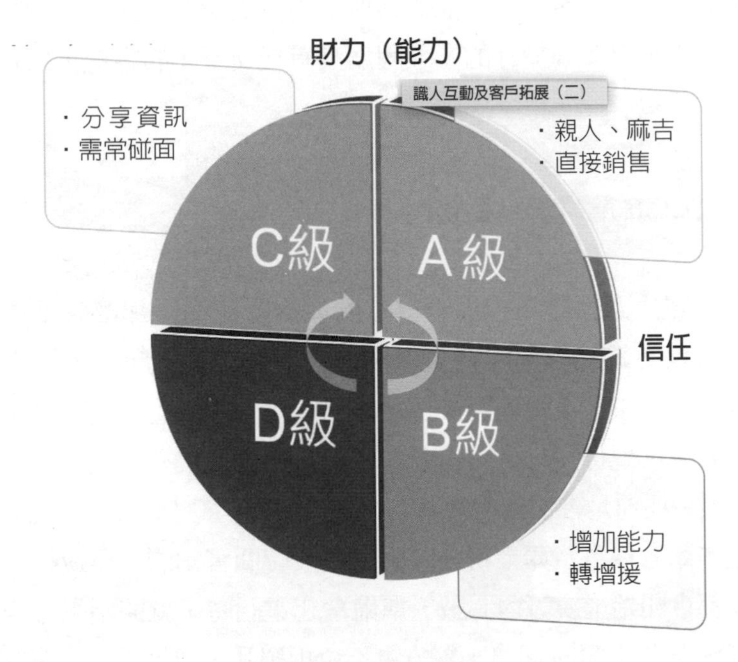

圖6-3　客戶的分類

B級客戶：信任度還不錯，只是能力尚佳，可以協助提升能力，再進行銷售。

C級客戶：信任度有一點，但能力還不錯的狀況下，次之。

D級客戶：完全陌生，需要好好瞭解提升信任度。

我們可以把D級客戶慢慢培養成C或B級的客戶，把B級客戶再慢慢培養成A級客戶。不要以爲B、C級客戶就永遠只會是B、C級，然而越大咖的客戶，越是要常聯絡，這是現實的，花時間和大客戶增加熟悉及信任度，自然大咖的客戶才會轉介紹更多客戶給你。

所以落實做好客戶管理可倍增客戶，也可倍增收入，更可以將流失的客戶再回來，倘若是你沒有這樣做，而其他業務員這樣做了，那麼將損失的不只是客戶數量和業績，更甚是自己的品牌形象。

或許有人會覺得，爲何要知道那麼多客戶的資訊？有用嗎？當然，唯有用心經營客戶，才能比其他業務員更清楚知道客戶所需要的東西，自然成交就屬於你的了。因爲沒有成交不了的客戶，只有不夠瞭解的客戶

二、開口推薦才是成交的第一步

跟準客戶互動許久，卻不曾推薦或提及產品，那麼就不會有業績。所以沒有邀約等同沒在工作，但爲何沒有邀約呢？大概幾個原因，其一，害怕被被拒絕，被拒絕的另一層含義，也是內心害怕會沒朋友。其二，覺得沒有人可以邀約。其三，覺得沒有時間。綜觀上述三點，最主要還是害怕被拒絕。

過去筆者從事殯葬業務後，曾有一段時間害怕的就是邀約，每次邀約前都會開始上演著內心戲，準備拿起電話時，就開始思考著，如果我打過去或是傳line訊息，對方會不會拒絕我，或是最後連朋友也做

不成！有時眞打過去，對方剛好沒接，感覺反而鬆了一口氣；或是line給對方已讀沒有回，開始胡思亂想一番。最後透過心態調整，明白邀約是爲了可以協助解決他人生一定會面臨的問題，而筆者只是提供專業及服務後賺取佣金，所以邀約是成交的開始。

三、邀約時的態度必須顯得快樂又輕鬆

我們的銷售主要是在幫客戶解決問題，既然是在幫客戶解決問題，那麼更應該在邀約上的口吻是快樂且輕鬆的，別讓客戶的感受是很有壓力且有被勉強。記得，邀約的過程中，盡量採取二選一法則，你是要約禮拜三還是禮拜四？約早上還是下午呢？約九點或是十點呢？約星巴克或是85度C呢？二選一的提問，容易牽引著顧客不經意順著我們的思路進行，更容易答應邀約。

四、聲東擊西的邀約

現在的人太常接到銷售電話，甚至是親友的邀約，以至於在面對邀約時會產生抗拒與反感。所以，這時筆者會採取請求協助轉介紹的方式做邀約。告訴對方，瞭解殯葬相關資訊，如同學習營養保健，但不一定要當營養師，但瞭解營養健康是一件很好的事情，如果聽完後沒有興趣，可以幫忙介紹給有需要的朋友！這樣的邀約，對於喜歡幫助朋友的人相對有效，也能較讓人感到無壓力。

再厲害的神槍手也會有失準的時候，所以即使顧客可能對於商品沒有需求，但也別忽略了，客戶也有他自己的親友，轉介紹名單也是一個很重要的客戶來源，可延伸持續地更新客戶名單。

殯葬業與一般傳產的業務不大相同的地方在於，殯葬業所面對的客戶是使用者、直接用戶端，與傳統產業的業務所面臨的客戶，是企

業主。B2B與B2C最大的不同在於，B2B的業務人員要說服的是企業的採購人員，及所有可以決定合作與否的角色。產品及服務要好到足以進入被納入考慮的範圍，是基本的訴求，畢竟企業採購之後，是要用來進行其他生產、營利……等活動。而B2C的模式，企業生產製造產品或服務後，透過自己的通路將商品賣給消費者，因此要對市場和消費者的喜好有相當程度的瞭解，才可以做出符合大衆需求的商品，過去大多經由實體店面作爲交易的場所，隨著資訊科技發達，電子商務更是占有一席之地。殯葬業雖爲B2C模式，但由於產品屬性較爲特殊，更多爲牽扯人性面，因此制式的溝通方式，較難打動人心。所以在我們行銷的過程中，說故事便成了我們在養成業務人員中一個必備的技能。

五、每個人都喜歡聽故事

人人都喜歡聽故事，人天生就喜歡從故事中想像，即便是自己沒遇過的情節，也能靠故事傳承下去。其實這就是我們喜歡聽故事的原因，故事雖然不是發生在我們身上，但我們可以去對號入座、同理故事情節，甚至想像感受，故事的感染力，在對方能夠同理的程度，所以當你想要推薦商品給親友客戶時，是個人品牌正要開始建立內容，首先要問自己一個核心問題，你想要傳達什麼訊息給市場、給你的客戶？那麼，何時才是說故事的好時機點呢？就在你邀約朋友後碰面的那一刻，如同前面第二節的部分，爲何想要踏入殯葬業？而這個問題，若能好好回答，其實可以解決許多後續需要處理的部分。

許多人喜歡用「因緣際會」四個字輕描淡寫地帶過入行的契機，殊不知最可以感動人心的一大階段就這樣略過，除此之外，更可以埋入許多想法在裏頭。以下與大家分享一些，筆者常會用在遇見準客戶的談話內容：

1.殯葬訊息，越偏鄉的地方資訊越不流通，越不流通的地方也越容易壟斷。例如澎湖、金門、馬祖這些離島以及越鄉下的地方，殯葬業者的家數都不多，最常遇見就是，只要詢問當地人，若是需要禮儀服務，他們都找哪幾家，他們是大宗！

2.「葬儀社眞好賺」，這眞是一句惹惱殯葬人的一句話！但也是筆者很常拿來開場的話，一般人都覺得殯葬業賺很大，因爲不熟悉不瞭解，加上是消費者不可拒絕的銷售，所以很常從顧客的嘴巴裏輕易地說出，葬儀社眞好賺。但眞的是如客戶所說的，死人錢很好賺嗎？要不你來賺看看，看看是不是賺得起這個錢！所以筆者通常都會以玩笑的方式作爲開場。

3.投身殯葬業，親戚看到自己就會問，「辦一場需要多少費用？」、「會不會被占便宜了？」越是自己人越會覺得被卡油，所以筆者總會在溝通分享中，就會表示，「你的問題很好，自己人我會賺你嗎？」這是做葬儀人的困擾，不要說親戚在做葬儀，事實上沒有人有義務爲你的人生負責，更不要相信所謂的甜言蜜語。

4.一個家庭中有人從事殯葬業是非常好的。社會新聞充斥著太多關於殯葬糾紛的事件，因爲不瞭解所以被坑騙。被坑騙事小，家人離世當下慌張無助的感覺，再加上被坑騙，那才是讓人崩潰。因爲這門知識沒有太多人懂得，但人走著走著，總會走到這一天，所以若是家中有人從事這一行，相對著會有種安心感！這也是當初筆者入行的想法之一。

5.有沒有經驗或有沒有概念行情。詢問客戶，是否有經歷過或是瞭解過這類的行情概念？多數的回應，可預期的答案是很少或是沒有。因爲平常不會有人在假日時間去逛殯儀館，或是三不五時遇到親人離世，當然經驗就不多，喪儀行情及流程概念不甚清楚是正常的。

6.死亡很重要，因為死亡是我們活著的家人被封鎖的記憶。有些人避諱論及死亡，甚至覺得人死了就死了，但不可否認的是，死亡很重要，因為死亡是我們活著的家人被封鎖的記憶！娶妻生子與生老病死乃人生大事，有錢人辦婚禮破億，喪禮如同婚禮，喪禮也可！例如，周杰倫的世紀婚禮，所以死亡不重要的話，活著也不用努力了！

聊到這邊讓我們稍微統整一下，銷售商品有個流程（如**圖6-4**），從一開始的客戶名單建立，俗稱列名單；對客戶的熟悉瞭解程度，稱之暖身；開口進行邀約，親自碰面溝通銷售產品。以上簡單幾句話便可描述完，但事實上，實際的銷售，快則一個禮拜，慢則一至兩年都有。記得初入行的筆者，並非順利，完全靠直覺作業，在自以為瞭解對方的情況下，就直接分享推薦，結果總是慘遭滑鐵盧，一股腦地覺得產品很好，身邊人都值得擁有，也需要擁有，殊不知不清楚對方的需求；再者，沒讓對方清楚知道出來的目的，花了許多時間想該如何切入主題，最後也是尷尬收場；後來，因為不斷失敗、再不斷修

圖6-4　銷售商品流程

正後，終於迎接了人生第一筆成交。當然，初入行推薦過而失敗的案件，也是透過後續的追蹤後，有了改變。接下來，我們要談及的是，當產品都說明了，但當下沒有成交，應該如何追蹤，促使而成交呢？

六、業績怎麼來？

業績怎麼來，當然是「跟進」來的！就像放風箏一樣，時而拉緊線，時而放鬆，做到保持一定距離，又能適時地解決客戶的疑惑，讓人感到舒服。其實許多願意投身業務的人，其實不怕開發客戶，但卻在「跟進」這一環節做得不甚理想。

記得剛開始銷售生前契約的時候，筆者對於「跟進」做得不是很好，心裏一方面怕頻繁聯絡會讓人心生厭煩；一方面太相信朋友了；另一方面是在跟進的過程中，感受到客戶的防備心，讓人覺得不是很開心，所以心生膽怯，產生許多內心戲，就不敢主動聯絡。

後來約訪次數多了，不斷體會後修正，在「跟進」中有所突破，也領略到眞正的「跟進」意涵。曾經有位朋友介紹一位他的C朋友給筆者，電話聯繫了幾次之後，約好碰面聊聊，但無奈他晚上有工作，白天多數是休息時間，故約定的那天C朋友睡過頭，以至於筆者解說時間只有45分鐘就要離開，當天也無較多時間解決C朋友的疑惑。於是約C朋友再次出來聊聊，約他可否週四晚間一起吃點東西。

第一週，C朋友說有事可能沒辦法過來。

第二週，C朋友說應該可以來，並問了我確切的時間和地點，但到了飯點前，一直聯絡不上。

第三和第四週的狀況和第一次碰面一樣，C朋友都睡過頭僅有簡單地吃東西，什麼都沒有多聊。

到了第五週，他又說應該可以來，又問了筆者一次確切時間和地點，但到了飯點前，又聯絡不上。

如果是你，這時還會再約下一次嗎？

當時我就一份執著，還是跟C朋友約了下週四晚間吃東西，當然，對於之前他聯繫不上的狀況，有預先跟他說筆者會打電話提醒他，果然時間差不多的時候，如期而至，也在過程中順利了購買商品了。

七、「跟進」在銷售過程中，是一門藝術

每次的邀約，多數無法一次成交，「跟進」在銷售過程中，是一門藝術。根據Brevet業務研究平均 80% 的業務銷售需要五次的跟進。首先要先建立自己正確的心態，立場站穩，是爲瞭解決客戶內心的疑惑，也讓自己清楚可以如何調整。

跟進的目的有幾個：

1.解決疑問點。

2.讓狀況好的變得更好，狀況不好的變好。

3.讓對方更瞭解你和公司，爲何要找你購買規劃。

對筆者來說，通常在事先功課沒做好，容易導致在「跟進」環節變得相對吃力。由於不夠瞭解對方的需求，自然無法設身處地爲客人著想，才會產生錯誤的行爲，又或是在不適當的時間聯繫客戶，徒增客戶的困擾及壓力，反而斷了日後可能簽約的機會。若是無法事前做足資料的蒐集，在跟進的過程中，「聆聽」客戶的想法及需要，進而提出合適的建議。甚至除了良好的產品專業知識外，更重要的就是能從客戶的角度思考，如何提供顧客解決問題的方式，以不形成壓力或勉強，讓客戶開心且自願的情況下，將自身人生最後一里路的權力，交由我們來爲他服務。就像幫自己的好朋友提供量身定制的服務，讓

他明白：不是最適合他的產品，不會建議給他；建議給他的商品，一定是最適合他。有這樣的信賴關係，都不必太擔心客戶會沒來由地離自己而去。

明白跟進的目的後，就要清楚，跟進主要是爲了解決疑問點，要解決疑問最佳的方式即是面對面，也許有人會說，電話或是通訊軟體line也可以，的確！在日常生活中溝通法有幾種：

1.「實際見面並分享」。
2.「透過電話用聲音跟對方溝通」。
3.「簡訊、電子郵件、通訊軟體等」。

受新冠肺炎疫情影響必須保持社交距離時，人們戴上口罩，拉開彼此的距離，降低外面用餐或是餐會的機會。不分男女老少戴上口罩，遮去口鼻，帶著這副抵禦病毒的盾牌，進入一個充滿不確定、焦慮且疏離的「半臉時代」。

語言是人與人溝通的主要工具，但仍有些潛在層面是透過表情傳遞，若戴著口罩，如同隔在彼此間的一道牆，不僅因此較難得到情感上的回饋，與他人的親密度也會下降。所以透過電話、簡訊、電子郵件或通訊軟體等非直接接觸的溝通方式，看不到對方的眼神、表情、姿勢、動作，更感受不到氛圍，這些都會影響互動時的判斷。人性會呈現出自己好的一面，而將弱點、劣勢隱藏。

所以行銷過程中，最理想的方式，是實際碰面，至少見面三分情。即使沒有理由見面，也會刻意撥出時間跟對方碰面。如果是無法碰面的狀況，則會經常打電話聯絡。生活中經常會出現類似「我今天有工作來到你這兒，有空嗎？中午一起吃個飯吧！」「我昨天夢到你，可能是我想你了吧。你最近好嗎？沒什麼事吧？」諸如此類這樣的場景。有些人或許會覺得這樣太誇張，但若有朋友每次都會想起我，並特地撥電話來，或是約時間吃個飯喝點咖啡，眞的讓我覺得很開心。即使沒有碰面的理由，仍「刻意」撥時間出來製造碰面的機會；即使無法碰面，仍「欣然」打電話問候對方，雖然看似是些小事，實際上卻是困難又麻煩的事。很多人在約朋友碰面、跟朋友聯絡的事情上總是下次再約，下次都不知道何年何月，很容易導致彼此的關係漸行漸遠。

最常有新人夥伴問：跟進到底要聊什麼？產品都講得差不多了，也沒有太多疑慮，也試著詢問過意願度，但就是久攻不下，那還可以聊什麼？在這邊跟大家分享一個經典的故事，從前有個推銷員準備去一家農場推銷收割機，可是到達農場後才知道，已經有十多個人向農場主推銷過了，但是農場主人都沒有買。可是他並沒有放棄，正當他經過農場的花圃時，發現裏面有一株雜草，於是彎下身把草拔掉了。恰巧這個動作被農場主人發現了，當業務員見到農場主任時，準備向他推銷收割機時，農場主人說：「不用介紹了，你的收割機我買了。」

業務員不解說：「先生，您不準備看看我的產品嗎？」農場主說：「首先，你的行為已經告訴我，你是個心態良好、誠實、有責任感的人，因此值得信賴；其次，我確實需要一臺收割機。」

「正確的心態決勝負」，成交有時就是這麼簡單。當我們用什麼態度面對自己的工作，別人就會看見什麼樣的自己，所以成交有時僅是取決於自己的心態。消費者對於商品的印象完全來自業務的專業解說及談吐，對於業務員的第一印象，也會漸漸轉變成對商品的印象。因此，每個業務員都要好好把握與客戶的任何互動，以及注意自身的言行舉止，然而「誠實」、「負責任」及「良好的心態」，都是一名優秀業務的基本素質。

年銷售額超過十億美元的壽險顧問喬．甘道夫曾說：「成功的銷售，來自於2%的商品專業知識，以及98%對人性的瞭解！」所以洞悉客戶心理的能力，及瞭解客戶的期待，並用他所期待的話來回答，這種能力主要來自靠實務經驗的培養。當然每個人的想法和心態不盡相同，但有些想法是每個人都有的，連筆者都不例外，特別整理出客戶潛意識到底在想什麼，如果我們能掌握到客戶潛意識在想什麼，那麼成交就離我們不遠了。

多數客戶潛意識中最怕什麼？

1.被騙。
2.花錢。
3.買貴了。
4.強迫推銷。
5.買到不需要的產品。

以上是客戶最怕的事情，那麼客戶潛意識中又最喜歡什麼？

1.貪小便宜。
2.物超所值的產品。
3.穩賺不賠的買賣。
4.免費的贈品。

因此知道客戶潛意識最怕及最喜歡的事情，投其所好地將問題解決，自然成交便不是個問題！

最後俗話說：「一勤天下無難事。」可見「勤」是一切成功的基本要素，有人說：「做業務沒有什麼技巧，只要勤勞就好」，充分說明勤勞其實就是促成交易的成功關鍵。如果客戶能夠給予你「勤奮積極」等正面的認同及評價，相信你已經得到客戶的信任，這也就是銷售商品要先從銷售自己開始的道理所在。俗話說：「見面三分情。」人與人之間，若有幾分熟悉，說起話來就親切許多；尤其是華人較注重情感的交流，所以客戶的培養必須從勤於接觸開始，找機會和客戶建立友誼，從內心深處真誠地關心他，自然就可以獲得相對應的認

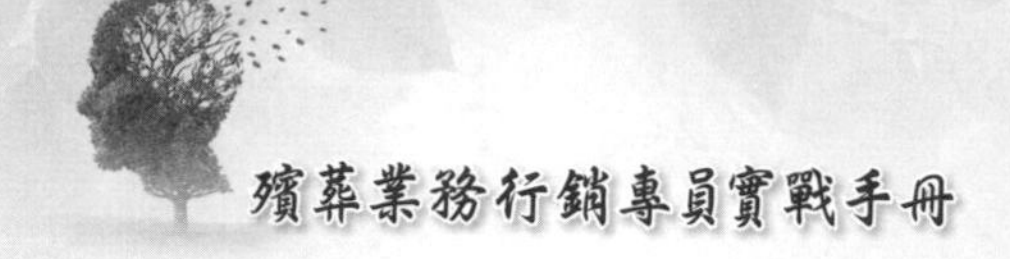

同。發明家愛迪生曾說：「天才，是一分的天分，加上九十九分的努力。」說明了後天的努力，才是成功的重點所在。有些人知識能力、專業能力不足，學習速度不如他人，但清楚知道自己在先天條件上不比他人，卻很想出人頭地，唯一可以感動客戶的力量就是這個「勤」字訣了，而且不乏成功的例子。沒有人天生就具備超乎常人的銷售能力，很多Top Sales的銷售技巧，都透過學習進修而來的。在學習之後必須透過不斷地練習來提升經驗與膽量，使之自然地成爲自己銷售習慣的一部分，長久累積，銷售能力就會有如爬樓梯一般，逐步提升，也同時建立起自己的信心。

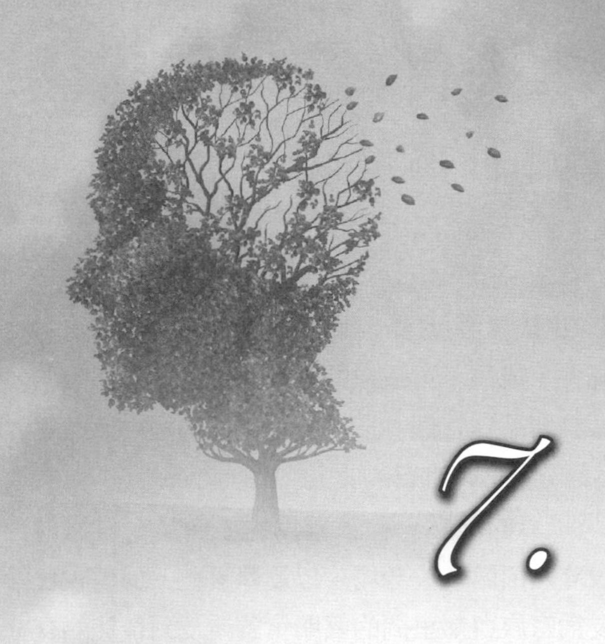

7.

殯葬產品的銷售技巧與難題的解決

林佩蓉

- 殯葬產品的瞭解
- 殯葬產品的銷售技巧
- 銷售可能遭遇的難題及因應策略
- 銷售案例分析

第一節　殯葬產品的瞭解

一般民眾雖對於死亡有所忌諱，但生老病死課題是人無法避免，因此傳統殯葬業在工商業化快速發展中，默默穩健地朝向產業化發展，所迎來的市場經濟條件，成爲不可或缺的行業。除了滿足喪家治喪需求，也發展出專業服務與品質管理，形成特定流程的提供商品與服務的混合式產品，並爲經營者帶來實質的收入。

傳統殯葬業一開始是以葬的地點——公墓爲主要商品。日據時代於人口較密集地方，設立殯儀館、火葬場，以及葬儀社。偏偏在民間涉及的殯葬活動，主要爲宗族與鄰里間的互助；若涉及到金錢的交易，則偏向葬具或墓地的買賣，以及墓碑建造與陰宅風水堪輿。至於人力服務方面，考量前來協助的人基本都與喪家有親戚關係及鄰里之緣，所以倘若眞的要談爲亡者穿衣要多少錢、製作孝服的工錢、出殯時協助移靈費用，這些在過去農業社會中，大家的共識就是互相幫忙，眞要談錢那就太傷感情及失禮了！身爲喪家也不會不懂人情世故，因此治喪期間接會需準備餐食，提供前來協助之親友及街訪鄰居；至於有碰觸到遺體、葬具與相關禮器的，亡者家屬皆會包紅包以表感謝，也避免親友「見刺」而有沖煞。

然對於擇日、堪輿風水師，或棺木店派人前來巡查打桶棺木是否有漏氣者，來到家中，每每見面倘若有執行任務，無論大、小、槳、易，喪家都必須有人負責打點致贈紅包避免失禮。對於餐點、菸、檳榔與茶水的供應，以及紅包累積的金額來說，讓受喪親的家人們來說，於現在工商業社會中，實爲一筆沉重的負擔，因此原本由族親及街訪鄰居爲主導的助喪主導權，漸漸地便被傳統葬儀社給取代了。

因此，臺灣在民國60年代以前，專職從事殯葬服務的人，主要在販售物品，如棺木店、骨甕店、墓碑店，再來是道士、禮生、釋教法師、擇日堪輿師、土公仔、剪刀尺等付出勞力或提供特定諮詢的運作組成臨時的編組或團隊。過去大多由地方仕紳耆老的帶領下，各司其職，賺取紅包及餐食。然民國60年到80年代，十大建設帶動經濟起飛，勞動人口移往都會區，因此當有人往生的時候，親友及街訪鄰居無法協助時，就由較近的葬儀社取而代之，也形成了傳統葬儀社提供殮、殯、葬的模式。於是地方仕紳改由葬儀社爲主導，但也有棺木店、法師於地方上統籌擔任治喪職責的模式。其經營模式已從單純物品與服務的樣態，轉變爲協助喪家對應安排殮、殯、葬的流程，代辦與代購項目，再進行土葬或火化安葬儀式結束，最後葬儀社統一憑單據或總包項目表向家屬收款，這對喪親的家屬們來說，雖然搞不懂所花費的項目，但終究有個憑據可以對帳。

傳統以葬儀社爲代表的殯葬產業，因爲統整成單一窗口，業者主動協助的項目，包含遺體接運、沐浴、著裝、冰存與入殮等處理，也包含豎靈、做七等相關法事的安排，另外擇日、訃聞校稿印製、預定禮廳靈堂、會場布置及出殯發引等也由葬儀社一手處理。另外有關壽衣、棺木、祭品、回禮毛巾、銀紙、孝服、蠟燭與香等等，也由承辦的殯葬業者提供或代購，甚至殯葬設施的使用、火化許可也能代辦。至於儀式所需要的禮生、宗教法事人員、樂隊、陣頭或花車，亦可以協助代聘。

總而言之，對於可能是人生中第一次遭逢家人過世的人來說，在悲痛無助的時候，有個類似過去宗親族長的人可供諮詢，但過去是在長輩的指導下，偶有壓力，縱使覺得有些儀式、習俗或物品可免，但害怕權威，在不理解的情況下，得做一些不知意義爲何或目的的儀式，抑或是採購了可能超額或不適用的物品。但是當葬儀社老闆取代宗親仕紳之時，變成消費者與業者間是買賣關係，無需屈就於人情壓力中。因此喪親的家屬可以事先詢問掌握預算，也能在相互平等的狀態下，民眾能就治喪流程與應備物品提出疑慮及討論。

約莫民國50年代，臺灣地方性的職業化葬儀社開始參與喪家、親友與鄰里之間相互「湊腳手」的殯葬活動，起初較為突顯的是屬於「葬」，也就是私人公墓的區塊。然而在人口居住較為密集處，葬儀社隨著民眾的需求，而發展得較為順利。雖然當時宗親、族長對於治喪流程的主導權還沒有完全變成葬儀社，但就以靠近工業區的都會城市範圍，由家人自行聘請的葬儀社，幾乎全盤接手儀式程序，包含臨終遺體接運、遺體處理與入殮、豎靈、做七法事、會場布置、告別儀式、出殯發引，到土葬或火化進塔，皆由葬儀社相關人員統籌安排，至於因應程序延伸出來需要用到的亡者壽衣、家屬孝服、棺木、誦經法事人員、陣頭、擇日與堪輿、樂隊、禮生、司儀、扛棺的土公仔、靈車、土葬或火化許可等等，則由葬儀社人員統籌發包，可分為代購、代辦或代叫等等。至於金額的部分，可由家屬分別向協力廠商個別支付，或者整筆交由葬儀社跟其他廠商另行對應。

因此，若相關物品與服務內容若有出入，消費者能直接找葬儀社負責人反應。所以傳統以葬儀社為核心的模式，不但在都市地區被接受，也讓偏向農業環境的鄉下區域，因為是原本當地的「頭人」年紀增長，體力不如從前，所以也接受將治喪事宜交由信任的葬儀社來主導，轉換擔任顧問，如此可以獲得他人尊重，又有紅包可拿，何樂而不為。

傳統殯葬產業的興起與成熟的發展，主要在於工業化快速發展，民眾感受到經濟起飛的好處，再加上過去由仕紳耆老所主導的喪禮，經常是在不知其所以然的繁文縟節中舉行，雖被長輩告知一切都是為了「孝道」，但是對於時間就是金錢，少一天工作就會被扣薪的氛圍中，喪親家屬心中開始期待治喪也能更有效率與效益，無法再跟隨長輩在複雜的幫喪成員多頭馬車的引導下，長達十幾天的停殯期間，每天除了準備三餐給親友鄰居們，還得參與一遍又一遍的冗長的奠祭儀式，於是當成爲主喪者的下一代，回想到過去類似經驗時，便會趨向於避免，轉選以葬儀社來主導的治喪模式，然而喪家周邊的家人也會力挺，因爲若靠葬儀社負責人來負責，許多原本歸屬是家中婦女需要代辦或代購的祭品、物品，就能由葬儀社人員代勞，因此讓家屬們在喪親中不用再奔走與煩心，也是很吸引人的理由。

隨著產業的發展成熟，經營型態也隨之多元，除了以殯葬禮儀爲主的服務業之外，還有經營殯葬館、納骨塔及墓園等設施經營業，分別如下：

1. 殯葬相關商品：例如生前契約、棺木、祭品、禮儀百貨、骨灰罐、紙紮、庫錢、花卉、會場布置、遺像製作、追思影片製作、投影設備租用等。
2. 人力派遣服務：如樂隊、大體SPA、外場招待、司儀禮生、宗教師、洗穿化人員、拾金起掘人員。
3. 設施經營：殯儀館、墓園、納骨塔、殯儀會館、寺廟等。
4. 禮儀專業顧問：禮儀師、擇日風水師。

而就目前殯葬市場則可區分爲現貨市場和預售市場兩種，所謂現貨市場就是死亡之後才由家人代爲購買的殯葬服務；預售市場則是自身或是家人提前購買安葬之處或簽訂生前契約。預售市場的價格彈性高於現貨市場，因爲消費者主要是爲了自己或家人規劃，較無急迫性，有足夠的時間貨比三家，且消費者的考量重點，會以廠商能否完成履約服務和能否轉讓他人爲主，因此，廠商的規模和品牌尤爲重要。

整體來說，殯葬業面向消費者的產品主要有三類，包括生前契約、禮儀服務和塔墓商品。生前契約指的就是一份生前預購往生服務的禮儀契約，可以保障往生的尊嚴及儀式的品質。它是保險的延伸，也是生涯規劃中，最重要的一份，是有尊嚴的「神仙保單」。禮儀服務指的是在為來世提供一座橋樑，來世來自多種精神來源。占臺灣人口35%的民眾信奉佛教，通過對佛陀的信仰和奉獻以及善行的積累，一個人可以擺脫輪迴，從而達到完美啓蒙的狀態。這信仰與其他信仰體系的要素融合在一起，包含道教、土著靈性和基督教等，共同構成了臺灣多元文化主義的禮儀習俗，於葬禮期間安慰生者的服務及提供所需物料。塔墓商品則是納骨塔位、墓園，或是塔墓園管理的服務。目前專做禮儀服務及生前契約的有萬安生命以及臺灣仁本、寶山（中國生命）；專做塔墓的有基泰（國統）、吉園，其他較具規模者如產業龍頭——龍巖、金寶山、國寶、展雲等，則是兩者都做，為一條龍式的服務。

目前從事殯葬業務行銷專員推廣的產品，較多為生前契約及納骨塔：非主要的產品銷售為棺木、紙紮、骨灰罐、墓地等，故接下來探討分享的將以生前契約及納骨塔位為主。

一、有尊嚴的「神仙保單」

有尊嚴的「神仙保單」乃所謂的「生前契約」，指的便是「生前殯葬服務契約」，其中《殯葬管理條例》給予定義如下：「指當事人約定於一方或其約定之人死亡後，由他方提供殯葬服務之契約。」簡易來說，就是消費者與生前契約業者訂定契約，雙方約定消費者或其指定的人（不一定要有親屬關係）死亡後，其喪葬後事由共同簽訂契約的生前契約業者來負責服務。簽訂生前契約時，雙方會於契約中定好服務內容與服務金額，除非雙方皆同意，否則服務內容與服務金額不能隨意變更。若消費者方解除契約，生前契約業者最多得求償生前契約總金額的20%。

(一)減輕家人在喪失親人後的負擔

生、老、病、死是人必經的過程，既然人都終有一死，決定自己人生中最重要的一場畢業典禮該是什麼模樣，生前契約便是從預防、預約的觀念出發，使我們得以透過白紙黑字的方式，依照個人的宗教信仰、生活習慣及喜好，預約治喪過程中提供的一切的禮儀用品以及禮儀服務，並讓家屬親人在當事人往生後能以最快的時間回到正常生活。其目的爲用預約的規格及預付或分期繳款的方式，降低往生當下家庭經濟上的壓力，以及親屬在情感上的衝擊，並圓滿對家庭的責任及個人的尊嚴。

當生命來到一個轉折處，面臨長期臥病或即將走入人生的終曲，爲盡可能地減少離別的遺憾，除了至親的陪伴，也需要交代或安排生後事。政府也爲民眾做了在生命的盡頭之前可以預先做哪些規劃。這些生前規劃清單並不具強制性，而生前契約及預立環保葬，就分別列在其中。

面對國內殯葬業者的良莠不齊、殯葬行情也易流於漫天喊價，爲促進國內殯葬產業轉型，大型企業及財團紛紛介入殯葬業，以生前契約預售禮儀服務之方式推出，幫消費者預先規劃身後事的殯儀部分，再利用類似壽險公司賣保單的方式預售，避開同業惡性競爭，也可推廣正確的殯葬觀念。由於大型企業的禮儀公司所提供的服務，一掃過去國人對葬禮晦暗、忌諱的陰鬱形象，取而代之的是莊嚴、肅穆而隆重的葬禮。臺灣現在一場喪葬費用平均爲37萬左右，反觀，目前平均有30-40%的家庭，一時無法拿出這筆喪葬費用。

(二)合法生前契約公司怎麼挑？

想知道哪些是經政府核可的生前契約業者其實很簡單，只要到內政部全國殯葬資訊網（https://mort.moi.gov.tw/），在上方「設施及業者查詢」的「生前契約業者查詢」，就可以找到目前符合「一定規模」條件業者的名單，以及合法的經銷商。所謂「一定規模」條件，是指必須是殯禮儀服務業、實收資本額要新臺幣3,000萬元以上、經會計師簽證確定最近三年內平均稅後損益無虧損、服務範圍須設置專任禮儀服務人員且有經銷商者應先向當地主管機關報備、具備主管機關認定的生前契約資訊公開及電腦查詢系統、提供符合內政部標準且經主管機關備查的定型化契約等六項條件。以2024年4月查詢結果，全臺只有三十家業者提供生前契約的服務哦。另外，《殯葬管理條例》第51條規定，符合「一定規模」條件的業者，其有預先收取費用者，應將該費用75%，依信託本旨交付信託業管理，除生前殯葬服務契約之履行、解除、終止或本條例另有規定外，不得提領。此外，業者必須將信託提撥金額資訊公布在網路上。

(三)預先規劃生前契約讓未來有備無患

◆提前準備，讓家人安心

一般來說當家裏發生往生事實的時候，心情多數不會太好，最常見的就是不知所措、六神無主的情況，這樣的狀況常讓人無法理智地處理事情！但也無法等到心情平復後再處理。

再來是，如果手頭不便，更無法等我們去貸款、借錢、標會後再來處理，因爲這種事情都有迫切性，無法等，一定趕快處理。

最後，一生中遇到親友往生事實的次數都不多，更不會平日研究葬儀服務或是逛逛殯儀館看看目前流行什麼，所以面對繁瑣的禮儀習俗都不甚清楚，故碰到有往生事情需要服務的時候，必定傷心難過、不知所措。倘若已提早規劃準備生前契約，只要立即聯絡禮儀公司，就會有專人服務，就可以既安心又放心。

◆服務品質有保障

每一場往生服務都會舉行公開的儀式，每一場服務都是很好的產品見證會，因此，生前契約的公司服務一定會做好，因為把服務做好是基本，重點是要推廣生前契約的業務。所以都是靠服務來帶動業務，所以品質好是必然的。再來每間合法的生前契約公司，必須依法將契約款項提撥75%交付信託。什麼是信託？就是以個人名義把錢存在銀行，指定用途專款專用，並且由財政部監管，任何人都不能任意提領。其中只有二個情形可以把錢領出來，哪二個情形呢？第一種情形是生前契約公司已履行全部約定之服務內容，並經消費者於殯葬服務完成確認書上簽字確認後；第二種情形是消費者解約了。所以如果生前契約公司沒有依契約內容來執行並把品質做好的話，喪家就不會在殯葬服務完成確認書簽名，其就無法憑死亡證明及殯葬服務完成確認書把信託的錢領出來。因此如果是您開生前契約公司的話，想必也會將禮儀服務給做好！因為禮儀辦得不好，公司就無法提領錢，所以這樣對消費者是相當有保障！

◆一切讓專業的來

往生服務除了需要花費金錢之外，也需要人力來處理許多繁瑣的事情。以前農村社會，大家庭孩子生得多，可以靠很多親戚朋友，甚至是街訪鄰居來幫忙。但隨著時代變遷，七〇年代後工商業社會，多為小家庭，住在公寓或華夏大樓，人情變得淡薄，當家裏發生往生事情的時候，便只能要靠自家兄弟姐妹或子女來協助處理。現在少子化、老年化時代來臨，許多年輕人不結婚、不生小孩，所以當眞發生事情的時候，也都委由專業的人士來處理了。

◆消費者有保證

政府在民國91年7月17日立法院三讀通過《殯葬管理條例》，這次的修法把生前契約納入其中，訂定嚴謹的法律規範，因此臺灣的殯葬產業因此邁入了一個新的里程碑。過去五十年來政府對於生前契約沒有法令可管，也不曾在這個產業課徵過半毛錢。民國91年後透過修法，購買規劃生前契約業者都必須開立發票，因此可以增加國家稅收，政府也可以用此來造福社會大衆。

◆事前準備價格鎖定

根據內政部資料統計，現在臺灣平均辦理一場告別式費用要20~30萬，但其實臺灣有一定比例的人口，對於一次性拿出不少的費用，來辦理禮儀服務，是有難度的，所以在有經濟能力時，從容地爲自己或家人準備將來的那一天一定要支付的費用，通常都可以依經濟能力可負擔，選擇一次繳清或數年內分期繳納。另外也依自己的經濟能力，選擇需要的喪禮服務內容和價格，價格議定後，無論未來是否有無物價波動或通貨膨脹，也不會因此而增加費用或降低喪禮服務內容和品質。

二、塔位

中文博大精深，每個字都有他的含義，而「殯葬」這兩字也是代表了人往生後身後事的意思；「殯」主要是停放往生者進行弔唁，安排後續喪事，在靈堂中所進行的拜七、念經等，而出殯就是整個過程的最後一個喪葬流程了！『葬』主要以告別及安頓死者最後歸宿爲主，所謂的安葬，以前總認爲要入土爲安，但現在除了土葬，還有火葬進塔跟環保葬等多元安葬的方式可以選擇。生前契約主要爲「殯」，接下來要談的塔位即爲「葬」。

在風水理論上常常聽見，這是一座陰宅或是陽宅，也就是說生者或死者住的地方不同，陽宅是活人生前居住的房子，一生中大部分時間在住宅裏渡過，特別講究對人的活動和健康發揮好的影響；而陰宅是往生者下葬的墓穴，注重埋葬在能夠庇蔭後代運勢的風水寶地，避免禍延子孫，變成食不充飢、衣不蔽體的落魄處境。所以不管是陽宅、陰宅都需要參考地點、方位、結構、格局等來決定座落位置，所以此處來談談目前市場上的主流商品納骨塔，而塔位的好處在哪呢？

時代變遷，現在比較不忌諱先買塔位、牌位，反而是一種提早置產的新概念。塔位這麼多，到底有哪些？差別在哪邊？

(一)塔位有哪些？

◆公立寶塔

政府爲地方鄉鎮居民所蓋之靈骨塔，皆爲使用權，移出之後等同放棄該位子，費用親民，環境清潔，管理上較爲鬆散。由於價格親民，都會區的寶塔，櫃位的使用趨近飽和，目前多數面臨櫃位不足；偏僻或郊區的櫃位，當地民衆使用量少，加上位處偏遠，都會區民衆前往使用意願度也不高，造成使用不平均的狀態。另外都會區新建納骨塔須考量周邊交通、民意溝通及土地空間條件，以上則爲公立寶塔的劣勢。

◆宗廟禪寺塔位

寺廟附設之塔位，僅會有感謝狀，並無使用權或所有權狀，且環境清潔、管理因寺廟而異。許多家屬常常會希望可以選擇宗廟禪寺的塔位，爲什麼呢？原因如下：

其一、莊嚴肅穆，早晚誦經，僧寶常住。想像當我們人去寺廟掛單，整個人都會清涼起來的概念。

其二、其實宗廟禪寺附設之塔位的訂價與私立塔位相同，視線可及，靠近佛祖都是高單價，但由於宗教信仰的關係，信徒願意負擔。

但其有幾個隱憂，《殯葬管理條例》修正案立法院三讀通過，國內宗教機構附設納骨塔有四百多餘座的納骨塔就地合法，但《殯葬管理條例》91年7月19日施行之前，已設立的寺院、宮廟及宗教團體所屬公墓、骨灰存放設施及火化設施，得繼續使用，如有損壞，得於原地原規模修建，不能擴張範圍或高度。寺廟附設納骨塔問題亦是該次《殯葬管理條例》修正案重點之一。依現行《殯葬管理條例》第72條規定：「本條例公布前，寺廟或非營利法人設立五年以上之公私立公墓、骨灰（骸）存放設施得繼續使用。但應於二年內符合本條例之規定。」但兩年緩衝期早於93年7月19日屆滿，至今絕大多數仍未符合規定。主因爲地方政府認爲執行法令有困難，內政部決定將這些設施視爲宗教建築物的一部分，從修法來解套，讓這些違法的殯葬設施直接就地合法！也因爲有些早期位於山坡的寺廟，所以較需考量安全問題。

◆私人合法塔位

空間較爲寬敞且現代化設計，皆有可買賣所有權，費用低到高皆有，環境較爲舒適，無傳統塔位之陰森感。私人塔位讓人直接聯想的就是最周到的服務，有號稱「飯店級管理」到「祭品款便便」，或是掃墓接駁車等，盡量提供讓來祭拜的民衆，有各種不同的服務。寬敞舒適的環境，讓進行追思、祭祀儀式時，家屬子孫有舒適寬敞的環境可舉行儀式。

(二)塔位的建築結構有哪些？

◆鋼骨結構

使用年限最長，也是最耐震的建築工法，但相對建築成本也最高，一般僅有私人寶塔會採用鋼骨結構，寺廟或供塔鮮少使用這個方式。

◆鋼筋混凝土

俗稱的RC，是最常見的建築工法，使用年限及耐震度遠不如鋼骨，且從建築成本上更遠少於鋼骨結構，適合樓層不高的納骨塔，一般公塔、寺廟納骨塔及部分私人寶塔多採用RC；但其最大的問題在於，公塔由於是公家單位，常有偷工減料的事情發生，也常因便宜行事導致塔位的不安全。

◆加強磚造、鐵皮屋

也許有人會有，現在還有加強磚造和鐵皮屋嗎？答案是肯定有的！有些傳統寺廟甚至公家設置年代久遠的納骨塔，仍採用這類建築，其使用年限及耐震係數都很低，但請別懷疑，他們仍有其市場。

(三)塔方的管理方式

依據《殯葬管理條例》第32條中規定：私立公墓、骨灰（骸）存放設施經營者應以收取之管理費設立專戶，專款專用。其用意避免私人墓園、骨灰（骸）存放設施經營者因故荒廢管理維護工作，損害消費者權益，故明定經營者應以收取管理費設立專戶，專款專用於管理維護工作。

多數公私立墓園及寶塔進出皆有管制，但其差別在於是否有定期開設法會。

(四)塔位的合法性？

根據《殯葬管理條例》記載，國內多數存放於私人塔位皆為納骨塔貯放權的「租用」，也表示民眾只持有塔位的「永久使用權狀」，並無土地、建物的所有權狀。所以一旦建物不堪使用，或因經營管理不當、產權糾紛等各種問題發生時，皆很有可能會造成消費者權益的受損；根據第28條「存放設施使用年限屆滿時，應通知遺族……以骨灰拋灑、植存或其他方式處理」，上述也說明若無完善處理，先人的骨灰很可能淪落被拋灑的命運。因此可建議消費者在挑選塔位園區時，可從合法性、保障性作爲依據的準則，更要先瞭解塔位經營者提供的標的物是否爲合法，塔位產權是否清楚；另外，也須瞭解業者有無取得使用執照、殯葬設施經營許可等。也提醒購買使用權時，要注意使用年限及年限到期後的處置是否載明於合約，避免未來子孫不知如何處置，不但造成困擾亦會有糾紛產生。

三、什麼是樹葬、植存、花葬、灑葬？

最後談及的部分是環保葬。近年來，環保意識抬頭，越來越多消費者想化繁爲簡，選擇環保葬讓生命回歸大自然。在臺灣有五種環保葬，包含：樹葬、植存、花葬、海葬、灑葬等，不同於土葬及火葬，環保葬將遺骸火化成骨灰後，不另做設施、不放納骨塔、不立碑也不造墳。如果目前身邊剛好有親友或是客戶想瞭解環保葬，或未來考慮採用環保葬其中之一的方式完成人生最後一程，不妨可以好好瞭解其優缺點，評估後再做決定！

樹葬將往生者火化後再將其骨灰研磨成粉後，裝入可被大自然分解的棉布袋或紙內，不另立墓碑也不記姓名，並存放於樹木根部，與自然合而爲一。根據《殯葬管理條例》第2條第11款，樹葬：指於公墓內將骨灰藏納土中，再植花樹於上，或於樹木根部周圍埋藏骨灰之安葬方式。

植存不同於樹葬，植存需在「公墓外」政府指定的地點，如新北市金山環保生命園區、新北三芝櫻花生命園區等。在屬於「政府劃定的特定綠化地點」拋灑或埋葬骨灰，過程中，會用花瓣代替冥紙，相較傳統喪葬模式環保許多。

花葬與樹葬相同，往生者將其骨灰研磨成粉後，裝入可被大自然分解的棉布袋或紙內，唯一差在將逝者「化作春泥更護花」，於公墓內，種植在上面的是花，不是樹。而臺灣目前多屬於樹葬，提供花葬的地點較少。

灑葬，直接將骨灰灑在公墓內的泥土或植物上，不過現行爲了避免風吹導致塵土飛揚，灑葬多以將骨灰直接埋進土內的方式進行。

樹葬爲環保葬的一種，最直接的優點即爲不與活人爭地，因不記名、不設墓碑、不進靈骨塔，減少了與活人爭地的情況。加上現在政府的補助，以至於選擇環保樹葬的民衆越來越多。但施行一段時間後，環保樹葬的問題也漸漸浮現，骨灰結塊無法有效分解。由於目前臺灣的環保葬區的選地，並非都是質地疏鬆、排水性佳的砂質土壤；有些屬黏性偏高的土質，透氣性差，不利於溶磷菌等耗氣微生物生存，所以常會使骨灰結塊不易分解。加上會定期做更新輪葬，翻土重複使用環保葬地區時，因土質關係使骨灰結塊被掘出地面，以致新舊骨灰翻攪在一起，也容易使家屬有所疑慮。

圖7-1　大雨後樹葬區的泥濘

圖7-2　祭拜區無供桌，拜飯餐點上全是螞蟻

圖7-3　葬區不立碑不造墳，用往生者的最愛遺物

由於環保葬不記名、不立碑、不立墳，但喪失至親的家屬，一時間無法釋懷，縱使選擇樹葬，但總還是會於骨灰倒入土中那一刻，悲傷不能自己，這樣的情緒，依舊還會需要些儀式物品來排解，能否達到環保的意義值得省思。概念如同電車與油車，電車眞的有比較環保嗎？油車就眞的比較容易污染環境嗎？

環保葬裏面，還有一個就是海葬，在環保葬中也是最節省環境資源的，不用使用任何一寸土地，加上政府推行聯合海葬，可以享有免費補助，降低喪葬費用，且海葬也省去掃墓焚燒紙錢的環保問題。但是海葬雖是環保葬中最節省空間的，但申請流程也是相對繁瑣，其所需要支付的額外費用也稍微多，像是專車、船舶等等相關費用；加上風浪、季節關係，出海時間缺乏彈性，只能在固定時節舉辦。最後目前並非所有縣市皆可辦理海葬，必須先向有劃定海葬海域之市縣政府（現有新北市、高雄市、宜蘭縣、花蓮縣、臺東縣）申請，於一定海域中進行，不得擅自搭船實行，避免觸犯法哦！

新冠肺炎改變了世界運轉的模式，也改變了臺灣人們面對死亡的方式，疫情高峰期因爲進塔會有室內群聚問題，興起入土爲安的樹葬、花葬、植存及海葬等環保葬。火化塔葬仍是市場主流，約占八成，在土地資源缺乏、環保意識抬頭下，預估環保葬比例會持續攀升。殯葬觀念的改變需要時間轉化，臺灣早年土葬的比例高，推行火葬相當不易，但現在臺灣火葬率高達96%，大家逐漸接受火葬，環保葬也相同，民衆對骨灰保存也需要時間的改變。此外，喪葬並非個人行爲，通常是家族成員的決定，而決定過程中，多少還是受孝道觀念及長輩影響，除非當事人想進行環保葬，執行程度才會高。另外華人重視陰宅風水，如今環保葬打破傳統，讓往生者回歸自然，也毋須堪輿，從風水信仰的角度來看，也有人擔心亡者恐「居無定所」、「死無葬身之地」。所以依舊有達官貴人會尋找風水寶地來安葬亡者，以祈求庇蔭祖孫，讓後代財丁興旺。至於人死後生魂是否依附於骨骸或骨灰，若沒有適當處理骨骸，生魂會不安跟作怪，和子孫磁場感應後，會不會影響後代家運，取決於人民對於風水信仰程度。無論火化塔葬、環保葬的優缺點如何，最後還是回歸市場消費者的決定。身爲一個專業的殯葬業務人員，將商品完整說明詳盡是基本要求，讓民衆不再害怕或是誤解，對於人生最後一段路的決定，可以選擇最適合自己的方式！

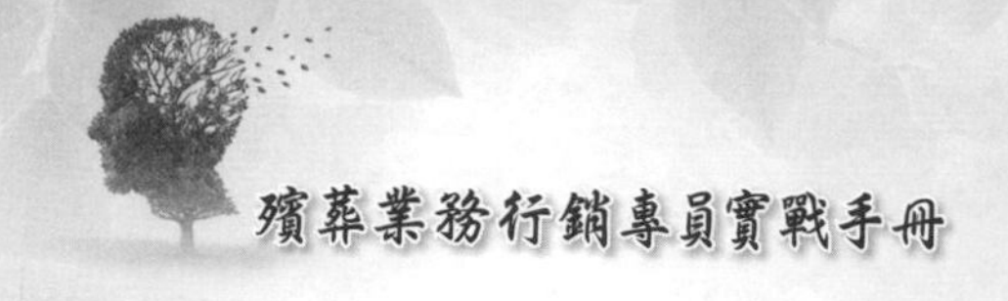

第二節　殯葬產品的銷售技巧

上一章節介紹了殯葬業的主要商品，如何將商品介紹到消費者中，讓其選擇並購買之，便是這章節主要介紹內容。

辦公室遇到同事阿宏，愁眉苦臉地跟我說：「我朋友阿權真的很難搞耶，明明就說要買要買，想要多瞭解一下產品，結果花了好些日子，這段日子把產品從裏到外講到一個極致，每次碰面總是提出一些疑慮，我也專業地回應他，他總誇我專業！」

「嗯，聽起來很順啊，結果呢？」

「結果……到現在還是沒買！」 阿宏仰天長嘯，欲哭無淚，像棒棒糖明明已經在嘴邊，卻還是被人家拿走。

「為什麼？」

「嗚嗚嗚……我怎麼知道？」連阿權本人都說不知道，只說就是少了點想買的衝動！

所以，缺了那麼一點想買的衝動？還是就缺了那麼一點錢？或是另有隱情？

明明客戶就是需要，但是就是沒跟你買！

類似的情況，其實在筆者初入行的時候也遇過。剛開始滿腔熱血，很直白地跟親友們分享推薦，不懂對方要什麼，更不會處理被拒絕後的問；後來，終於讓客戶聽筆者說話，也能聽很久，卻發現無論如何，就是差那麼臨門一腳，無法讓客戶痛快買單。

曾經有幸親眼目睹過看了一位同行高人氣的主管實際銷售，每一次銷售都是一場個人秀，掌控了整場的節奏和氣氛，並且從對話中挑起對方不買不行的焦慮感，先假設性成交，連報價的時機點，都是有節奏策略的，步步爲營，堆疊到最後，將自己的個人魅力發揮到極致，當一切條件都具備，對方情緒點燃到最高處，於最後一刻，引君入甕，眞的很厲害。

但有一個問題無法忽視：並非每個業務都能言善道。如果你問我：什麼人都可以當業務嗎？我會說都可以，但並不是每個人都能做好業務這份工作。有人天生相當有業務敏銳度，很容易掌控到客戶心理、很容易讓客戶喜歡，這是模仿不來的。但別太難過，這種人，百來個人裏面有一個算不錯了；多數的人多半靠著後天的刻意練習，有方法地加強練習，也能做到。

業務這行業有趣的地方，完全不限學經歷。所以當業務的人，本身就有百百種性格樣貌，不可能要求每個人面對客戶都能言善道。但儘管個性不同，想成爲優秀的業務最好的方式，都是成功銷售出自己，而不是成功賣出產品。但如何做才是解方呢？

銷售技巧無難事，難在「傾聽」、「瞭解客戶需求」。許多人都有迷思，業務一定要舌燦蓮花很會講，其實正好相反，與客戶接觸的當下，應該多問少講專心聽。問對問題，讓客戶的回答能更精準地達到自己所要蒐集的資訊；瞭解客戶的需求、動機、喜好和產品需要的緊急程度、預算等等；如同吃素者，服務員上了牛排給茹素的消費者，這樣勢必無法達成共識，所以問對問題，少講專心聽，也能避免同樣的問題重複問，顯得自己不用心與專業。業績壓力是身爲業務的我們，心中最大的挑戰。業績代表薪資獎金，若我們把業績當頭，很容易影響對客戶的心態。我們不可能不急成交，但人性就是這麼詭異，越急著想要成交，客戶就會越不買單。沒有人喜歡被銷售，我們的急迫焦慮，對方是感覺得到的，欲速則不達。

有些業務因爲能言善道，很容易誘使客戶成交。但其風險在於客戶與業務之間關係尙薄弱，基礎信任度不足。也許對方可能因爲產品或一時好感第一次跟我們購買，但我們需要的，是和客戶的長久關係，讓顧客帶來顧客，才是業務長久經營之道。業務經常給人油嘴滑舌的刻板印象。但筆者認識很多優秀的業務同行，並不總是這樣的形象。你是一位相當專業爲客戶分析、精打細算的人；還是貼心入微，把客戶當閨蜜死黨的人；或者活潑風趣，客戶總是喜歡跟你說話，因爲聊天就會很開心？社會上業務員樣態很多，但每個人都有自己獨一無二的優點，把特色彰顯出來，標上自己的專屬關鍵字，讓顧客消費者對我們印象深刻。因爲客戶喜歡你，才跟你買東西，我們所銷售的是自己，而不只產品。

有些業務員相當專注於產品專業知識，但不是不需要專業，而是產品是理性面，成交的關鍵在於感性凌駕於理性之上，而什麼是感性面，說故事就是！說故事的理由，是拉高感性，提升價値感。關於產品、功能性，客人上網google也都知道了，而我們要提供的是，對方查不到也不瞭解的東西，最好能夠打中對方點，或引起共鳴的話，客戶對我們的好感度一定會大幅提升。

眞正優秀的業務，懂得行銷經營自己，也眞心關心客戶、瞭解客戶。知己知彼，你才能攻無不克，百戰百勝。雖然是老生常談，但確實是有道理的。我們所需要的，只是確實具體地實踐它。

第三節　銷售可能遭遇的難題及因應策略

一、殯葬產業最常遇見的問題

與客戶互動後，最後成交前的環節是，需要處理問題回答，殯葬產業最常遇見的問題如下：

(一)公司會不會倒？

這個問題問得眞好，這個問題如同，明天會不會走到生命的盡頭，是一樣的意思，我們都無法去預測未來，但能做的是把握現在。生前契約因爲政府殯葬相關法規的完善，行銷對象爲全臺灣2000萬健康人。現在市場占有率不到10%，還有這麼廣大的市場，政府只核准合法的二十幾家生前契約業者能發行生前契約，等於直接保障這幾家的營業額，發展空間非常大！所以您覺得呢？

(二)我要海葬，生前契約、塔位我用不著

不論什麼葬（海葬、土葬、火葬、樹葬）都適用生前契約，因爲生前契約是往生禮儀的流程，流程辦完後才能將骨灰或遺體安置。

(三)我很年輕，不需要生前契約

其實生前契約不限本人使用，越早買賺越多！提前準備，讓家人安心。

(四)景氣壞到要賺死人錢？

噓……小聲一點，請問，花店、香燭店、水果店，他們賺的是什麼錢？這樣說以後沒人要做殯葬業！

(五)在國外往生，生前契約如何履約？

遺體運回，比照契約內容辦理，但自入境起算。

(六)告別式之後，才發現往生者有生前契約，如何處理？

生前契約是一種有價證券，所以讓其繼承人先行辦理繼承。

(七)殯葬服務有需要另外付費嗎？

契約補充說明所載之項目，如殯儀館禮廳租用、火葬場之相關費用，更添項目如陣頭、功德及庫錢等，均屬家屬自費。更添使用項目之費用依家屬實際需求議定之，價格則由公司依履約當時物價變化做各單項產品報價，故目前無法預估將來之報價。如有刪除服務項目，可換同等值物品，不得請求公司退還任何費用。

(八)需要多久的時間，客戶才能看到自己的信託資料？

生前契約購買後躉繳者，公司需總價75%交付信託，或承購者繳交分期款費用之次一月底，公司造冊並提撥款項至信託銀行，信託銀行大約於次二月底前上網，最遲於65天後憑身分證字號及契約編號至信託銀行網站查詢即可。

(九)經由「信託」就一定能「履約保證」嗎？

《殯葬管理條例》第51條：殯葬禮儀服務業與消費者簽訂生前殯葬服務契約，其有預先收取費用者，應將該費用百分之七十五，依信託本旨交付信託業管理。除生前殯葬服務契約之履行、解除、終止或本條例另有規定外，不得提領。

(十)信託眞的安全嗎？

信託財產具有獨立性與安全性，信託資產受到《信託法》的保護，不受委託人、受託人及受益人之債權人強制執行或抵銷不屬於該信託財產之債務，因此可以讓委託人的財富不因特殊狀況而受到影響。簡單地說，以個人名義把錢存在銀行，指定用途專款專用，並且由財政部監管，任何人都不能任意提領。

(十一)公司有可能偷偷跟信託銀行解約，把錢領出來嗎？

《殯葬管理條例》第51條：殯葬禮儀服務業與消費者簽訂生前殯葬服務契約，其有預先收取費用者，將該費用百分之七十五，依信託本旨交付信託業管理。除生前殯葬服務契約之履行、解除、終止或本條例另有規定外，不得提領。

(十二)購買納骨塔時，應該買「使用權」？還是多花點錢買「所有權」？

可以將墓園與塔位的「使用權」想像爲陽宅租屋的概念，使用年限依各地方民政單位規定有所不同。以塔位來說，目前最高的使用年限爲五十年，期滿則需將骨灰罐遷移；墓地土葬的使用年限爲六至十年，期滿則需起掘撿骨，遷移他處。而「所有權」是更加完整的保障，消費者取得的是地方政府所核發的所有權狀。若是購買塔位，則會取得「土地所有權狀」及「建物所有權狀」；若是購買墓地形式的墓園，則會取得「土地所有權狀」。此類型的塔位或墓園沒有所謂的「使用年限」，骨灰（骸）可以安心永久存放，後代也可繼承。

(十三)我所購買的塔位／墓園，是合法的嗎？

所謂的「合法塔位或墓園」，除了需合乎法規，還需擁有政府所核發的「建築使用執照」、「雜項使用執照」與「核准啓用公告」，如此一來，業者才是眞正獲得了開門營業的許可，得以販售骨灰（骸）的存放單位。另外千萬不要用投資立場購買塔位或墓園，或是承擔高風險購買「預售陰宅」。如有骨灰（骸）存放需求，建議優先考慮「先建後售」並已啓用的塔位或墓園，實地看過實物再購入，才能確實保障長眠居住權。從古至今，納骨塔詐騙案件層出不窮，如何才能讓我們先人住得安心，避免被迫面臨拆遷或遷葬的疑慮？「合法」就是最基礎的條件。各地區的合法塔位與墓園均可在「內政部全國殯葬資訊入口網」設施及業者查詢的頁面中查閱。

(十四)買納骨塔位後，可以轉讓或繼承嗎？

基於使用者付費原則，經營業者不得使用定形化契約，限縮消費者轉讓過戶之權利，此外，消費者如發生繼承之事實，繼承人當然依法可繼承使用權。

二、購買時的注意事項

預先規劃的觀念已經逐漸爲許多國人所接受，無論購買塔位或是生前契約時，以下爲內政部於全國殯葬資訊入口網所提供應注意事項：

(一)購買生前契約注意事項

1.愼重考量需求再購買，不要存投資心態購買。
2.不要將生前契約當作單純物品買賣。
3.不要放棄簽約前的五天審閱期；簽約十四天內可以無條件解約。
4.保存契約正本及相關的廣告、文宣。
5.要向符合《殯葬管理條例》相關規定的生前契約業者購買。
6.要將預收費用之75%交付信託，並有查詢信託金額之管道。
7.要注意並清楚解約、終止與退款規定。

(二)購買私立納骨塔位注意事項

1.愼重考量需求再購買，不要存投資心態購買。
2.是否爲依法成立之「殯葬設施經營業」業者。
3.購買標的之納骨塔應經所在地直轄市、縣（市）政府公告啓用。
4.業者是否依法設置「管理費」專戶。

三、要求成交時的應對

銷售的最後一個環節，便是「促成與締結」在一段時間與客戶建立關係、推薦商品行動後，業務員就必須面對一個關鍵問題：「我是不是該開口要求成交了？」當發現自己開口要求成交時，有以下幾種狀況，我們可以這樣應對：

1.直接法（順水推舟）：就是……，所以……，「就是因爲現在能力不足，所以才更需要現在爲自己、爲家人準備起來。」
2.間接否定：對顧客的拒絕或反對的話先認同，再解決客戶的問題。「是的，您的擔心不無道理，所以政府才爲了此重新修正了法條……」
3.忽略迂迴法：暫時不管其拒絕，改別的話題，再另找接近方法。「喔～是嗎？您開玩笑吧！」
4.追問法：……能不能請您告訴我，爲什麼……？「哇！陳先生能不能請您告訴我，爲什麼？」

四、處理拒絕的原則

另外，嫌貨人就是買貨人，會提出反對意見可視爲購買的前兆，所以處理拒絕的原則有幾個：

1.以眞誠來對待：沒有眞心誠意的話是沒有力量的，它無法說服反對的顧客。對於反對處理而言，眞誠是最重要的條件。
2.在言語詞彙上要有專業及信心：對商品要有充分的專業知識，並無比相信公司的優秀品質，因此在言語詞彙上便具備了信心，說服力也會隨之表現出來。

3.不要作評論爭執：不要對客戶所持的反對意見完全否定或給予回應，不管是否在爭執的過程中爭贏了，實際上也是輸了。因為對客戶的自尊造成傷害，如此更是無法得到想要的成交，也就是贏了面子、輸了裏子。

4.先預測客戶可能會提出的反對意見：在溝通過程中，當顧客提出反對問題時，我們的回答若是慌亂無章，是非常糟糕的，所以在新人養成訓練期間，客戶會提出的問題，都需要事前反覆練習，並研究分析客戶的心理，及該如何處理解決的方法。

5.資訊常更新：客戶之所以反對，一定有其原因，特別是資訊爆炸的世代，網路新聞快速流動散播，老式陳舊的處置作為是無法滿足客戶的。隨時更新訊息或資料，提供給客戶最新且正確的消息。

每一次客戶的「不」，其實都會使我們往成交更近一步，希望大家都能用正面積極的態度迎接每一次挑戰，化阻力為助力，往不斷成交的康莊大道邁進！

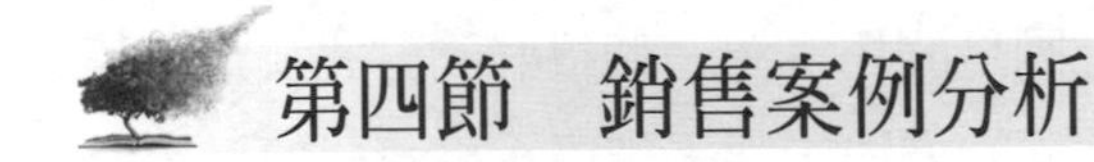

第四節　銷售案例分析

案例分享一

以前曾有位C朋友幫筆者介紹了一位G朋友，說想要瞭解生前契約，當時筆者初入行沒多久，相當認眞地看待，著專業的套裝，將資料備齊，專業知識更是不在話下。準時到約好的時間及地點，與新朋友做約莫二十分鐘的認識，便進入正題，專業地介紹起產品，有問必答，但整場談話下來後，沒有成交，卻認識了一位朋友。事情還沒結束，一年後，這位G朋友主動打電話聯繫上筆者，表示想規劃生前契約，約好時間地點，於是乎除了成為客戶，更成為朋友。

案例分析二

成交後與G變成朋友，一次聊天中，詢問他為何會找筆者規劃，他表示，自家親戚有人是傳統殯葬業者，也有人在生前契約公司任職，那一年家人陸續離開，親戚辦理的喪儀，沒有因為自家人的緣故，就享有較好的服務，反而在其中不開心了，想起一年前遇見筆者，受到筆者真誠的分享吸引，於是乎給了筆者機會。在面對每一個潛在客戶，都全力以赴，用樂觀的態度，做最好及最壞的打算。

案例分享三

執行業務期間，曾參與社團，受邀辦理生命禮儀的講座，透過講座的形式，吸引到對生前契約有興趣的朋友，從講座的過程中，不斷地提出問題，敏銳的筆者，當下隨即感受到此為成交機率極高的訊息，故透過後續追蹤，成功簽下。

從事業務的人員，參與社團是開拓客源一個很好的方式，辦理講座宣導產業，也是一種吸引客源的方法，透過推廣正確資訊傳遞，避免民眾受到詐騙，是一個良善之舉。另外，遇到積極提出問題的人，也可以於講座結束後，私下互動過程中，去分析是否為可立即成交的客戶。透過積極追蹤，並將客戶的疑慮解除，成交唾手可得。

案例分享四

初入行，總是會想立刻找好朋友死黨分享產品，因為自己認同所以推薦。但筆者曾在一位好朋友身上，碰壁了。與他分享的時候，他提了些反對意見，後來也就出國去遊學了。直到知道他要回國前，聯繫上他，再次跟他分享後就成交了。後來，朋友跟筆者分享，「我又不知道你要做多久，如果做沒兩天就不做了，我的產品誰來服務啊？」

現在沒成交，不代表未來不會有成交的機會。認眞看待每一個客戶與朋友，不論是初入行或是想要進軍殯葬業務的你，放下成交的得失心，用心對待身邊的每一位與我們有緣的人，珍惜他們，讓客戶變成你的固定咖，幫你說服或是介紹其他人購買，如此便能有助於你在推薦產品時，事半功倍，漸漸地將可成爲頂尖的殯葬業務專員。

參考文獻

書籍

尉遲淦、李慧仁、林龍溢、施秋蘭、曹聖宏、李安琪、王博賢、陳燕儀、王別玄、王智宏等，《生命關懷事業》，新北市：新文京，2021年。

網路資料

內政部全國殯葬資訊入口網，取自https://mort.moi.gov.tw/#/。

8. 殯葬業務經驗談

黃御捷

- 殯葬業務行銷專員應具有的態度
- 殯葬業務行銷專員可能遭遇的挑戰
- 殯葬業務行銷專員對於挑戰現有的回應模式
- 殯葬業務行銷專員如何創新銷售模式

第一節　殯葬業務行銷專員應具有的態度

對現代人而言，由於商業的發達及專業分工[1]，許多行業都會有業務專員的編制，專門負責業務行銷。例如汽車業，就會有銷售汽車的業務專員；保險業，就會有行銷保險的業務專員；殯葬服務業，就會有殯葬的業務專員。只是上述所舉的幾個例子中，我們可以分出兩種不同的類型：一種就是與生有關的業務專員；一種就是與死有關的業務專員。

就與生有關的業務專員來說，他們在行銷他們的產品時，一般人是不會對他們抱持負面印象、認爲與他們接觸會帶來不幸後果的。例如與汽車銷售有關的業務專員，一般人在與其接觸時並不會認爲不妥，而會認爲他們是在爲我們提供服務，只要他們所銷售的產品沒有問題，那麼我們都會予以肯定[2]，認爲這樣的業務行銷是好的，有助於我們解決出門的交通問題。除非他們在業務行銷時故意掩飾產品的缺點使我們覺得受騙，否則在接觸時我們是不會對他們採取迴避的態度。

但在殯葬的業務行銷上，我們就會有不同的感受，一般人對於殯葬的業務專員態度就截然不同。由於殯葬是與死有關的業務，一般人通常都不太願意主動接觸[3]。不過，在家裏發生親人死亡的事情時就不

---

1 分工－維基百科，網址：https://zh.wikipedia.org/zh-tw/%E5%88%86%E5%B7%A5。登入日期：2024/3/14。

2 顧客滿意度－MBA智庫百科，網址：https://wiki.mbalib.com/zh-tw/%E9%A1%BE%E5%AE%A2%E6%BB%A1%E6%84%8F%E5%BA%A6。登入日期：2024/3/14。

3 尉遲淦，《禮儀師與殯葬服務》（新北市：威仕曼文化事業股份有限公司，2011年7月初版一刷），頁15。

得不予以接觸。所以，一般行業的主動行銷在殯葬業是行不通的[4]。如果我們採取主動行銷的作爲，那麼一般人的反應就是我們是否故意要觸他們的霉頭，要不然爲什麼要主動去找他們，好像他們家中正要辦理喪事似的。

過去，在這種死亡禁忌的影響下，殯葬業幾乎看不到主動行銷的情形。如果家中眞的有親人死亡了，需要殯葬業者提供服務，那麼都是家屬主動與殯葬業者聯繫，然後我們才會提供服務，絕對不會在家屬聯繫我們之前就主動前往他人家中行銷自家的殯葬服務。雖然如此，因爲家屬在辦理親人的喪事時都會尋求固定的殯葬業者服務[5]，所以我們就不用擔心客人不會上門。只要在客人上門之後，我們好好提供服務，不要讓客人抱怨就好。

現在，有關殯葬業務行銷的處境逐漸有了變化。確實還是有一些人對殯葬業務行銷抱持禁忌的態度，認爲還是少接觸殯葬業務行銷專員比較好，以免不小心被沖煞到。不過，有些人在現代科學教育的洗禮下對殯葬有了不同的看法，認爲死亡是人生必經之路，死亡之後亡者就變爲物，不再有死後的生命存在[6]，根本就不需要擔心處理遺體的殯葬業者會爲我們帶來不幸的後果。對於與我們接觸的殯葬業務行銷專員，實在沒有必要抱持禁忌的態度，反而應該抱持有備無患的態度。萬一家中眞的發生親人死亡的事情，就不用擔心找不到好的殯葬業者提供服務。

不過，無論一般人對殯葬抱持的態度爲何，重要的是我們自己對於殯葬抱持何種態度。我們之所以會這麼說，是因爲我們自己就是殯

---

4 尉遲淦，《殯葬臨終關懷》（新北市：威仕曼文化事業股份有限公司，2013年2月初版二刷），頁31。

5 同註4，頁31。

6 尉遲淦，《殯葬生死觀》（新北市：揚智文化事業股份有限公司，2017年3月初版一刷），頁78-79。

葬業務行銷專員。如果我們自己對於殯葬都抱持禁忌的態度，那麼請問要如何行銷自己的殯葬服務？至少在一般人看到我們對於殯葬事務的反應以後，可能就會認爲我們所提供的殯葬服務是有問題的。既然有問題，那當然在殯葬服務提供者的選擇上就只好另尋高明，絕對不敢找我們提供服務。所以，我們自己對殯葬的態度是很重要的，不要輕忽它對我們在務業行銷上所產生的影響力。

以上，是我們殯葬業務行銷專員應有的第一個態度。其次，我們的第二個態度是尊重的態度。過去，受到死亡禁忌的影響，一般人對死亡其實採取的態度是不尊重的，彷彿只要碰觸與死亡有關的事務，自己就會成爲那一個不被尊重的人。因此，即使遭遇自己親人的死亡，照理來講，應該採取尊重的態度，但實際上，宛如遇到親人以外的亡者，甚至連親近親人都不願意。由此可知，禁忌是會使我們不想接近亡者而變得不尊重亡者。

到了現在，雖然還是有人採取相同的態度，一方面對於親人的死亡很不捨，另一方面卻又畏懼死亡而不願意親近亡者。如果亡者死後有知，定然會認爲生者對祂是不尊重的。不過，還是有些人認爲親人死亡之後依舊是親人。既然是親人，無論死亡有多可怕、令人畏懼，總不能因爲親人死了就不再抱持尊重的心。這樣做的結果，親人一定會很難過，我們自己也會很遺憾。所以，無論親人死得如何，在親情的作用下，我們還是一樣尊重祂，事死如事生。

面對這些人的要求，身爲殯葬業務行銷專員的我們，在行銷殯葬服務時就應該抱持相同的尊重態度，表示客戶親人的死亡我們感同身受，猶如自己親人死亡那般，在服務的提供上一定會盡心力讓亡者得到應有的尊重，絕對不會因爲喪葬費用花得多或者少，而在態度上出現差別的對待，使客戶知道他們將他們親人的喪事交給我們來辦是一個正確的選擇，確保他們的親人可以很有尊嚴地離去[7]。對我們而言，這就是身為殯葬業務行銷專員應有的第二個態度。

在此，我們第三個要談的態度就是關懷的態度。過去，當家中出現親人死亡的事情時，在殯葬處理的過程中，一般人總是避而遠之，不太願意接近，使得家屬深深感受到被孤立的困苦。可是困苦歸困苦，被孤立的事實卻無法改變，它總是在死亡禁忌的影響下隨時存在。對家屬而言，親人的死亡已經是一重打擊，在被社會孤立的處境中，他們又遭受到第二重的打擊。雖然這是禁忌影響的結果，卻表示社會對家屬的態度是有問題的，沒有適時提供應有的關懷。

到了現在，有的人在經歷過喪親的經驗之後，深深感受到此一被孤立的困苦，認為這樣的困苦是不應該存在的。當他們家裏出現親人死亡的事情時，不希望自己繼續受困於這種孤立的情境之中，而希望有人可以給予關懷[8]。對他們而言，親人死亡是一件自然的事情，人死之後帶來的悲傷也是一件自然的事情，在他們需要關懷時，如果有人願意提供關懷，那麼他們就不會受困於孤立的情境之中，而可以帶著被關懷的心繼續往前邁進。

面對這些人的需求，身為殯葬業務行銷專員的我們在行銷殯葬服務時，就應該抱持關懷的態度，使客戶深深感受到未來如果家中出現親人死亡的事情時，我們是會給予主動的關懷，絕對不會拋棄他們，令他們覺得自己被社會孤立，而會在我們的關懷中不感孤單。對他們而言，這種關懷的提供是我們在服務時一定會給予的，不用擔心我們不會提供。從這一點來看，這是我們身為殯葬業務行銷專員應有的第三個態度。

---

7 鄭志明、尉遲淦，《殯葬倫理與宗教》（新北市：國立空中大學，2010年8月初版二刷），頁126。

8 同註7，頁130。

就第四個態度而言，我們要讓客戶覺得我們眞的很專業，未來在服務的提供時一定沒有問題。過去，當我們在與客戶洽談時，主要洽談的內容都是以如何談成業務爲主，認爲只要談成業務就叫達標。一般來講，我們會有這種想法也是正常。就其他行業的作法而言，業務專員的任務本來就是談成業務。既然業務專員的主要任務在於談成業務，那麼我們在殯葬上當然也是比照辦理，只要把與談成業務有關的項目說明清楚，使客戶同意讓我們未來可以提供服務，那麼這樣的談論內容就是我們的專業提供。

對於上述業務專員對於任務的瞭解，在一般的認知下我們也不能說有什麼不對。的確，業務專員本來就是爲了談成業務而存在的。如果不是業務需要有人去談，那麼根本就不需要業務專員。可是，在專業分工的要求下，如果業務不由專門人員去談而是其他人員，雖然也可以依據個人的經驗談成，卻不符合現代對於專業分工的要求，表示我們殯葬業還不夠專業化。所以，在業務談論的內容上才會以談成業務爲主，至於所談成的業務未來在執行有關的服務內容，就不是我們應該涉及的內容。

可是，就筆者個人經驗觀察的結果，卻發現業務專員的任務固然在談成業務，但在表現專業度方面就不能只就表層來表達，如生前契約就不能只是知道生前契約包含哪一些項目，而要更深入地去瞭解各個項目的內容，知道這些項目的意義及作用。也就是說，做業務的對於服務的部分也必須有所瞭解。如果不瞭解，那麼在與客戶洽談時，客戶就會覺得我們的專業度不足，只想要把業務談成，至於談成之後未來的服務就與我們無關。一旦客戶對我們有了這樣的印象以後，那麼即使談成了業務，我們也丟掉了專業的形象。對我們而言，這未必是一件好事。就這一點而言，這是我們身爲殯葬業務行銷專員應有的第四個態度。

就第五個態度而言，我們要讓客戶覺得他們所花的錢都是必要的、值得的。過去，我們在做業務的時候目標很清楚，就是把業務談成，然後盡可能把價錢談高，賺取更多的利潤。如果我們可以做到這一點，那麼就表示這一次的業務談得很成功，回到公司之後老闆也會很肯定我們的業務能力。但是我們忘了一點，就是客戶的感覺如何。如果事後的服務做得還讓客戶滿意，或許客戶除了覺得有點貴以外，仍然可以接受這樣的價格。如果事後的服務做不好，那麼客戶不但會抱怨我們坑他們的錢、投訴我們之外，還會告知周遭親友，令我們失去後續與他們洽談業務的機會。

除了這種服務之後的反應以外，還有就是在洽談當時客戶的反應。對他們而言，在殯葬業務部分，社會的刻板印象也會影響他們的態度，要不就認爲死人錢最好賺[9]，要不就認爲越便宜越好。面對這樣的刻板印象，如果我們在洽談時就把價格拉高，無論是生前契約本來就定價訂得比較高，或透過增添方式拉高價錢，那麼就會落實社會的刻板印象，就是死人錢很好賺。這時，他們的反應可能是拒絕接受，或抱持殺低價的策略，告訴我們簡單就好，說這是政府的政策或社會的認知[10]。對我們而言，這都是我們拉高價格所產生的後遺症。

有的業務專員就採取相反策略，用低價策略來吸引客戶，使客戶先上鉤，然後再藉由各種理由不斷增添加價，結果業務談成了，我們殯葬業的形象也毀了。最終受害的不只是我們，也會影響整個行業的形象，讓社會大衆誤以爲殯葬業就是金光黨，目的就在於死要錢，無論這樣的要合理或不合理。當業務專員採取這種態度時，即使談成了業務，這種談成最多也只有一次效益，對後續的業務推展其實影響是很負面的，值得我們深思。

---

[9] 同註3，頁15。

[10] 黃有志、鄧文龍，《環保自然葬概論》（高雄市：高雄復文圖書出版社，2002年5月初版一刷），頁131。

對我們而言，上述的價格策略都有問題，也不是我們在洽談業務時正確的態度。就筆者多年洽談業務的經驗，必要性與值不值得是兩個很重要的衡量指標。在洽談業務時，我們應該要讓客戶知道殯葬服務爲何要有這些服務項目、這些服務項目必要的理由何在。一旦他們確實瞭解這些服務項目必要的理由爲何，而此一理由是合理的，那麼在接受度上就會比較高，也會使他們有了消費的成就感，表示他們是知其然而知其所以然地接受。

此外，有關洽談時的承諾事後在服務上如何兌現，也是主要的影響因素之一。如果事後的服務如我們原先的承諾，也如客戶原先的預期，那麼這樣的業務成功對我們就是加分，對公司也是加分。如果事後的服務不如我們原先的承諾，也不如客戶原先的預期，那麼這樣的業務就是失敗的，不僅對我們產生扣分的效果，也會使公司失去信譽。嚴格說來，這都是負面的影響，對我們未來業務的推展都是一種致命的傷害，是我們要特別小心避免的。對我們而言，這是身爲殯葬業務行銷專員應有的第五個態度。

就第六個態度而言，就是要有全程參與及後續繼續服務的態度。過去，做業務的常常會有的心態就是談成業務就好。至於在談成業務以後有關服務的部分，就交給服務人員去處理，與我們無關。從專業分工的角度來看，這樣的態度也不能說不對。可是，殯葬業務畢竟與一般業務不同，它與死亡有關，在處理上也只有一次性，這一次服務成功就成功、失敗就失敗，完全沒有補救的機會。所以，爲了使服務萬無一失，也爲了證明我們在洽談業務時的承諾是眞的，全程參與及後續繼續服務的態度就很重要，表示客戶可以完全放心地把他們親人的喪事交給我們處理，保證一定圓滿，不會出現不該有的問題。

基於這樣的態度，我們在洽談業務成功之後就必須反映在後續的接觸上，更好的做法就是在洽談業務的同時就約好後續接觸的方式，使客戶可以安心地把他們親人的喪事託付給我們，認爲這樣的託付對

他們的親人是最好的盡孝方式。當有一天需要執行這樣的服務時，他們的親人就可以安心離去，不用擔心這樣的服務是有問題的。對我們而言，由於全程的參與，如果未來在喪事服務過程中有任何問題，那麼就可以即時解決，強化客戶對我們業務承諾的信心與滿意度。

如果事後有任何問題，由於之前的全程參與和即時解決問題的印象，會使客戶認為我們在喪事之後依然會繼續提供服務。當他們真的有了相關的問題，第一個想到的一定是我們，也相信我們會有能力協助他們解決問題。這麼一來，這一次的業務洽談成功所代表的就不只是這一次的業務，而是代表以後無數次的業務洽談成功機會。對我們而言，這種以永續業務做為目標的洽談，才是我們從事殯葬業務行銷專員應有的第六個態度。

第二節　殯葬業務行銷專員可能遭遇的挑戰

過去，在死亡禁忌的影響下，禮儀公司（俗稱葬儀社）服務對象的場域很清楚，就是公司鄰近的人們，因為殯葬服務公司是禁忌的公司，一般人是不會介入的，殯葬業者們也各有各的地盤；而殯葬業務的延攬則較為單純，大多是靠禮儀公司老闆平日經營的人情脈絡如親友或鄰里長介紹為主軸，或是公司鄰近的家庭若有殯葬服務需求，也會主動請求協助。只要公司繼續存在，那麼親友或鄰里長就會繼續引介鄰近的人或喪家也會主動找公司辦喪事，根本不可能有現在那種自由選擇服務公司的客戶出現。所以，在公司經營上客戶都算穩定，家屬們看待殯葬業務這個角色，大都停留在單純只是介紹人或業務同時也是殯葬服務人員的角度。

但是隨著社會的變遷、死亡禁忌的突破、服務品質的要求、商業競爭的激烈，殯葬業不再是一個封閉的行業，它已經成為一個開放的

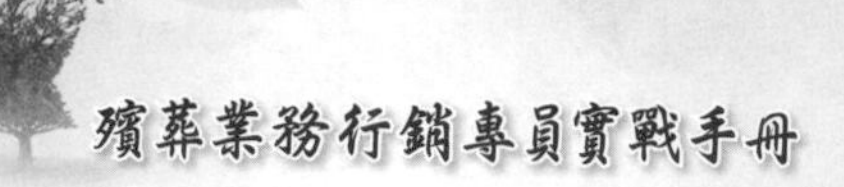

行業。其中最主要的關鍵就在於殯葬服務從禁忌服務進入商業服務。自從國寶北海福座於1993年引進生前契約預售產品[11]，並於1994年從日本引進現代化的殯葬服務，1996年龍巖跟進設立禮儀服務部門[12]，在這些現代化集團公司的經營策略改變下，殯葬服務不再只是一種地域性的服務，而是變成全國性的服務。而在這波殯葬經營新潮流的影響下，傳統著重親友或鄰里長介紹的區域性商業模式也逐步地發展成爲全國性的專業殯葬業務模式，因此，殯葬業務行銷專員需要面對的客群比起傳統業務經營地域更廣；在各方資訊透明的狀態下，競爭也更激烈；且因顧客意識抬頭，對服務品質的要求更高，遇到的挑戰也就更多元。下面我們就個人經驗彙整我們在業務拓展上常會遇到的客戶類型：

1.完全沒概念的客戶：基於大部分民衆對殯葬服務還是採取被動接觸的方式去面對，所以這類型的客戶通常會因爲家人短時間內有被服務的需求，才被迫尋求資訊援助。在自覺什麼都不懂但又不得不面對的狀態下，較易呈現出焦慮慌張，不知如何是好的恐懼感。
2.不能作主的客戶：現代人大多因爲工作繁忙且家族成員分散各地，所以在面對親人即將離世，大多會派代表先行接觸瞭解後，再經由家族會議商討決定。
3.不信任業務的客戶：此類型的客戶多半因爲聽過周遭親友曾遭遇殯葬服務物料與價格不對等、不滿意業者的服務品質或是透過報章媒體的報導，對殯葬業存有先入爲主的負面印象，甚至自家有過被殯葬業服務過不好的經驗值，以至於對所有的殯葬

11 同註4，頁77-78。
12 同註3，頁150。

業務跟相關從業人員都採取不信任的態度。

4.經濟狀況不佳的客戶：此類型的客戶因為自身經濟狀況不理想，在面對家人即將死亡，最擔憂的便是費用的問題。

5.經濟狀況極佳的客戶：對此類型的客戶而言，殯葬服務花多少錢不一定是他們在意的點，而是能否充分滿足他們對逝者盡孝道的功能需求、自身悲傷情緒抒發的情緒需求以及面對外界親友及商業往來的社交需求。

6.想大肆操辦的客戶：這類型的客戶大概分成三類，第一類是因為即將往生的親人叮囑希望自己的後事能夠風光大葬；另一類是因為家人感念即將離去的親人，希望盡可能提供高檔的殯葬服務給他；第三類則因為即將往生的人自身交友廣闊或是家族商業及社交需求，需要有相當的排場。

7.不懂裝懂的客戶：這類型的客戶大多是因為周遭親友或自身曾經有過治喪經驗，然後根據過往的經驗值，主觀認定殯葬服務就該依他的認知提供。

8.多方比價的客戶：這類型的客戶講求的是所謂的性價比，希望自己所購買的商品能夠物超所值，然而在殯葬服務這個領域反而容易吃虧。因為如果是短期內會需要業者提供服務的客戶，能夠比得到品項價格，但無法預估服務品質，一旦陷入價格迷失先接受以低總價接案的業者，很容易在接受服務時因不如自己預期而感到不快、進而產生糾紛或遺憾；另一種則為預購生前契約客戶，因為目前全國僅有33家生前契約業者[13]且政府有定型化契約內容審核及強制信託75%的管控[14]，所以商品內容差異

---

13 生前契約業者查詢－全國殯葬資訊入口網，網址：https://mort.moi.gov.tw/#/Operators/?type=3。登入日期：2024/3/14。

14 內政部，《殯葬管理法令彙編》（臺北市：內政部，2004年10月初版），頁18-19。

不大，客戶只需挑選合法績優的業者、自己可接受的品牌、價位及讓自己感覺可信任的業務即可。

9.精準型的客戶：此類型的客戶對於契約條款、品項、服務流程及內容會詳細閱讀後提問。

10.觀念極佳提早規劃的客戶：這類型客戶是對自身生涯規劃或對未來須面對處理長輩最後一程觀念較佳，願意提前針對自己或長輩未來死亡預做準備。

相較於其他行業業務專員大多面對單一客戶做銷售，殯葬業務行銷專員常會遇到的是需要面對一整個家庭成員做說明，客戶除上述類型外還會遇到所謂傲慢、不講理、難搞……，或是一個家族中有不同類型客戶的綜合體。無論我們遇到哪種類型的客戶，只要我們先抱著眞心實意提供專業資訊做參考、交朋友比做生意重要的觀念應對，所謂的挑戰便能成爲增長實力最大的助力。

第三節　殯葬業務行銷專員對於挑戰現有的回應模式

有別於其他行業的銷售人員，殯葬業務行銷專員所銷售商品因爲具特殊性，除了硬體的物料配備、軟性的流程說明外，更多的是需要先柔性地瞭解客戶的需求，然後根據需求主動地挖掘需求並取得客戶對業務人員本身的認同，如此便能增加成交的概率。在此我們將業界針對上節所述各類型的客戶現有的回應模式概略說明：

1.面對完全沒概念的客戶：我們需先探詢即將往生的家人當下的狀況、家庭成員的組成、家人們對喪禮是否已有概略的想法以及周遭親友人際概況、是否有那些困惑想先瞭解……並且作記錄，讓他先藉由敘述來減緩緊張及不安，之後再根據他提供的資訊，就未來家人離世前及離世後，其他家人們須預做哪些準備以及所有流程及細節的解說，讓他能覺得至少大方向上能有所本。

2.面對不能作主的客戶：我們通常可以先提供初步資訊，然後請代表人與家人約定商談時間，讓我們可以列席提供所有家人進一步的詳細資訊以及針對家人們的困惑釋疑以供討論。席間我們也可觀察到主要做決定的家屬是哪位，或者請家人們推派代表做後續簽約的應對。

3.面對不信任業務的客戶：我們可以先請他與我們分享造成他不信任殯葬業的原因爲何，此時的我們盡量以簡單發問及聆聽爲主，先不急著辯駁，以免造成彼此對立。當我們讓客戶充分抒發不快並瞭解其原因後再做說明，因爲前面造成他負面觀感的並非是我們，我們可以針對現行殯葬業界進步的業態，以中立的角度跟他做心得分享，取得他的初步認可後，再進一步提供我們的專業資訊供其參考。

4.面對經濟狀況不佳的客戶：我們在瞭解客戶狀況後，需要先傳遞的便是喪禮最重要的核心是如何重新凝聚家族向心力、傳承家風、教孝及溫馨地送我們摯愛的親人最後一程，而非花很多錢辦得富麗堂皇；喪禮可以簡單辦但不是隨便辦，我們可以在有限的資源下創造無限的價值，讓逝者一樣享有尊嚴、讓家人充分表達哀思；例如有些品項家人可自行爲親人做，不需額外花錢，且大部分殯葬公司針對這樣的客戶也都會在費用上提供優惠。此外，我們還可以提供客戶某些社福單位的資訊，讓客戶可以透過部分社會補助來滿足親人所需的殯葬服務。

5.面對經濟狀況極佳的客戶：我們必須先瞭解他們對殯葬服務的

期望值及著重的重點為何，之後再結合我們過往的經驗值以及未來可行的方式結合該注意的細節後給出專業適切的建議。

6.面對想大肆操辦的客戶：我們可以先行瞭解家人的預算，然後將預算區分為兩個區塊，一塊是用在逝者的身上，另一塊則是用在會場布置上。之後再分別針對這兩個區塊提出規劃建議。

7.面對不懂裝懂的客戶：我們可以先探詢他所認知的殯葬服務品項及細節，結合我們現下的殯葬服務做過去與現在的差異解說，用較淺顯易懂的語言協助其瞭解現行的做法。

8.面對多方比價的客戶：無論是即用或預購生前契約，我們都可以詳細充分中肯地提供客戶所需資訊、不批評同業但可針對其中的差異點做說明，讓客戶知道真正要做商品跟價格比較的基準點在哪。銷售業界有俗諺：先報價先死（成為客戶比價的基準點，永遠有人比你更低價）、嫌貨才是買貨人。況且現在的消費者越來越睿智，對於這種一輩子只用一次的產品及服務，小心謹慎是對的。我們不用擔心客戶比價，只需做好我們該做的解說及服務，在客戶心中留下良好印象，就算當下未成交，也會為未來的成交或轉介埋下良好的種子。

9.面對精準型的客戶：業務專員必須十分清楚商品內容、規格及契約條款，針對其提問快速回應，否則對方會認為我們不夠專業導致業務受阻。相反地，如果我們能事先提醒對方契約內哪些重要條款及內容細節需注意，對方可能會因為我們的專業提醒而產生良好的印象，繼而進一步締結契約。

10.面對觀念極佳提早規劃的客戶：通常在經過說明重要合約條款以及對消費者保障之區塊、契約規劃的概念及流程內容後即可簽約。

下面我們提供幾個案例供參考：

案例一

H先生是船務公司總經理，母親因年事已高、家人照顧不便，故已入住安養中心數年。H總經理由安養院老闆娘提醒，決定事先瞭解生前契約，以防母親突然離世。

此案業務在電話邀約洽談時間地點時，從H總經理話音語調及用詞中能感受到他極具威嚴並且惜話如金，讓業務備感壓力。洽談地點相約在H總經理辦公室，所以對業務人員來說不具主場優勢（現今大部分業務會約在咖啡廳或其他公共場合，少部分會約客戶家中或殯葬公司辦公室洽談）。洽談前業務人員因掌握資訊有限且與客戶社會地位懸殊（當時業務人員入行僅兩年），因此便苦思須提供怎樣的資訊及專業，才能打動經商多年的業務菁英前輩。多方評估後，業務人員除公司簡介、契約書及一般洽談所需相關資料外，另外準備一本精裝筆記本。

見面時由秘書帶業務人員進入H總經理辦公室後安排落坐於H總經理正前方。當時H總經理僅抬頭看了業務人員一眼後跟業務人員說：「你坐一下，我先忙」，便直接轉頭工作了。當時業務人員只覺氣氛緊繃、空氣凝結，既不敢東張西望也不便出聲打擾，所以越來越緊張，感覺自己連呼吸都困難。近二十分鐘後，H總經理結束手邊工作，轉頭看向業務人員問：「你要跟我說什麼？」這時業務人員停頓了一下，回答：「H總經理，比起我想跟您說的，我比較想先請您跟我說一下母親目前的狀況，以及您是否有哪些點是想先瞭解的？」此時換H總經理停頓幾秒後開始述說家中概況及母親現況，以及未來若面對母親離世可能有的擔憂……，在H總經理敘述時，業務人員同步翻開筆記本依序作重點記錄但未打斷H總經理說話，待H總經理敘述完後，業務人員才開始針對其所提事項一一說明；其中某部分需求因涉及軍方墓園管理辦法及使用規範，業務人員回覆「待向軍方諮詢後再提供正確做法及相關申請所需文件及流程後再行回報」；然後正式跟H總經理報告生前契約相關內容及流程細項。解說完畢後，H總經理問業務人員是否有帶生前契約書；H總經理接過合約後拿起鉛筆逐條閱覽並針對其中部分條款提出疑問請業務人員釋疑。之後便問業務人員：「合約簽名要簽哪裏？錢要怎麼付？」

看到此時，您心中可能在想：哇！菜鳥業務人員竟然可以做到一次Close？Why？是的，業務人員也想知道爲什麼。於是，送合約簽收時，業務人員除了回報之前承諾H總經理向軍方諮詢的詳細資訊外，還直接請教H總經理：「以您多年的經驗，一定有察覺我是菜鳥業務，是否能冒昧請教您，爲什麼願意跟我購買生前契約？」而H總經理也不吝賜教地回答道：「對我而言，你是一個Good sales！首先，你進門發現我在忙，你只是靜靜等候不打擾我；再來，當能說話時不會急著想跟我談你想談的，而是先讓我說我想說的，還一邊做記錄；然後針對你不確定的資訊不會不懂裝懂地敷衍我，而是態度誠懇地承認這部分你不瞭解，承諾先去查清楚再告訴我，並且眞的查清楚後回覆我；針對商品及條款也都清楚明白；這些點滴都讓我覺得安心，值得將母親未來的人生大事託付於你。」

此案例讓我們看到的成交重點包含：客戶特質是沒概念但是有想法、自身業務經驗豐富，所以會從細節觀察業務人員的動作（尊重客戶、懂得先傾聽以瞭解客戶眞實需求、準備充分但不會隨便承諾客戶、承諾後會眞的落實、熟悉契約條款及內容）並且會詳讀契約條款，而業務人員在這些面向的細節上都做了適度的回應但不會油嘴滑舌，態度不卑不亢，讓客戶覺得安心信任。

案例二

Y教授與業務人員的朋友V小姐相約吃飯討論保險及年度報稅等事宜，因Y教授父母年事已高，V小姐想順道引介業務人員與Y教授認識。席間，V小姐直接跟Y教授表明業務人員是銷售塔位及生前契約的朋友，Y教授當下臉色一沉說道家族有忌諱，業務人員立即回答：「我今天沒有要跟您談論這方面的話題，咱們當朋友就好。」接下來業務人員僅靜靜地聆聽Y教授與朋友的對話並默默地檢視Y教授的報稅資料（業務本身對綜合所得稅申報有研究），在他們談論到一個段落時再針對Y教授的報稅資料提出自己的建議，讓Y教授稅率可以降一階不被跳%，也因此在Y教授心中留下良好印象。

數月後，業務人員接到Y教授電話，因父親突然病重請求提供諮詢。但在業務人員前往約定地點的路上，Y教授又來電說母親堅持父親離世之前不准談論他的後事。此時業務人員告訴Y教授：「我已經在路上，畢竟未來處理長輩事情的人是您， 是否我們還是依原定計畫碰面，我先提供您資訊，讓您知道未來可能需要準備的事項及發生後的流程，至少若未來真的發生時不至於驚慌失措。當然先瞭解並不一定要用到，若父親能痊癒是最好不過的。」所以Y教授接受業務人員的提議碰面了。數月後，Y教授父親過世由業務人員協助服務，並且在服務圓滿後購買數張生前契約。

此案例讓我們看到的成交重點包含：業務人員在第一次見到客戶時對客戶的抗拒表達充分尊重，且對客戶業外需求作自身經驗分享並有效地幫到客戶，讓客戶先喜歡業務人員這個人。接下來在客戶母親反對但實有諮詢必要時，能簡單有力地提出讓客戶心安的言詞以爭取面對面說明的機會，且能同理客戶想瞭解但不想真的使用的心情。如此以服務為前提代替銷售的做法，比起急著想銷售商品，更能取得客

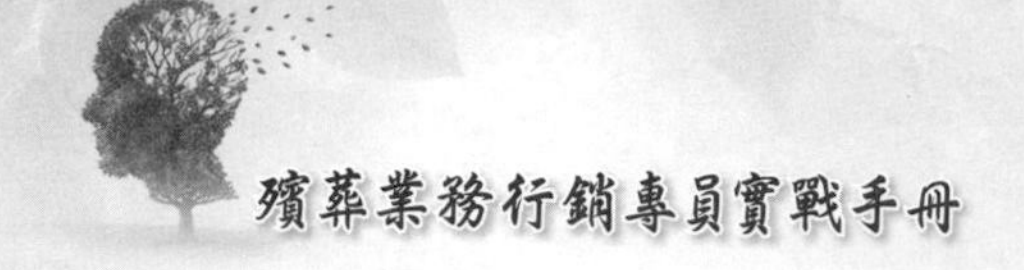

戶信任及未來成交的機會。

案例三

J小姐在多年前購買了塔位，因姪子車禍往生急需服務，才知原業務人員K已離職失聯，經由公司客服指派業務人員A服務，A以為J小姐要購買禮儀服務，得知僅是需要協助辦理塔位使用手續，對自己業績收入沒幫助後便掛斷電話，故引發J小姐不快。再度經由公司客服指派業務人員B聯繫。

J小姐因家人離世的悲傷情緒加上對上述前段過程處理不順引發極度不滿情緒，因此將所有情緒都發洩在業務人員B身上。在J小姐情緒激動地狂飆謾罵十多分鐘而業務人員B僅不斷地輕柔地回應「我懂、我瞭解、雖然您的商品不是跟我購買，但確實是我們公司的商品，我為您所承受的情緒不舒服向您道歉」後，業務人員B跟J小姐說：「姊姊，我很願意為您服務，雖然商品不是我賣您的、也不是我惹您生氣的，但您如果再繼續這樣飆罵下去把我罵跑，可能就眞的找不到人為您服務了喔！」這時J小姐才突然冷靜下來並笑了出來。後續在業務人員B協助檢視J小姐手上商品並接手相關行政手續辦理後，J小姐主動提出要購買生前契約，並將所有家人介紹給業務人員B認識且主動向所有家人灌輸購買塔位及生前契約的概念引導家人規劃購買。

此案例讓我們看到的成交重點包含：適度地讓客戶發洩不滿情緒，即使禍不是自己闖的，要知道客戶生氣的對象不是針對你，只是你剛好在當下成為她的出氣筒。主動釋出善意提供協助雖然可能無法為自己帶來立即性的業績及收入，但無償的服務做好後所帶來客戶背後的客戶數量更可觀。

案例四

P先生是某國際貿易公司的業務副總經理，父母高齡且父親癌症治療中，自己是獨子。在參加同事長輩的告別奠禮後，覺得該像同事一樣提前規劃長輩的身後事，日後才不至於忙亂。跟業務人員碰面前有向母親報備徵詢母親的意見。

面談當日，P副總經理見到業務人員時感覺詫異地問道：「你看起來好像只有二十來歲，這個行業不都是有點年紀的人在做嗎？」此時的業務人員笑笑地回答道：「您看人很準，我只有27歲。您說得對，從前的禮儀服務從業人員大部分是有點年紀的。但近年來業態已經慢慢改變，已有蠻多年輕人願意投入這個領域囉！」這時P副總經理提出了一個問題：「我先請教一下，我母親昨天有說，從前家族長輩告別式時，親戚需準備祭品帶到會場，聽起來像是牲禮但又不只是牲禮，我聽不太懂。請問那是什麼？」業務人員回問道：「媽媽說的名詞是豬頭五牲嗎？」P副總經理一聽就說：「對對對，就是這個名詞。沒想到你這麼年輕就懂這個！」接下來業務人員就很順利地談案簽約了。

此案例讓我們看到最重要的成交重點是：客戶僅憑一個細節就認定業務人員夠專業，能夠達到他的要求願意簽約。所以業務人員的年齡不重要，重要的是對殯葬禮儀的專業知識資料庫要夠。

案例五

Z先生是業務人員早期服務過家屬C小姐的老闆。某日清晨，C小姐突致電業務人員告知：老闆Z先生父親狀況不好，因為C小姐個人覺得業務人員之前服務母親時深受感動，所以跟Z老闆推薦業務人員，但目前已經聯絡過幾家業者，所以不一定會成功。業務人員取得聯繫方式後電話聯繫Z老闆，得知其父親在彰化的醫院，而Z老闆本人在花蓮

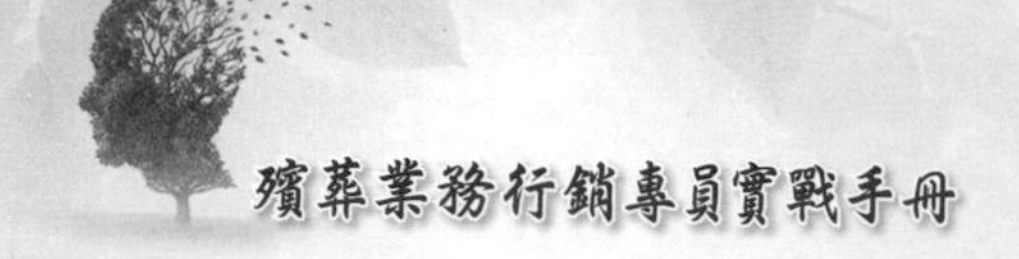

出差，業務人員先詢問現場有誰陪伴照顧長輩、長輩的生命跡象及醫生怎麼說，才得知Z老闆哥哥在醫院陪伴，而長輩剛過世要從彰化接回臺北自宅治喪，此時業務人員立即安撫Z老闆情緒請他勿擔心，並請他從花蓮回臺北路上注意交通安全；讓他知道我們會先派人聯繫哥哥，協助將父親從彰化接往臺北自宅跟他會合，並簡單回應定型化契約套裝價格，之後便進入治喪服務流程。

此案例經由詢問Z老闆得知成交的關鍵是：總共聯繫了五家業者，其中一位沒接電話，其他三家問的都是預計多少錢要辦或是告知他們有幾種規格及價格。只有此案業務人員先關心父親及家屬的狀況，所以就算是問到的四家業者中價位最高的，他也相信服務會是最適合他們家的。所以有時客戶在意的不是價格，而是業務能提供他們何種情緒價值，讓他們覺得錢花得值得。

從上述幾個案例中我們可以理解，嘗試設身處地將心比心，同理對方面對殯葬業務時爲什麼會採取那種態度的原因，認同對方的感受，不怕遭受挑戰，不同類型的客戶需要不同的角度與方式應對，盡可能將客戶視爲親友，爲客戶提供符合他們需求的商品，我們便能在業務上更精進，並且提供客戶更好的協助。

第四節　殯葬業務行銷專員如何創新銷售模式

過去，在殯葬業界談到創新，多半是在硬體及物料上如會場布置或壽衣款式材質……做變化；在軟性的服務流程細節上頂多做微幅的改變，如服務人員對亡者做90度鞠躬以表尊敬。至於銷售模式，因爲從國外引進預售塔位及生前契約概念，化被動爲主動，且借鏡保險業界對業務同仁在經營行銷上專業的教育訓練模式，將人生最後一張保單的觀念植入大衆心中；然而也因爲預購跟死亡相關產品畢竟還是需要突破人性當中害怕接觸死亡的心理關卡，因此部分業者將墓園及塔位預購導入土地相關衍生商品可以理財，而生前契約則如同可轉移權益類保單的想法；藉此方式教育消費者購入後待未來商品漲幅達到一定程度時，再行轉讓給需要使用的人以賺取價差。即便如此，經過三十多年的努力後，預購的市占率仍未達10%，且因爲這樣的商業模式看似有利可圖，所以引來許多不肖業者覬覦而成爲詐騙溫床，造成消費者對業界產生不良觀感，增加了銷售的困難度。所以在殯葬業務上想要做銷售模式的創新，對業界而言是相對困難的。但面對90%的市場空有率，且隨著城鄉發展社會進步，現代人在面對死亡議題比較不像從前那麼避諱，所以銷售創新仍是殯葬業界需要不斷努力的方向。下面我們將討論的是透過那些作爲可以協助殯葬業務行銷專員達成銷售模式的創新。

從前面兩節的分析中，我們發現當前的殯葬業務行銷專員在即用市場的銷售上，大多數都是從協助生者解決問題的角度切入，也因此我們鮮少會聽到業務人員詢問客戶即將離世的人有何需求，或客戶主動告知業務人員即將離世的人在意的是什麼。但是我們必須要知道的是因爲有人將要離世，所以才需要殯葬業務行銷專員及禮儀服務人員，也就是說，將要離世的人才是主角，其餘親友則是配角，因此殯葬業務行銷專員必須先關注主角的需求並盡可能地引導親友協助他。

那麼，即將離世的人通常會有什麼需求呢？首先，須對其做好身體和環境上的安排與照護。無論是在家或在醫院，讓他／她置身於他／她所愛的環境中：有些人喜歡在家裏，希望能有親友圍繞陪伴；有些人則喜歡病房帶給他／她的安全感；有些人則喜歡隱密及獨處。我們盡可能地尊重他／她的選擇並協助安排，讓他／她安心且知道他／她最後的日子不管在醫院或家裏，都不會遭受不人道的對待，且會盡量在無病苦中度過。其次，確信任何會引起他／她難過的事情都有適當的處理，因為即將離世的人大多數會放不下他／她關愛的人及他／她努力奮鬥一世所擁有的。此時傾聽他／她的心聲並盡可能協助完成心願，如想見的人、想念的味道、想做的事……對他／她而言是非常重要的。

接下來便是親人與他／她做「五道」的傳遞了。彼此互相道謝、道歉、道愛、道傳（傳承家風）及道別[15]，肯定他／她這一生為家庭為社會的付出與貢獻是十分有意義的、為曾經讓他／她操心向他／她致歉，也讓他／她知道大家都很愛他／她、承諾會將他／她教導為人處世的道理傳承給下一代，並照顧好他／她關愛的家人。五道中的第五項道別是一般公認最難的，通常筆者會建議可以在他／她熟睡或意識不清明時在他／她身旁輕聲道別，或無聲地以意念傳遞訊息，讓他／她知道我們很愛他／她但捨不得他／她受苦，若肉體已不堪使用，請他／她不用掛心地往他／她想去該去的地方前行。

最後，因為人都會害怕未知，不知道離世後該往哪裏去，所以依照他／她個人的宗教信仰，以淺顯易懂的名詞提醒他／她歸處對他／她來說非常重要。就我們所知佛教徒的歸處是西方極樂淨土、道教徒有東方長樂世界、西方宗教則有天國天堂……，引領他／她的神佛則可依他／她最熟悉的形象如佛祖、觀世音菩薩、媽祖、關老爺、耶穌基督、聖母瑪利亞、阿拉眞主……等，提醒他／她緊緊跟隨他／她所信奉的神靈前往他／她想去的國度。若他／她沒有宗教信仰或是無神論，則可提醒他／她放下一切束縛、無拘無束逍遙在自在、想去哪就去哪，空閒時可回老家看看。在上述引導即將離世的人放下人世間的牽掛與離世後的去處時，有個重要的關鍵因素，那便是「信任」，盡可能由即將離世者信任的人去說會比較有效用。

---

15 一般在安寧緩和醫療上所強調的是四道，也就是道愛、道謝、道歉、道別，而我們在此則特別再加上道傳，使其更加完整。

接著，殯葬業務行銷專員需要關注的便是生者的需求了。首先，面對親人即將離世，多數人是會感到恐懼不安的。面對將來的未知，總會想會不會做得不夠、還能為他／她做什麼、怎樣做對他／她才會比較好，甚至看著受病痛折磨的家人，會產生期望那天趕緊到來，讓家人可以快速遠離痛苦的想法，卻又對這樣的想法深感罪惡。我們必須說，對大多數的人而言，這樣的矛盾心情是正常的，因為我們捨不得看到至親承受痛苦，希望他／她能早點解脫，卻又害怕面對失去親人的悲傷，因此會在放手與不放手中糾結。也因為現代醫學的發達，我們的許多醫療作為可以有效地延長重病患者的生命，但醫學也有它的限度，在病況不可逆的狀態下，展延了生命走向終點的過程，也往往成就了部分所謂的無效醫療[16]。因此，筆者總在分享當中帶入「放下自己是智慧、放下別人包含至親是慈悲」的概念並鼓勵大家如果可以的話，在自由意志下經由預立醫療照護諮商及預立醫療決定書[17]，選擇在臨終時不要CPR而要DNR，免去親人在我們生命末期為我們做醫療決定的困擾。其次，在這個時期，家人情緒的穩定對即將離去的人是有安定作用的，因此殯葬業務行銷專員可以在談話中挖掘出引起恐懼不安的其他原因後，再深入引導家人說出具體確切擔憂的點，然後予以協助。

下面我們舉兩個實際操作的例子做說明：

案例一

H先生是警務人員退休，對外為人開朗海派、一生奉公守法、誠

---

16 尉遲淦，《生命倫理》（臺北市：華都文化事業有限公司，2017年1月二版一刷），頁213。

17《安寧照顧病人自主權利法》，安寧照顧基金會，網址：https://www.hospice.org.tw/care/law。登入日期：2024/3/14。

信正直、樂善好施，故交友廣闊；對內則嚴格教育晚輩做人處事及孝道，宗教信仰尊崇「地源聖祖」。晚年因腦溢血中風，所幸醫療得當，復健後尚能行走活動。但因康復情形未能如自己預期完全與病前無異，故長期心情鬱悶，有自我封閉不願與外界接觸傾向。H先生日常與家人在談話中充分表達若病況加重可能離世，救回會癱瘓在床或成為植物人，請家人不要讓他接受侵入性治療讓他可以安然離世，且自主簽立了DNR同意書並告知家人自己離世後的後事處理方式及靈骨安置地點。因此家人們在平時的陪伴當中，除了盡量依他想要的方式生活外，日常飲食也是盡量讓他能隨心順意。家人也各自以自己的方式充分地做到五道的傳遞，如出門前擁抱，或是引導他談論從前年輕時的趣事和從事警務工作暨退休後經商的見聞及經驗分享……。

歷經五年多的復健生涯，H先生又一次突發腦溢血，家人雖第一時間就發現送醫，但因出血速度很快、範圍也大，H先生很快地便失去意識。醫生評估若動緊急手術未必止得住出血；就算手術成功也因腦部的出血範圍大影響許多器官，會成為植物人。因此家人決定遵照他的個人意願，不做任何侵入性治療，讓他安然離世。家人也在做最後陪伴時一一跟他道謝、道歉、道愛、道傳及道別；向他承諾會照顧孝順他的另一半、會將他教導為人處世的道理及精神一代代傳承下去，並提醒他要好好地跟隨地源聖祖。之後的治喪也依照祂的意思進行，過程中家人充分地展現了團結凝聚向心、彼此互相安慰的溫馨，也事事都以祂為主，考慮到祂會想要什麼、做什麼、怎麼做，如同祂就在身旁一樣。家人在最後瞻仰遺容時也都一一地擁抱祂，沒有絲毫的恐懼感。奠禮後的祭祀也都依祂生前習慣奉祀祂。

這個案例讓我們瞭解到人離世並不可怕，只要心中有祂，祂便活在我們的身旁，只是沒有我們肉眼可見的肉體。透過個人生前與周遭親友觀念及醫療意願的傳遞，可以讓自己跟家人更順利從容地去面對死亡及殯葬服務過程。

案例二

C小姐先生與癌症拚搏數年，此次入院已近二個月，雖然先生求生意志強烈，且與醫生治療配合度高，嘗試再次手術，但癌細胞已擴散，無法再有更好的治療方案，且術後體況不佳陷入半昏迷狀態，C小姐不捨先生受苦，但又覺得若不再拚，感覺自己像是毒婦不救他。當C小姐告訴業務人員她的掙扎時，業務人員先認同她的想法是多數人都會有的，然後再問她「如果現在躺在病床上的是妳，妳會希望醫生跟先生如何幫妳？為什麼？」C小姐回：「我希望不要再繼續下去了，因為這樣很痛苦且沒有生活品質，我不要被綁在病床上動彈不得。」業務人員聽完後跟C小姐分享，「若病情不可逆，出發點是為先生好，放手是勇敢也是對先生最大的祝福。」業務人員又問她：「妳準備好接受先生離去了嗎？」C小姐回答：「我知道我必須面對他即將離開的事。」此時業務人員便將五道及引導先生未來歸處的訊息與C小姐做分享。

數日後，C小姐又電話聯繫業務人員，「之前他都拒絕好友探望，但這幾天狀況越來越差，已經無法說話，我是否該通知好友們來見他呢？」業務人員問她，「妳覺得先生之前為什麼拒絕好友探望？」C小姐回答：「我先生是個喜歡乾淨清爽及注重形象的人，日常生活很重視自己的服儀及衛生。他覺得人在醫院，身上插了各式管線且病容不好看，所以不願讓朋友們見他這樣。」業務人員經片刻思考後回覆C小姐，「我建議尊重他個人意願。日後若離院，我們可以先幫祂做一個禮體SPA，讓祂全身上下乾淨清爽、換身帥氣服裝後再進冰櫃，方便想探望祂的好友探視，妳覺得這樣好不好？」C小姐認同這個做法，並告知業務人員前面與她分享的五道，她不僅自己做也帶著孩子做，並依先生的信仰提醒他日後的歸處了。

這個案例讓我們看到的是以同理心解決生者擔憂的問題，並能尊重即將往生的人的想法，在之後的殯葬服務過程中協助到祂及家人。所以，此案之後所提供的殯葬服務也進行得十分順利。

上面的案例談的都是往生者離世前就可以先做的，但有鑑於現在還是有爲數不少的案例是親人往生後才接觸殯葬業，這樣是否就無法做到我們說的五道及引導祂歸處呢？其實還是可以的，只是我們談話的對象由他／她變成祂。透過一次次的言語表達或意念傳遞，除了能解決亡者問題外，同時也讓生者可以做自我悲傷療癒。

人生的結束其實是圓滿的起點也是永恆生命的開始，從解決問題的角度出發，幫生者解決困惑並進一步幫即將離世或已離世的人解決問題，跳脫原有的商業銷售模式及業務技巧，以關懷與協助解決問題爲出發點，反而更能獲取客戶的信任及託付身後事。即用案件如此，預售商品更是這樣。現代的殯葬業務行銷專員不僅是業務銷售人員，更身負生命教育的使命，需多方學習，用合適的方式多角度地協助圓滿解決問題，使生者與往生者都能眞正心安與成就彼此的生命。由此可知，所謂銷售模式的創新不是從銷售本身來看，而是以協助生者與往生者圓滿解決問題才是銷售模式創新的眞諦。

參考書目

書籍

內政部，《殯葬管理法令彙編》，臺北市：內政部，2004年10月初版。

尉遲淦，《生命倫理》，臺北市：華都文化事業有限公司，2017年1月二版一刷。

尉遲淦，《殯葬生死觀》，新北市：揚智文化事業股份有限公司，2017年3月初版一刷。

尉遲淦，《殯葬臨終關懷》，新北市：威仕曼文化事業股份有限公司，2013年2月初版二刷。

尉遲淦，《禮儀師與殯葬服務》，新北市：威仕曼文化事業股份有限公司，2011年7月初版一刷。

黃有志、鄧文龍，《環保自然葬概論》，高雄市：高雄復文圖書出版社，2002年5月初版一刷。

鄭志明、尉遲淦，《殯葬倫理與宗教》，新北市：國立空中大學，2010年8月初版二刷。

網路資料

分工，維基百科，網址：https://zh.wikipedia.org/zh-tw/%E5%88%86%E5%B7%A5。登入日期：2024年3月14。

生前契約業者查詢，全國殯葬資訊入口網，網址：https://mort.moi.gov.tw/#/Operators/?type=3。登入日期：2024年3月14日。

安寧療護 病人自主，《病人自主權利法》，安寧照顧基金會，網址https://www.hospice.org.tw/care/law。登入日期：2024年3月14日。

顧客滿意度，MBA智庫百科，網址：https://wiki.mbalib.com/zh-tw/%E9%A1%BE%E5%AE%A2%E6%BB%A1%E6%84%8F%E5%BA%A6。登入日期：2024年3月14日。

第四篇

殯葬業務行銷專員 iCAP證書

9.

殯葬業務行銷專員的發展前景

楊雅晴

- 現有殯葬服務業專業化的不足
- 殯葬業務行銷專員認證制度存在的必要性
- iCAP證書的建立及取得條件
- 殯葬業務行銷專員職能特色及未來就業機會

第一節　現有殯葬服務業專業化的不足

國內殯葬產業面臨一項顯著的挑戰，即是專業化不足，尤其是在中小型企業中，這一問題更爲明顯。這些企業往往由極少數員工，包括老闆本人，負責從殯葬諮詢到禮儀服務的全套流程。這種缺乏專業分工的模式，對企業自身、從業人員以及服務對象，均產生多重負面影響。

臺灣殯葬產業人力資源的局限是一個突出且普遍存在的問題，尤其是對於中小型企業來說，這一挑戰更爲嚴峻。企業常常承擔著提供全面殯葬服務的責任，從諮詢、規劃到執行各種禮儀服務，幾乎全部工作都需要依靠內部有限的人員或外部殯葬仲介人力來完成。這種人力資源的局限性，不僅對服務質量構成威脅，也給員工帶來巨大的工作壓力，同時限制企業的發展潛力和創新能力。

中小型企業由於人力資源有限，經常依賴外包或兼職人員來補充核心團隊。然而兼職人員往往沒有接受過專業的殯葬服務培訓，導致服務質量無法確保。此外，這種對外包人力的依賴，也使得企業難以建立一支穩定、可靠且專業的服務團隊。多數中小型殯葬服務企業的業務來源高度依賴於轉介，如長期照護人員或醫療人員的推薦。這種被動獲取客戶的方式，限制企業市場拓展的能力，也使得企業難以進行有效的市場定位和客戶關係管理。由於人員配置的限制和專業訓練的缺失，中小企業在提供專業殯葬諮詢服務方面存在明顯不足。這不僅影響顧客滿意度，也限制企業服務品質的提升和差異化競爭的發展。相比之下，較大規模的殯葬公司，如龍巖、國寶及萬安等，通過提供生前契約服務和建立自營靈骨塔，成功擴展服務範圍並提升服務專業化水平。大型殯葬公司聘僱專業的殯葬業務行銷專員，專注於銷售和諮詢服務，顯著提高業績和市場競爭力。

為解決中小型企業面臨的專業化不足問題，職業訓練機構開設殯葬業務行銷專員的職能導向課程。此課程目的在培養有意從事殯葬業務行銷的人員，養成他們必要的專業知識和技能，從而幫助中小企業提升服務質量，並更好地滿足市場需求。

總之，**圖9-1**顯示臺灣殯葬服務專業不足問題，尤其是在人力資源配置、業務獲取方式以及專業服務提供方面，對行業的健全發展構成重大挑戰。然而，透過職業教育培訓的推廣，以及對新服務模式的探索，此挑戰不僅可被克服，更能為整個行業帶來持續的成長和進步。

在殯葬服務產業中，客戶所面臨的服務質量問題波動劇烈，從充滿同理心且量身訂製的葬禮安排，到那些缺少基本人文關懷的標準化服務，顧客經歷的差異極大。這種服務質量的不一致性，根源於多方面因素，包括員工培訓水平的不均衡、服務流程標準化的不充分、政府法規對從業人員資格無強制性規範，以及對客戶需求理解的不足。

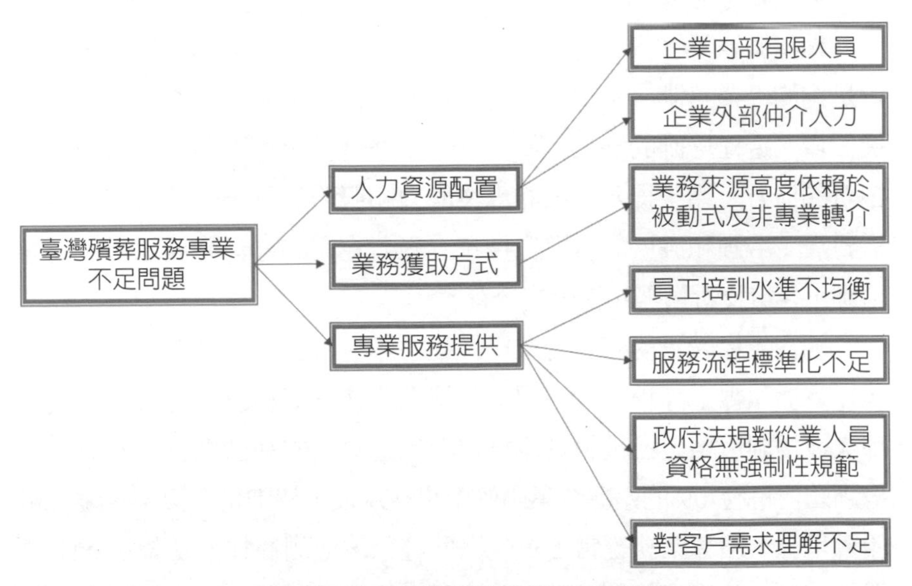

圖9-1　臺灣殯葬服務專業不足問題

舉例而言，資源有限的小型殯葬服務機構，可能無法提供足夠的員工培訓，導致其在提供心理支持或規劃個性化葬禮方面的能力欠缺。相對地，在一些大型企業，儘管有提供高品質訂製服務的能力，追求規模效益的過程，可能會導致對個別客戶的特殊需求視而不見。

此外，殯葬服務的案源經常依賴於其他行業從業人員的推介。這種非專業的推介方式，經常導致服務對象無法在第一時間獲得專業的殯葬諮詢服務。對殯葬服務提供商而言，這不僅意味著必須承擔由於推薦來的非專業業務人員所做出的不當承諾所引起的風險，而且常常導致顧客不滿和消費糾紛的產生。對於那些未具備殯葬業務能力的其他產業從業人員而言，他們在初次接觸潛在客戶時，無法充分展現殯葬業務銷售的專業性，這種銷售失誤實屬遺憾。

為了提升服務質量，關鍵在於均衡和提高員工培訓的標準、加強服務流程的標準化、實施對從業人員資格的法規性規範，並深化對顧客需求的理解和接受。同時，建立更為嚴格的行業標準，與提升從業人員對專業知識的認識，將對增進服務品質和顧客滿意度發揮關鍵作用。

殯葬服務業在專業化培訓方面的不足顯而易見。往往從業人員缺乏足夠的專業培訓，特別是在心理輔導、禮儀規劃以及客戶溝通等關鍵領域。這種培訓的缺失不僅降低了服務質量，也限制了業務發展和創新的潛力。為了提升員工的專業能力和服務品質，殯葬服務提供商需對員工培訓和發展計畫進行投資，涵蓋定期的專業發展課程、技能培訓工作坊及新趨勢和技術的教育。

國內規模較大的殯葬企業已經建立了完善的員工教育訓練系統，包括實體和線上課程，並定期舉辦線上業務分享和討論會議。這類內部人才培訓策略，已被證實能為企業創造更大的利潤機會。然而，考慮到國內超過70%的殯葬企業屬於中小型規模，特別是在東部、離島和偏鄉地區，殯葬業務經常由單一老闆經營，他們往往無法提供員工專業的培訓，而只能依賴日常服務過程中的經驗學習。這種學習方式不僅效率低下，對於企業來說，也幾乎無法開拓創新業務。若此問題持續未解，隨著消費者對殯葬服務品質的要求日益提高，那些只依賴於個人經驗且無法提供專業培訓的小型葬儀社，將面臨被淘汰的風險。

隨著社會價值觀的進化和文化多樣性的擴展，對殯葬服務的需求呈現出顯著變化。消費者不僅尋求個性化服務，同時也高度重視環保和節能減碳的葬禮選項。然而許多殯葬服務提供者尚未完全適應這些需求的轉變，特別是在推出創新服務、滿足多元文化需求以及整合先進技術方面，表現出一定的落後。爲了更加精準地回應消費者的期望，殯葬業界必須超越傳統服務的框架，積極尋求新的服務模式和技術應用。這涉及到開發符合環保理念的葬禮選項，如生物降解的棺材、樹葬或海葬等，以及提供能夠呈現逝者個性和生命故事的紀念服務。同時應用數位科技技術，例如VR虛擬紀念館和線上追思服務，不僅可以提供更加個性化和包容的服務體驗，也有助於實現節能減碳的目標。

進一步而言，殯葬服務業應致力於創新和持續改進，通過引入綠色能源和節能技術，如太陽能驅動的設施，以及採用環保材料和流程，減少對環境的影響。透過這樣的努力，殯葬服務不僅能更好地滿足現代社會的需求，同時也將對促進可持續發展作出積極貢獻。

第二節　殯葬業務行銷專員認證制度存在的必要性

內政部自1990年代初期開始積極推廣火化政策以來，靈骨塔市場迅速擴大，塔位價格亦隨之上漲。初期，投資者可能以數千元臺幣的低價購入塔位，而在短短幾年間，塔位的價值便可能增長至三萬至五萬臺幣範圍，爲早期投資者帶來顯著的收益。然而，值得注意的是，這一波快速增值的受益者主要是殯葬業界內部人士。過去三十多年來，靈骨塔市場不時爆發詐騙事件，詐騙集團往往利用人性的弱點和認知盲點進行欺詐。此外，媒體報導關於投資購買生前契約遭遇詐騙的案件屢見不鮮，這些事件不僅造成巨大的經濟損失，也讓許多民衆遭受不白之冤，從而對殯葬服務業產生深度不信任。

購買生前契約本應是一項負責任的規劃行爲，旨在預先安排後事，並通過分期付款方式減輕家庭的經濟負擔。然而不良業者卻將這類契約作爲投資產品銷售，並在吸納客戶資金後潛逃，這類行爲嚴重損害消費者的權益，及整個殯葬服務業的形象。此問題的根本原因，在於臺灣缺乏一套專業的殯葬業務行銷專員認證制度。建立此類制度將有助於提高從業人員的專業水準，確保服務質量，並透過正規方式教育消費者，從而有效預防詐騙行爲的發生，重建公衆對於殯葬服務業的信任。

國內殯葬業務行銷並無專業證照制度，大部分殯葬企業均採內部培訓制度來因應產業需求，此做法導致僅大型企業具備人力資源，能提供人才培訓以因應產業需要。因此，若有職業教育機構能遵循殯葬產業需要的業務行銷人員職能，以規劃開設「殯葬業務行銷專員」培訓課程，不僅能解決中小型殯葬企業人力培訓資源不足的窘境，同時也能全面提升國內殯葬服務的品質。

提升專業標準是保障服務質量和提高行業信譽的重要途徑。實施殯葬業務行銷專員認證制度，是確保從業人員具備必要的服務質量和專業知識的有效機制（**圖9-2**）。此培訓認證制度的開發，不僅強化從業人員的專業能力和知識水平，也爲消費者提供一種信賴的保證。

第一，確保服務質量。認證制度是經過制定一套嚴格的評量標準，要求所有參與人必須達到標準才能獲得認證。這包括對殯葬法規、殯葬倫理、臨終關懷與悲傷輔導技巧、定型化契約、殯葬禮儀、

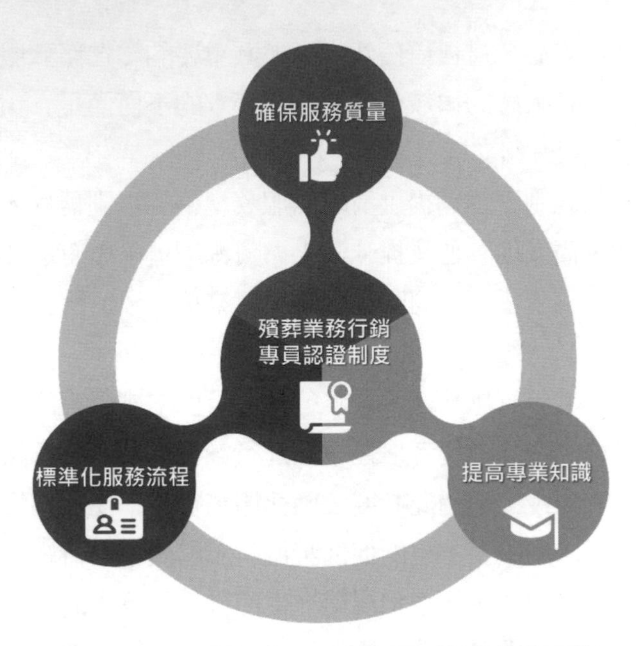

圖9-2　實施殯葬業務行銷專員認證制度的必要性

業務開發及殯葬產品的銷售技巧等關鍵領域的熟悉度。通過認證培訓課程的評量機制，可以確保每一位獲得證書的專業人員都具備提供高質量服務的基本能力和知識。

第二，提高專業知識。認證制度還包括持續教育和培訓的要求，鼓勵從業人員不斷更新其專業知識和技能。這種持續學習的機制確保殯葬業務行銷專員能夠跟上行業發展的步伐，掌握最新的殯葬服務趨勢，以及消費者需求的變化。這不僅提升他們的專業水平，也使得服務更加人性化、尊重客戶的多元文化和個性化需求。

第三，標準化服務流程。認證制度還有助於標準化殯葬服務流程。標準化的服務流程有利於提高服務效率和質量，減少錯誤和遺漏，確保每位客戶都能接受到同等水平的專業服務。這種一致性和可預見性有助於提升消費者的滿意度和信任度。當消費者明白他們將接收到符合特定標準的服務時，他們對於選擇該服務提供商品的決定感到更加自信和安心。這種信任建立是尤其重要的，在殯葬服務這樣一個高度情感化且敏感的領域中，消費者尋求的不僅僅是一項服務，更是一種尊重、理解和支持。

此外，認證制度透過提供清晰的服務準則和培訓需求，協助殯葬服務提供者更高效地管理及提升其人力資源。這不僅有助於提升員工的職業滿足感和留任率，同時也爲企業帶來更一致的服務品質和質量保障。

從整體來看，實施「殯葬業務行銷專員」培訓課程認證制度對於提高專業標準、增強消費者信任、促進行業發展及實現國際化，扮演著不可或缺的角色。透過此制度，殯葬服務行業不僅能夠提供更高品質且更符合需求的服務，也能促進整個行業的健康與持續發展。認證制度確保業務遵循特定標準和規範，從而降低行業內的不公平競爭和不專業行爲，提升整體行業形象和信譽。此外，持續教育和專業發展的認證，要求鼓勵從業者追求卓越和持續進步，這不僅提升個體的專業技能，也爲整個行業帶來創新與前進。

進一步來說，若認證制度能國際化，可爲殯葬業務行銷專員提供開拓全球市場的機會，並促進國際工作與學習的可能性。尤其是兩岸民衆的宗教信仰相同，殯葬風俗禮儀也較爲相似，認證課程結訓證書採中英文兩種格式，能便於這種跨兩岸職業時相互認可，不僅促進兩岸間的專業知識和技能交流，也爲殯葬服務業務的國際擴張提供便利。最後，認證制度在促進行業內部自我監管和質量控制方面發揮關鍵作用。通過爲行業設定共同的目標和標準，鼓勵企業和從業人員追求卓越，並通過定期評估和標準更新來維持這些標準。這種自我監管機制不僅提升行業的服務質量和專業水準，也增強公衆對殯葬服務的信任和尊重。通過實施有效的品質控制和持續改進計畫，殯葬服務提供者可以確保他們的服務不僅符合當前行業標準，而且能夠預見和適應未來的變化和挑戰。

1992年國內殯葬業的龍頭龍巖集團成立，2023年營收40.97億元，獲利持續成長。龍巖一年服務案件多達五千件，以臺灣每年平均死亡人口十五萬人計算，市占率逾3%。其實市占率還有許多成長空間，但即使如此，龍巖集團已是世界排名第三大生命禮儀服務公司。這幾年龍巖在新北市、桃園、高雄、嘉義、花蓮及臺中等地區四處購地建置陵園塔墓，目前有七座陵園、十三處禮儀服務處，以及十二座追思會館。2023年12月25日龍巖法說會上指出，2022年臺灣65歲以上人口爲408.1萬人，到2060年達761.2萬人，人口成長率達87%，在老年化趨勢下，殯葬市場規模擴大，加上龍巖目前在生前契約市占率約達78%，有利市場拓展。

既然生前契約未來商機無限，國內地狹人稠，老年化趨勢下，政府積極推動火葬，足見靈骨塔位需求亦是會呈現快速成長。那爲何銷售生前契約及塔位的殯葬公司著實不多？目前仍是由大型殯葬企業在寡占殯葬定型化契約市場，其中有一主要原因，合法生前契約業者必須具備「一定規模」，《殯葬管理條例》第44條第2項規定，銷售生前契約的業者，必須符合「一定規模」的條件。所謂「一定規模」，是指必須是殯禮儀服務業、實收資本額要新臺幣三千萬元以上、經會計師簽證確定最近三年內平均稅後損益無虧損、服務範圍須設置專任禮儀服務人員且有經銷商者應先向當地主管機關報備、具備主管機關認定的生前契約資訊公開及電腦查詢系統、提供符合內政部標準且經主管機關備查的定型化契約等六項條件。此一門檻確實讓中小型企業卻步。另一重要原因爲殯葬產業並無建置「殯葬業務行銷專員認證制度」，亦無相關教育培訓系統。

目前國內殯葬市場仍以執行即用型契約爲主，同時即用型契約的業務量是中小型企業的主要營業項目。也就是中小型企業的客源只局限在亡生者，缺乏策略規劃預先搶占預約市場，這是當前中小型企業的困境。從商業銷售視角而言，一般業務銷售人員若沒有接受「殯葬業務行銷專員」的培訓課程，著實很難轉戰殯葬產業的業務銷售，畢竟殯葬產業的商品屬性是人們害怕的死亡禁忌。此一專屬特殊性，確實需要建置一套「殯葬業務行銷專員」培訓課程及認證制度，這將是殯葬產業全面提升服務品質及營運績效的重要策略。

早期臺灣保險業的發展過程中，許多民眾對於購買保險契約持有壓力和抗拒的態度，這主要源於對保險概念的不熟悉以及對保險銷售方式的不信任。隨著時間的推移，保險意識在臺灣逐漸普及，人們開始認識到保險在風險管理和財務規劃中的重要性，從而逐漸接受並積極購買保險契約。這一變化不僅反映了民眾對於保險概念認知的成熟，也標誌著保險文化在臺灣的根深柢固。這一轉變過程與民眾對於購買生前契約的接受態度有著明顯的相似性。在早期，由於缺乏對於生前契約的瞭解，以及對死亡話題的忌諱，民眾對於購買生前契約抱持著較大的抗拒心理。然而隨著社會的進步和文化的開放，人們開始意識到生前規劃的重要性，不僅能夠減輕家屬的負擔，也能按照自己的意願安排後事，從而使得生前契約逐漸被接受。

這兩種情況之間的關聯性在於，它們都經歷從初期的抗拒和不接受到最終的認識和接納的過程。這一轉變的背後是民眾對於相關概念認知的深化，以及對於相關產品價值認識的提升。無論是保險契約還是生前契約，其核心都在於提前規劃和管理未來可能發生的風險，這需要社會文化的進步、相關知識的普及以及市場環境的成熟。

此外，這一變化也體現臺灣社會對於談論和處理生死問題態度的變遷。隨著人們對生命終結的自然接受，以及對生前規劃的重視，購買生前契約成爲一種負責任的行爲，反映出社會對於生死觀念的成熟和對個人選擇的尊重。這一過程不僅促進殯葬行業的發展，也提升民眾對於未來規劃身後事的認識和重視。

生前契約（pre-need contracts）的概念起源於20世紀中葉的美國，當時主要是作爲一種財務規劃工具，使人們能夠提前爲自己的葬禮和後事安排付費，從而減輕家屬在喪事發生時的經濟和情感負擔。這種做法隨後在全球範圍內逐漸普及開來。

生前契約在美國發展成熟之後，這種預先規劃和支付葬禮服務的概念也逐漸在亞洲國家普及。亞洲各國對於生前契約的接受度和普及時間各不相同，這主要受到文化、宗教信仰、社會觀念以及經濟發展水平的影響。以下是一些亞洲國家中生前契約出現和發展的情況：

1.日本：日本是亞洲最早接受和推廣生前契約概念的國家之一，大約在二十世紀末至二十一世紀初開始普及。日本社會高度重視對死亡的準備，加之人口老齡化問題嚴重，生前契約成為了解決喪葬問題的一種方式。

2.韓國：韓國的生前契約市場從二十一世紀初開始逐步發展，受到人口老齡化和社會觀念變化的推動，生前契約逐漸被接受為規劃未來的一部分。

3.臺灣：臺灣對於生前契約的接受度在近幾年有顯著提升，主要是因為政府推廣火化和鼓勵預先規劃喪葬事宜，以及人們對於減輕家屬負擔的考量。

4.新加坡：新加坡是一個多元文化的社會，對於生前契約的接受和推廣也顯示出多元化的特點。政府和私營機構都在積極推動這一概念，以解決土地有限和喪葬服務需求增加的問題。

5.馬來西亞：在馬來西亞，生前契約也逐漸成為人們規劃未來的一部分，特別是在城市地區，人們開始關注透過生前契約來規劃喪葬事宜。

最後，介紹一下中國大陸的情況。對於中國大陸來說，生前契約的概念相對較晚進入，但近年來隨著社會觀念的轉變和殯葬行業的發展，生前契約逐漸開始受到關注。在中國大陸，隨著人口老齡化加劇，以及人們對於死亡禮儀和喪葬方式越來越多的思考，生前契約開始被一部分人群接受，尤其是在一些大城市和經濟較爲發達的地區。

生前契約在中國大陸的推廣和普及面臨著文化和觀念的挑戰。傳統上，中國文化中對於談論死亡有一定的忌諱，這對於生前契約的接受度構成了障礙。然而隨著新一代人對於生死觀念的改變，以及對個人和家庭責任的重新認識，越來越多的人開始考慮透過生前契約來進行喪葬規劃，以減輕家庭負擔和確保個人喪葬意願的實現。

目前中國大陸的殯葬行業正逐步引入更多現代化和人性化的服務，包括生前契約在內。政府相關部門也在逐步推出政策和措施，旨在規範和促進殯葬行業的健康發展，其中包括對生前契約服務的指導和監管。因此，雖然生前契約在中國大陸的普及程度還不如某些亞洲國家，但其發展勢頭正逐漸加強，未來有望在更廣泛的範圍內被接受和實施。

這些國家中，生前契約的普及程度和接受速度不一，這與各國的文化背景、社會制度以及人們對於死亡觀念的不同有著密切關係。隨著社會的發展和人口結構的變化，預計未來會有更多的亞洲國家接受和推廣生前契約。

龍巖成立初期是很有遠見地直接切入生前預約市場，這是國內殯葬產業的創舉。但是賣生前契約後，誰來執行後續禮儀服務呢？十六年前，當時臺灣殯葬業並沒有「禮儀師」這個職業，爲制定出一套符合臺灣社會的禮儀服務流程，龍巖委託國內民俗權威專家學者至公司擔任「禮儀師」培訓顧問，建立一套符合現代化的葬儀服務標準作業流程，最基本的就是要求禮儀師穿制服，所有流程透明制度化。公司人員可分爲行政人員、禮儀服務人員及業務行銷人員三大類，爲適應市場需求和提升服務品質，殯葬產業越來越注重人員的專業分工。具體而言，禮儀服務人員專責於執行禮儀服務，確保儀式的莊嚴和尊重；而殯葬業務行銷專員則專注於銷售殯葬商品（生前契約及塔位契約），以及提供專業的殯葬諮詢服務。這種分工不僅提高工作效率，也使得各自能深耕自己的專業領域，更好地滿足客戶的多樣化和個性化需求。

國內領先的殯葬企業，如龍巖、萬安、國寶、萬事達生命、仁本、傳家生命等，已實施這種專業分工模式。這不僅彰顯企業對提升服務品質的承諾，也體現對客戶需求細膩理解和尊重的業務理念。透過這種模式，殯葬業務行銷專員能夠專注於客戶關係的建立和維護，以及提供更專業的殯葬商品（以銷售生前契約及塔位爲主，即用型契約爲輔）的銷售及諮詢服務；而禮儀服務人員則確保殯葬儀式的順利進行，共同提升服務的整體質量和客戶滿意度。

作爲一位殯葬服務教育專家，筆者深刻認識到殯葬行業在社會中的重要性，以及專業知識與服務對於維護消費者權益和提升行業形象的必要性。建立一套「殯葬業務行銷專員」的認證培訓制度，對於提升整個殯葬服務業的專業水平和社會認可度，具有不可估量的價值。以下是實施這套制度的幾個重要性（**圖9-3**）：

1.提升專業知識和服務質量：通過系統性地培訓，業務行銷專員將獲得殯葬禮儀知識、生前契約及靈骨塔位銷售的專業技能，以及悲傷支持和後續關懷的能力。這不僅能夠提升他們的專業素養，更能夠確保所提供的服務質量，滿足消費者在這一敏感領域中的特殊需求。

2.增強消費者信任：詐騙事件的頻繁發生，對殯葬行業的形象造成了嚴重損害，消費者對於購買生前契約和靈骨塔位持有疑慮和不信任。通過認證培訓出的專業業務行銷人員，可以有效地重建公衆對於殯葬服務的信任，確保消費者能夠在尊重和安心的基礎上做出選擇。

3.避免詐騙事件：專業認證的存在，是對業務人員資質的一種保障，也爲消費者提供了辨識的依據。當消費者選擇與認證的業務行銷專員合作時，可以有效避免落入詐騙的陷阱，降低被欺

圖9-3　實施殯葬業務行銷專員認證培訓制度的重要性

詐的風險。

4.促進行業健康發展：一個專業、有序且受到社會尊重的殯葬服務行業，是建立在每一位從業者專業能力和道德操守基礎之上的。認證培訓制度的建立，不僅有利於提升行業整體水平，也促進了行業內部的正向競爭，從而推動整個殯葬服務行業的健康發展。

5.改善社會認識：培養出專業的殯葬業務行銷專員，能夠有效地改善社會大眾對於殯葬行業的誤解和偏見，通過正面的互動和優質的服務，提升大眾對於生命禮儀的尊重和理解，進而促進社會對於生死觀的健康態度。

總之，「殯葬業務行銷專員」的認證培訓制度對於提升殯葬服務質量、保障消費者利益、重建行業信譽以及促進社會和諧，具有關鍵性的作用。通過這一制度的實施，不僅可以提升殯葬服務業的整體水準，還能夠在更廣泛的社會層面上傳遞對生命的尊重和珍視。

第三節　iCAP證書的建立及取得條件

一、職能發展與應用政策緣起

臺灣地狹人稠，天然資源有限，能創造舉世聞名的經濟奇蹟，主要仰賴優質的人力資源，然而隨著全球化、少子化、高齡化與國內產業外移、產業結構調整等情形下，現階段我國產業發展面臨了嚴峻的挑戰，因此如何有效發展高素質的勞動力，便成爲我國提高產業競爭力及成長的關鍵因素。

一般說來，勞動力的發展主要是透過「教育訓練」來養成及提升。有效的教育訓練，其內涵應跟實務工作相結合，也就是實務上會用到什麼就教什麼，如此才能讓學生／學員學到現實工作中會用到的知識與技能。換言之，教育訓練應有「職能」的概念，先將職場上需用到的能力加以解構，思考受訓對象應該具備怎樣的職能，要如何培養這樣的職能，以及訓練後如何評量其是否已具備這樣的職能，讓受訓者眞正可以「學到、用到、做到、達到」，維持其就業能力，並提升產業的競爭力。

先進國家多透過「職能基準」這項工具來協助達成以上的概念。所謂「職能基準」，就是透過職能分析，清楚描述特定職業的從業者應該具備哪些能力，並用文件記錄下來，方便學校及訓練機構參考，以提供合適的教育訓練，減少學（訓）用落差。

由於先進國家的實施成效良好，我國近年來亦開始推動職能基準。2010年立法通過之《產業創新條例》，規定各中央目的事業主管機關得依產業需要訂定職能基準；2011年修正《職業訓練法》第4條之1則規定勞動部應協調整合各部會所定之職能基準，以推動國民就業所需之職業訓練。換言之，職能基準是由各部會負責訂定，勞動部則負責協調整合各部會所訂之職能基準，彼此分工合作。

因此，勞動部爰將職能基準發展與應用列爲重點政策，並研擬相關方案，以有效統整發展方向。方案主要以促進各部會結合產業界加速訂定「職能基準」爲主軸，並以鼓勵學校及訓練機構應用職能基準，來發展「職能導向課程」。也就是以「職能基準」爲本、以「職能導向課程」爲用，讓教育訓練的內涵能跟實務工作緊密扣合，提升訓練的有效性。

二、職能基準簡介

職能基準（occupational competency standard, OCS）指《產業創新條例》第18條所述，爲由中央目的事業主管機關或相關依法委託單位所發展，爲完成特定職業或職類工作任務，所應具備之能力組合，包括該特定職業或職類之各主要工作任務、對應行爲指標、工作產出、知識、技術、態度等職能內涵。簡言之，「職能基準」就是政府所訂定的「人才規格」。在職能的分類上，屬專業職能，爲員工從事特定專業工作（依部門）所需具備的能力。

產業職能基準的內涵中，職能的建置必須考量產業發展之前瞻性與未來性，並兼顧產業中不同企業對於該專業人才能力之要求的共通性，以及反映從事該職業（專業）能力之必要性。因此，職能基準不以特定工作任務爲局限，而是以數個職能基準單元，以一個職業或職類爲範疇，框整出其工作範圍描述、發展出其工作任務，展現以產業爲範疇所需要能力內涵的共通性與必要性（**圖9-4**）。

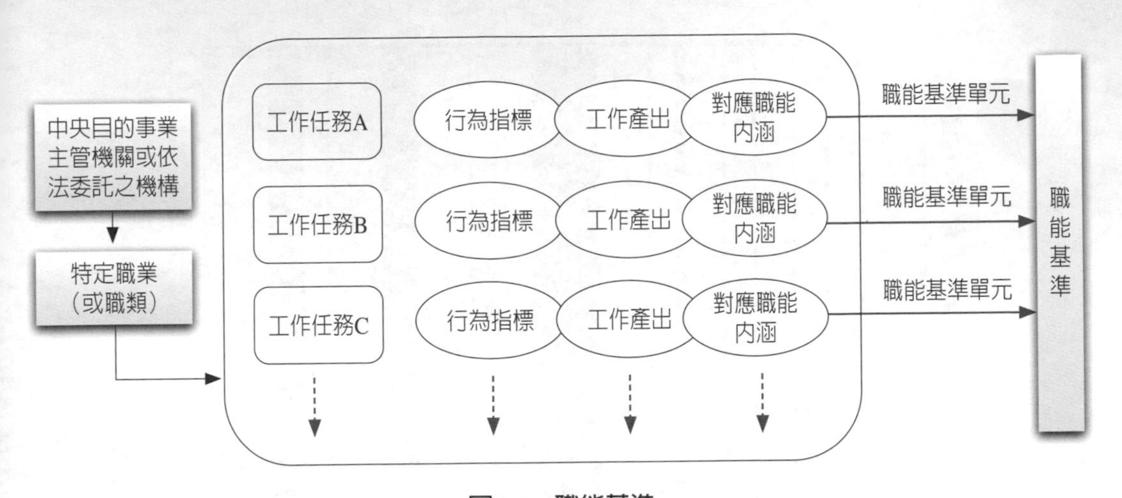

圖9-4　職能基準

資料來源：職能發展應用平臺（https://icap.wda.gov.tw/ap/index.php）。

三、職能基準格式

以適切之職能分析方法，所分析發展出完整之職能基準，職能基準產出項目包含：職業基本資料（職稱、所屬行業別、說明與補充事項）、工作內涵（工作描述、級別、主要職責、工作任務等）及能力內涵（工作產出、行爲指標、知識、技能、態度等），格式及各個項目說明如**圖9-5**及**表9-1**所示。

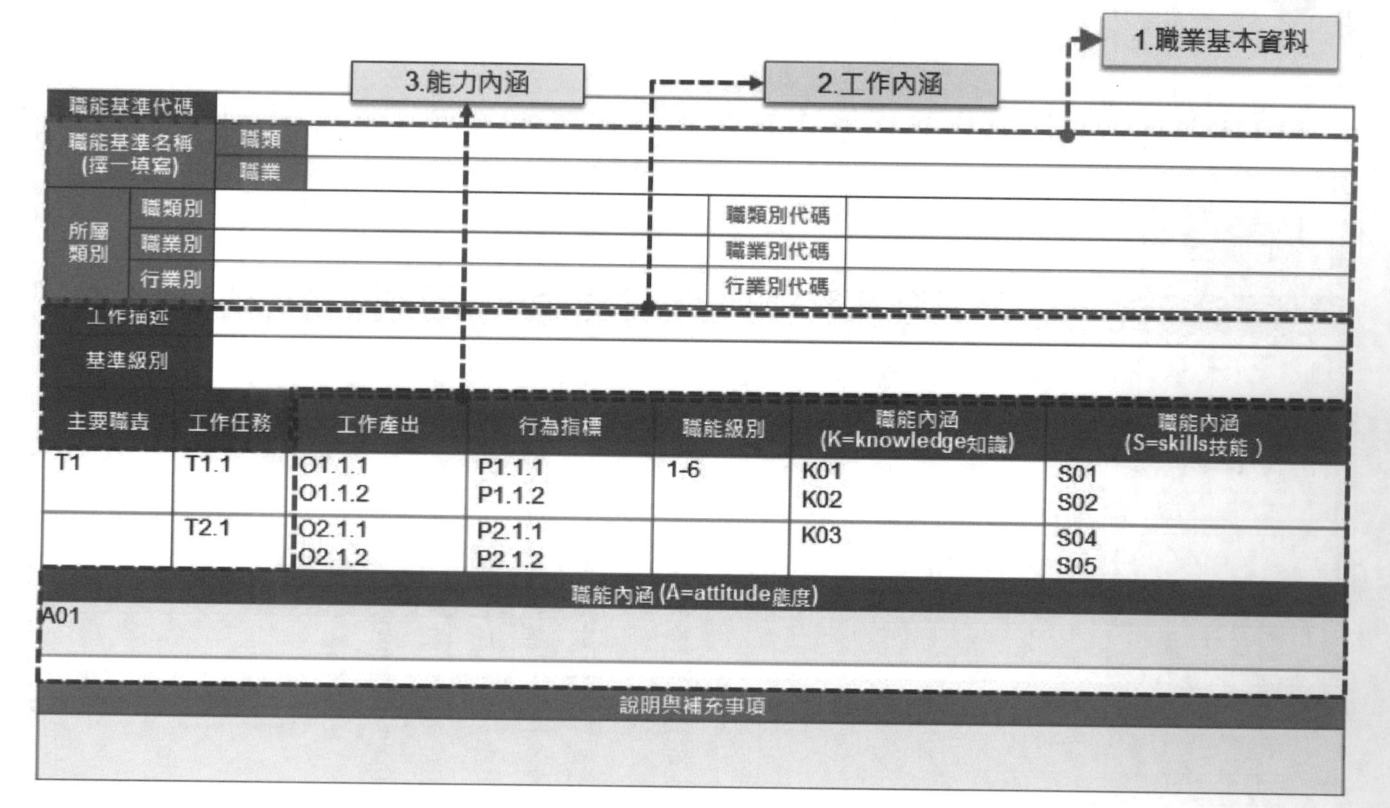

圖9-5　職能基準格式

資料來源：職能發展應用平臺（https://icap.wda.gov.tw/ap/index.php）。

表9-1　職能基準項目說明

項次	說明
職能基準項目	以行政院主計總處訂頒之「中華民國行業統計分類」為準，或針對該職業未來3-5年內發展可能使用之名稱。
工作描述	針對此職務工作內容進行整體描述，包含最主要的工作內容及工作產出之重要成果。
基準級別／職能級別	「基準級別」指擔任此職務所需之能力層次；「職能級別」指要完成此項職責／工作任務所需之能力層次。一項職能基準可能包含5-10項工作任務不等，職能基準之基準級別會固定在某一級，再依不同工作任務與行為指標的能力層次，設定「級別」（參考職能級別表）。一項職能基準之工作任務可能跨2-3級，但不太可能會橫跨6個級別。 基準級別的訂定有兩種方式： 1.由上往下：先訂「基準級別」，再一一盤點工作任務之「職能級別」。 2.由下往上：先各別盤點職責任務之「職能級別」，最後以最主要或最多數的工作任務所對應之職能級別，訂定為「基準級別」。 級別的訂定需經過一定程序決定，而程序取決於職能分析方法。
主要職責／工作任務	依據該職業（職類）之主要工作進行分析，分層展開主要職責、工作任務、工作活動（視工作複雜度決定分層數，建議以職責、任務2層為主）。
行為指標	用以評估是否成功完成工作任務之標準。需具體描述在何種任務情境下，有哪些應有的行為或產出。
工作產出	指執行某任務最主要的關鍵工作產出，包含過程及最終的關鍵產出項目（工作產出乃對應該工作任務及行為指標之關鍵產出項目，產出可以是表單、行動及報告，考量職能基準後續應用，儘量以書面文件圖表等有形交付標的為主，若該項任務僅有行動或操作性質之工作成果，則不必列出工作產出，建議將相關成果列於行為指標之描述中）。
職能內涵	知識：指執行某項任務所需瞭解可應用於該領域的原則與事實。 技能：指執行某項任務所需具備可幫助任務進行的認知層面能力，或技術性操作層面的能力（通稱hard skills），以及跟個人有關之社交、溝通、自我管理行為等能力（通稱soft skills）。 態度：指個人對某一事物的看法和因此所採取的行動，包含：內在動機及行為傾向（考慮各工作任務所需態度項目多屬共通，無太多差異，以合併呈現於職能基準下方欄位）。 *註：職能內涵中偏特質面的項目，因較不易由教育及訓練改變，故不納入職能基準中。建議由企業機構於人員招募晉用時自行考量。
說明與補充事項	若職能基準有其他說明，載於此欄位。如：專有名詞釋義、擔任此職類／職業之必要學經歷與能力條件、進行此職類／職業訓練之先備條件等入門水準說明。

資料來源：職能發展應用平臺（https://icap.wda.gov.tw/ap/index.php）。

四、職能分級

職能基準係指由各中央目的事業主管機關或本部所發展，爲完成特定職業或職類工作任務，所應具備之能力組合，包括該特定職業或職類之各主要工作任務、對應行爲指標、工作產出、知識、技能、態度等職能內涵。因此，職能基準表之內涵，應針對上述各項目內涵進行發展。其中有關各職能基準訂定級別之主要目的，在於透過級別標示，區分能力層次以做爲培訓規劃的參考，茲就職能級別之規劃內容，說明如下：

本計畫職能級別共分爲6級，主要係參考新加坡、香港（兩者皆參考自實施分級成熟之澳洲資歷架構並調整爲較易運作），以及學理上較成熟之美國教育心理學家布魯姆（Bloom）教育目標理論等，經加以研析萃取後，研訂符合我國國情之職能級別，如**表9-2**所示。

表9-2　職能級別表

級別	能力內涵說明
6	能夠在高度複雜變動的情況中，應用整合的專業知識與技術，獨立完成專業與創新的工作。需要具備策略思考、決策及原創能力。
5	能夠在複雜變動的情況中，在最少監督下，自主完成工作。需要具備應用、整合、系統化的專業知識與技術及策略思考與判斷能力。
4	能夠在經常變動的情況中，在少許監督下，獨立執行涉及規劃設計且需要熟練技巧的工作。需要具備相當的專業知識與技術，及作判斷及決定的能力。
3	能夠在部分變動及非常規性的情況中，在一般監督下，獨立完成工作。需要一定程度的專業知識與技術及少許的判斷能力。
2	能夠在大部分可預計及有規律的情況中，在經常性監督下，按指導進行需要某些判斷及理解性的工作。需具備基本知識、技術。
1	能夠在可預計及有規律的情況中，在密切監督及清楚指示下，執行常規性及重複性的工作。且通常不需要特殊訓練、教育及專業知識與技術。

資料來源：職能發展應用平臺（https://icap.wda.gov.tw/ap/index.php）。

職能基準的建置與推廣，將使學校及訓練機構能依據產業需求，針對人才缺口提供適當的訓練，減少人力供需端的落差，進而促進產業發展。讀者對職能基準如欲更深入地瞭解，歡迎至iCAP職能發展應用平臺（https://icap.wda.gov.tw）瀏覽相關資訊。

五、職能導向課程品質（iCAP）認證課程簡介

職能基準是產業對人員能力需求的具體描述，因此它可以供學校／訓練機構做爲課程規劃的依據（此種課程稱爲職能導向課程）。從人力資源發展的角度來看，「職能導向課程」是直接提升人員能力的重要手段，因此是職能基準最主要的應用方式。

(一)什麼是職能導向課程？

「職能導向課程」是指以職能基準或透過職能需求分析爲依據，所發展之訓練課程統稱。其類型包含職能基準課程、職能基準單元課程及職能課程等三大類。我們可以把職能基準以積木作爲比喻，來介紹三個類型職能導向課程之內容。

◆職能基準課程

若以積木來比喻，職能基準內的每項工作任務，就好比一個積木，而職能基準就是由許多不同的積木所堆積而成。由於職能基準是由各中央目的事業主管機關所建置，就好像政府已經先幫大家建好積木的雛形，讓大家可以接依照積木的樣子去發展課程。若大家一次就把所有積木對應的課程都設計好，這樣的課程就稱爲之「職能基準課程」。

◆**職能基準單元課程**

承前，若大家一次只設計一個或數個積木對應的課程，這樣的課程就稱爲之「職能基準單元課程」。

◆**職能課程**

若某職業的主管機關目前尚未建構好職能基準。在這樣情形下，課程的發展者必須先分析該職業所需的職能（自行運用職能分析方法或參考國／內外已有的職能資源），再來發展課程。依此種方式所發展出來的課程，就稱爲「職能課程」。換言之，職能課程是在政府尚未建置職能基準的情況下，自行先堆疊一個職能雛形，再來發展課程。但要注意的是，自行發展的職能模型，不等同於職能基準，若將來欲發展成爲職能基準，仍必須要職業的主管單位協力發展。

(二)爲何要推動職能導向課程？

職能導向課程係將職場上所需的職能（能力）加以解構，思考訓練對象應具備何種職能，再來規劃設計課程，因此其內涵可與工作內容彼此契合，因此對於個人、產業及企業、學校與訓練機構，均具有非常實用的效益。

(三)誰來發展職能導向課程？

職能導向課程是擴散職能的重要手段，因此會鼓勵多方發展傳播，故不像職能基準限政府訂定，職能導向課程的發展單位相對是開放的。可以發展職能導向課程的單位如下所列，但需通過訓練品質評核系統（TTQS）評核通過以上，並且無重大欠稅或違反法令之紀錄：

1.學術團體、專業機構、工商業團體、工會或協會。

2.公、私立職業訓練機構。

3.公私立大專校院及高級中等學校。

4.依公司法設立之企業。

另為確保課程品質，勞動力發展署訂有課程品質認證機制，並製作iCAP（Integrated Competency and Application Platform）品質認證標章，以區辨通過審查的職能導向課程。通過職能導向課程認證將是對外宣傳招生的一大利多，但只有通過審核的該門課程才能掛iCAP標章，並非該機構的所有課程因此都掛iCAP標章（即認課程，不認機構）。標章有效期限為三年，逾期失效且需重新送審。

職能導向課程品質管理機制是以確保職能導向課程品質作為首要目標，透過職能導向課程審核指標，對相關單位所產出之職能導向課程進行檢驗，以確保課程發展與訓練成果的過程，具有高品質的保證，且符合產業及勞工就業力的需求。目的即確認課程發展的需求程度、設計與發展的嚴謹性與適切性，實施與成果的有效性。

職能導向課程品質管理機制之推動，將針對符合品質要求的課程，給予認證標章，將可使這些課程與其他訓練課程有所辨識區隔，並促使目前的訓練課程與產品，更能符合勞動市場及產業發展的需求。

職能導向課程審核指標是掌握職能導向課程品質管理機制運作效能，對培訓產業的課程發展、建置、產出成果具有重要判準。經綜合國內外發展職能導向課程之經驗，結合職能導向課程特性，將諸多指標依照ADDIE教學設計模型，即所謂的分析（analysis）、設計（design）、發展（development）、實施（implementation）、評估（evaluation）五大面向歸納，並依據各面向之重點要求，發展審核指標。

(四)職能導向課程品質認證審核作業

配合ADDIE的發展流程，課程品質審核指標也訂定十項對應的指標（**圖9-6**），於審查時必須全數通過方能通過認證。

勞動力發展署收件後，會依「資格審查」、「書面審查」、「決審」等流程進行審查。通過品質審核的課程，除發給iCAP標章外，並公布在iCAP職能發展應用平臺供各方查詢（僅公布必要資訊，不包括課程詳細內涵，以保護發展單位之智慧財產）。職能導向課程的發展，將使教育訓練的內容更貼近實際工作所需，因此可以提高教育訓練的實用性，減少人力供需端的落差。

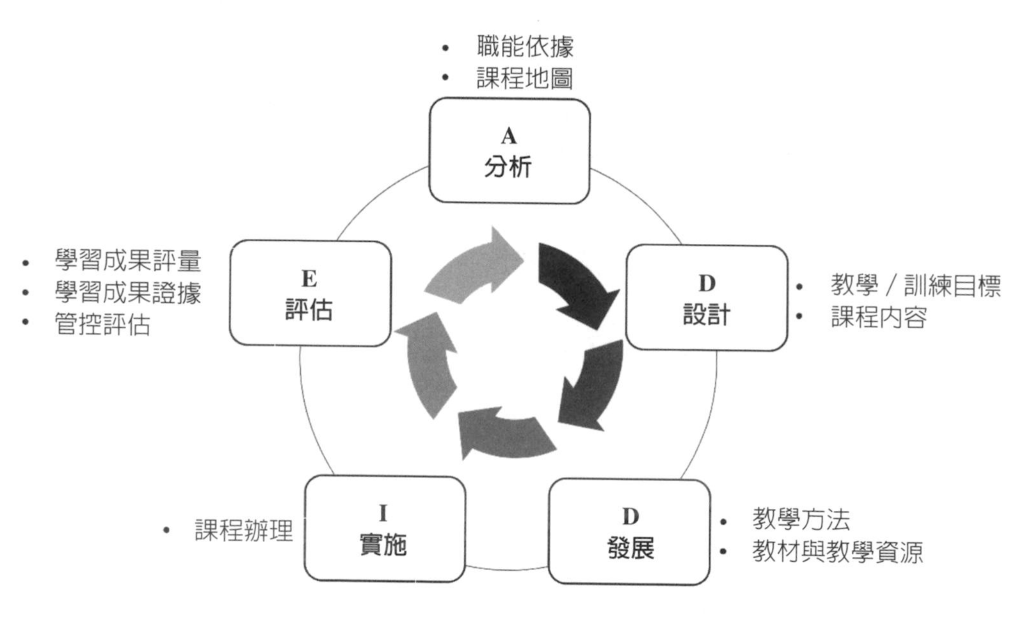

圖9-6　ADDIE教學發展模型及十項對應指標

資料來源：職能發展應用平臺（https://icap.wda.gov.tw/ap/index.php）。

六、殯葬業務行銷專員iCAP職能導向課程

殯葬業務行銷專員作爲一個專業和多元化的職位，對於殯葬產業的發展和提升具有重要作用。這個職位的需求性、影響性和職能發展的迫切性，都反映了其在當今社會的重要地位。目前殯葬業務行銷專員尙無職能基準可遵循，服務人員素質良莠不齊。不論是由老闆兼做業務，或是中大型殯葬服務業，委託周邊相關產業介紹客戶，這些業務大都僅具部分行銷技巧，及僅能就公司提供的制式化殯葬產品進行銷售，對喪葬禮俗、殯葬消費政策與規定、喪親悲傷關懷與陪伴技巧、人際溝通技巧、顧客關係管理、業務執行控管等少有認識。目前對於殯葬業務行銷專員的訓練與養成，尙缺專業且實用的訓練計畫設計、訓練課程、評量職能的工具等，使得職場上的殯葬業務僅具少許行銷知能。因此需要建置職能模型，設計出合宜的職能課程內容以供教育訓練，以提升從業人員就業職能的必要。

輔英科技大學推廣教育中心自2021年下旬起開始籌劃發展「殯葬業務行銷專員」iCAP職能導向課程，歷經約一年半時間的籌備期，歷經招開無數次殯葬產業專家的討論會議，終於產出建構「殯葬業務行銷專員」iCAP職能導向課程的職能模型，同時於2024年3月14日通過勞動部勞動力發展署iCAP職能導向課程認證。因目前國內主管機構並無建構「殯葬業務行銷專員」的職能基準可供訓練機構參考，僅能以自行開發iCAP職能導向課程的方式來執行。此「殯葬業務行銷專員」是目前國內唯一通過勞動部勞動力發展署認證通過的iCAP職能導向課程，此課程內容包含：殯葬業務概論（16小時）、殯葬業務開發暨銷售技巧（26小時）及期末總評量（學／術科）（6小時）。主要參訓對象爲對殯葬業務有興趣，且具備高中職畢業以上之學歷者。

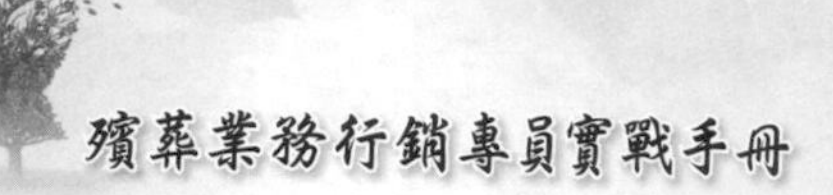

課程資料	
標章編碼	KPST0012-24
效期起始日	113.03.14
效期截止日	116.03.14
課程名稱	殯葬業務行銷專員
發展單位	輔英科技大學
課程類型	自行分析職能
課程級別	3
領域別	行銷與銷售/專業銷售
課程詳細介紹	殯葬業務行銷專員
相關聯職能項目	參考基準
歷史版本	無

圖9-7　殯葬業務行銷專員iCAP職能導向課程資料

資料來源：職能發展應用平臺（https://icap.wda.gov.tw/Resources/resources_Class_List_Detail.aspx?C=113-0014）。

「殯葬業務行銷專員」iCAP職能導向課程是屬於完整職業／職類能力養成的訓練，養成工作任務包含：(1)熟悉職務內容及展現正向工作態度；(2)建立與維護人脈關係；(3)客戶聯繫與拜訪；(4)掌握客戶需求；(5)介紹銷售產品或方案；(6)回應客戶滿足需求；(7)成交及售後服務；(8)提供生命服務相關問題諮詢；(9)提供悲傷支持及後續關懷與處理服務。

第四節　殯葬業務行銷專員職能特色及未來就業機會

一、職能特色

殯葬業務行銷專員iCAP職能導向課程的職能特色（**圖9-8**），主要包括：

1.專業殯葬商品銷售能力：殯葬業務行銷專員精通各類殯葬商品，包括生前契約、神主牌位、靈骨塔位等，具備深厚的產品知識和銷售技巧。他們能夠根據顧客的需求和預算，提供合適

圖9-8　殯葬業務行銷專員職能特色

的產品選擇和購買建議，幫助顧客做出明智的決策。

2.專業殯葬諮詢服務：殯葬業務行銷專員提供專業的殯葬諮詢服務，包括解釋不同殯葬產品的特點、價格和適用情況，並根據顧客的文化、宗教背景和個人偏好，提供量身訂製的諮詢。他們幫助顧客理解殯葬流程，使顧客能夠在充分瞭解信息的基礎上做出選擇。

3.客戶關係管理：殯葬業務行銷專員擅長建立和維護與顧客的長期關係，透過有效的溝通和跟進，他們能夠瞭解顧客的持續需求，提供適時的服務或產品更新，並在必要時提供後續支持和關懷。

4.市場洞察與業務開發：憑藉對殯葬市場趨勢的深入瞭解，殯葬業務行銷專員能夠識別和開發新的銷售機會。他們不斷探索市場需求，開發新客戶，同時也關注競爭對手的動態，以調整銷售策略和方法，保持業務的競爭力。

5.道德規範和專業操守：殯葬業務行銷專員在提供服務過程中，堅守道德規範和專業操守，確保顧客利益不受損害。他們以誠信爲本，透明公開地提供產品信息和服務條款，避免誤導性銷售和不正當競爭。

總之，殯葬業務行銷專員具備專業知識、銷售技巧、客戶服務和道德操守，爲殯葬服務行業的發展貢獻力量，同時爲顧客提供尊重、理解和專業的殯葬諮詢服務。

二、未來就業機會

殯葬業務行銷專員的就業機會廣泛（**圖9-9**），涵蓋兼職和專職兩種工作模式，各具其獨特優勢和應用背景，能夠滿足不同背景和需求

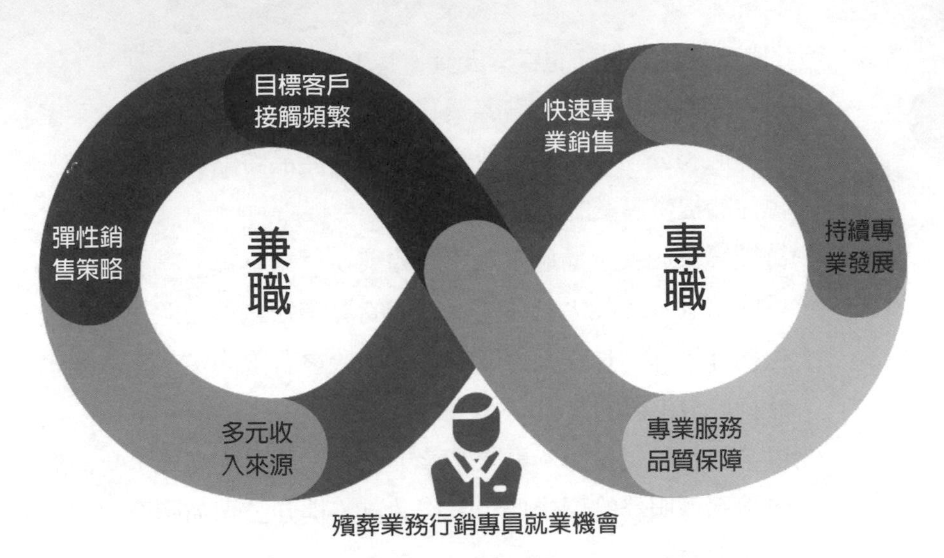

圖9-9　殯葬業務行銷專員多元就業優勢

的從業人員。

1.兼職殯葬業務行銷專員：兼職殯葬業務行銷專員通常是已在照顧服務、醫療護理或保險行業工作的專業人士，利用自身的專業背景和人脈，進行殯葬服務的推廣和銷售。此安排有以下幾項優勢：

(1)目標客戶接觸頻繁：由於他們的主職工作本身就涉及到較多可能需要殯葬服務的顧客群，因此能夠更直接、更有效地接觸潛在客戶。

(2)彈性銷售策略：作為兼職人員可以靈活地選擇合作的殯葬服務公司，根據顧客的具體需求，推薦最合適的生前契約或塔位，從而提供更加客製化服務。

(3)多元收入來源：兼職殯葬業務行銷專員能夠在保留主職工作的同時，開拓額外的收入來源，實現職業生涯的多元化發展。

2.專職殯葬業務行銷專員：專職殯葬業務行銷專員則是全職從事

殯葬服務銷售和諮詢的專業人員，其工作重點包括：

(1)快速專業銷售：專職殯葬業務行銷專員通常直接隸屬於某家殯葬服務公司，能夠迅速掌握公司的產品特點和服務流程，專注於提供專業的銷售和客戶服務。

(2)持續專業發展：通過接受「殯葬業務行銷專員」職能導向課程的培訓，專職人員在殯葬領域的專業知識和技能得到系統化提升，即便是在人力資源和培訓機會有限的中小型企業也能夠展現出色的業績。

(3)專業服務品質保障：專職殯葬業務行銷專員的功能，有助於保證殯葬服務的專業性和服務品質，提升公司品牌形象和市場競爭力。

殯葬業務行銷專員無論是選擇兼職還是全職的工作模式，都扮演著殯葬服務行業中不可或缺的角色。他們利用專業知識與技能，不僅爲顧客提供量身訂製的殯葬服務方案，也爲殯葬產業的發展注入新的活力。兼職殯葬業務行銷專員，憑藉著他們在其他專業領域的背景和人脈，能夠更靈活地接觸到需要殯葬服務的潛在客戶，爲他們提供專業的諮詢和產品推薦。這種工作方式不僅爲殯葬服務行業帶來更廣泛的客戶基礎，也爲從事此職的專業人士開拓額外的收入來源和職業發展空間；而專職殯葬業務行銷專員，則是殯葬服務公司的核心力量，他們專注投入於殯葬服務的銷售和客戶管理工作，以其專業性和穩定性，保障服務品質和顧客滿意度。他們經過專業培訓的加值，即使在資源有限的環境下也能迅速適應，展現出色的專業能力，提升企業的市場競爭力。

殯葬業務行銷專員的職能特色，不僅滿足市場對殯葬服務多樣化、個性化的需求，也推動殯葬服務行業的專業化和標準化發展。隨著社會對殯葬服務認知的不斷提升，殯葬業務行銷專員的角色將越來越重要，他們的專業發展和創新實踐，將持續引領殯葬服務行業走向更加專業、人性化的未來。

三、行業趨勢與挑戰

(一)未來趨勢

1.技術整合與創新服務：隨著技術發展，殯葬業務將逐漸融合數位科技技術，比如透過虛擬現實進行葬禮直播、使用AI技術提供個性化葬禮規劃等，將使服務更加多元化便捷。

2.全面客製化的服務需求增加：消費者對於殯葬服務的需求將越來越客製化，從葬禮形式到後事處理的每一個細節，都將尋求更多的個人化選擇。

3.社會對環保葬禮的接受度提升：綠色葬禮、生態葬等環保葬禮方式將越來越受到重視，反映人們對環境保護意識的提升。

(二)面臨挑戰

1.適應技術發展的壓力：殯葬業務行銷專員需要不斷學習和掌握新技術，以因應數位科技化服務的趨勢。

2.滿足日益增加的客製化需求：如何有效滿足消費者日益增加的客製化服務需求，同時保持服務的專業性和品質，是殯葬業務行銷專員面臨的一大挑戰。

3.公眾意識和文化觀念的變遷：隨著社會文化觀念的變化，殯葬業務行銷專員需要不斷調整和更新自己的服務理念和方法，以符合公眾的期待和需求。

(三)iCAP認證課程優勢

1.提升專業知識與技能：幫助殯葬業務行銷專員掌握最新的殯葬知識和技術，使他們能夠有效地因應技術整合和服務創新的趨勢。

2.增強個性化服務能力：通過iCAP認證課程培訓，專業人員將學會如何更好地理解和滿足消費者的個性化需求，從而提供更加貼心和符合預期的殯葬服務。

3.引導環保葬禮的推廣：iCAP認證課程培訓中包含環保葬禮的相關知識，幫助專業人員成爲推廣環保葬禮的先驅者，引領行業走向更加綠色和可持續的發展道路。

面對殯葬業即將到來的未來趨勢與挑戰，iCAP認證課程培訓爲殯葬業務行銷專員提供一個堅實的專業基礎和應對策略。隨著技術整合與創新服務的興起、客製化服務需求的增加，以及社會對環保葬禮接受度的提升，殯葬業務行銷專員面臨著前所未有的發展機遇和挑戰。通過iCAP認證課程培訓，不僅增強專員們的專業知識與技能，更使他們能夠有效適應行業趨勢及創新服務方式，從而在殯葬服務市場中脫穎而出。

此外，iCAP認證課程培訓內容涵蓋從技術應用到環保葬禮的各面向，使殯葬業務行銷專員不僅能夠滿足當下消費者的需求，更能預見並引領未來的服務趨勢。透過這種全面而深入的專業培訓，殯葬業務行銷專員將能夠更好地應對公眾意識和文化觀念的變遷，提供更人性化、更環保的殯葬服務，推動殯葬產業的健康發展。

總之，iCAP認證課程培訓不僅爲殯葬業務行銷專員個人的職業發展提供支持，同時也爲整個殯葬產業的創新與進步提供動力，展現在當今社會中殯葬服務專業化、人性化和環保化發展的重要性。隨著iCAP認證課程培訓參訓學員的不斷增加，我們期待殯葬業務行銷專員能夠帶領行業迎接更加廣闊的未來。